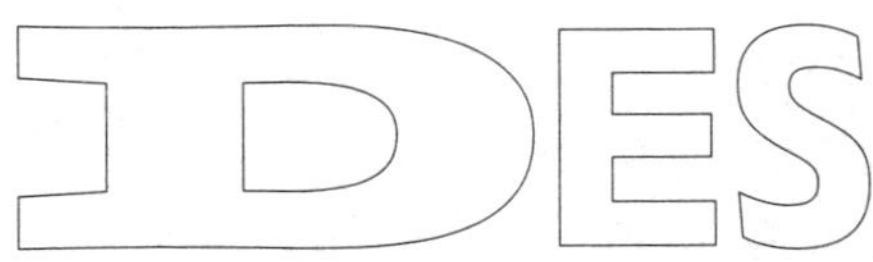

HOMMES JUSTES

革新男性气质

Du patriarcat aux nouvelles masculinités

[法] 伊凡 · 雅布隆卡　著　王甦　万千　译

IVAN JABLONKA

后浪

民主与建设出版社

· 北京 ·

图书在版编目（CIP）数据

革新男性气质 / (法) 伊凡 · 雅布隆卡 (Ivan Jablonka) 著 ; 王甦, 万千译. -- 北京 : 民主与建设出版社, 2025. 5. -- ISBN 978-7-5139-4877-7

Ⅰ. B848.1

中国国家版本馆CIP数据核字第2025B7R112号

著作权合同登记号　图字：01-2025-2098

革新男性气质
GEXIN NANXING QIZHI

著　　者	［法］伊凡 · 雅布隆卡
译　　者	王　甦　万　千
出版统筹	吴兴元
责任编辑	王　颂
特约编辑	费佳伦
营销推广	ONEBOOK
装帧制造	墨白空间 · 陈威伸 | mobai@hinabook.com
出版发行	民主与建设出版社有限责任公司
电　　话	（010）59417749　59419778
社　　址	北京市朝阳区宏泰东街远洋万和南区伍号公馆 4 层
邮　　编	100102
印　　刷	天津联城印刷有限公司
版　　次	2025 年 5 月第 1 版
印　　次	2025 年 6 月第 1 次印刷
开　　本	889 毫米 × 1194 毫米　1/32
印　　张	13.75
字　　数	316 千字
书　　号	ISBN 978-7-5139-4877-7
定　　价	88.00 元

注：如有印、装质量问题，请与出版社联系。

推荐序

如何推动男性实践女性主义
——在中国的艰难探索

方刚

《革新男性气质》，其实就是打破体现父权制的、害人害己的支配性男性气质，构建出符合女性主义价值观、利人利己的新型男性气质。在过去近 30 年的时间里，“男人如何做一个女性主义者”一直是我从事的重要工作之一，我也一直体会着它的艰难。

在国际社会，关于“男性做女性主义者”，有一个更通用的词汇，叫“男性参与”，简单地解释，便是“男性参与到促进社会性别平等的工作中”，即男人做女性主义者在做的事情。

我在 1997 年最早接触女性主义的著作，激情便被其点燃，当即自诩为“男性女性主义者”。身为生理男性，我很自然地思考女性主义与男性的关系，“男性女性主义者”可以做些什么，从而开始了从男性角度推动性别平等的著述与社会实践，其间所有挫折、压力、收获，均让我的人生更加丰富多彩。

在对女性主义深入了解的过程中，我反而不敢称自己是“男性女性主义者”了，因为女性主义是一个包容庞大的体系，在一些问题上，不同的女性主义流派之间的观点可能针锋相对，比如对于“男性女性主义者”是否可能，便有很大争议。所以，我更多称自己是“性别平等主义者”，或“男性参与的实践者”，这个自我标签似乎难以被反对。

在我看来，“男性如何做一个女性主义者”这个问题的背后，包括了三个层次的问题，分别是：男性能否成为女性主义者？男性如何成为女性主义者？男性女性主义者应该做些什么？

一、男性能否成为女性主义者？

男性能否成为女性主义者？这在中国一直是非常有争议的话题，在世界许多国家和地区也存在着长期的争议。

持否定的观点认为：男性是父权文化的受益者，而女性主义是反对父权文化的。男性的生物学属性和既得利益者的地位，决定了他们永远不可能成为真正的女性主义者。

在我看来，这种观点面临如下几个重要的挑战：

1、强调了男人的生物性决定他们的立场，这实质上是生物本质主义的观点。女性主义恰恰是建立在反对生物本质主义（如女性气质由生物决定）的基础上的，强调不平等的性别关系是社会文化建构的。我们显然不能在谈女人处境的时候采取社会建构论，而谈男人处境的时候就切换到生物决定论，那岂不成了双重标准？

2、男性内部存在着阶级、种族、年龄、文化程度、性倾向等的差异，一些男人不符合父权制的要求，如具有支配性的男性气质，所以，每个具体男性在父权制架构中的位置是不一样的，他们中的一些人处于父权制的底层。说所有生理男性都是父权制的既得利益者，有些牵强。

3、生理男性是否注定会维护父权制？每个男性从维护父权制中所得，一定优于他反对父权制所得吗？同样，是否所有女性都是父权制的受害者？有没有女性同样成为父权制的受益者和维护者？性别属性是否单一地决定了性别立场？在思考这些问题时，我们仍然应该持有社会建构论的分析视角。

4、如果男性注定都是父权制的捍卫者，注定都不能成为追求性别平等的力量，注定都是女性主义的反对者，那么，女性主义追求的性别平等目标是否还有机会实现？想象一下，如果人类中约一半的人一直反对另外约一半人追求的目标，后者的努力真的能够成功吗？

就我个人而言，我对上述问题的回答一直非常清晰：父权制本质上是一种不平等的权力关系；虽然女性承受这种不平等权力关系的压迫更多，但它同时也压迫着男性，所以男性也具有反对父权制的动力；具体的男性并不一定都是父权制的受益者和维护者，他们可以成为女性反对父权制的同盟者。

男性能够，也必须成为女性主义者！因为，靠女性单方面的努力不可能实现真正的性别平等。女性必须与男性携手，才能够实现梦想。

这本《革新男性气质》的作者也提到，虽然父权制使多数男人在多数时候受益，但每个人都能够在父权制中找到自己的被压迫之处。所以，致力于反对父权制的女性主义绝不仅仅和女人有关。

我在 1999 年出版了很可能是中国大陆第一本讨论现代男性气质的著作《男人解放》，引发关于男性角色的争论，中央电视台“半边天”栏目对这一话题进行了报道。2005 年，我发起了“男性解放学术沙龙”，反思支配性男性气质，引起网络热议，几十家媒体进行了报道，《中国妇女报》还发表了一整版的讨论文章，核心是争论“男性能否成为女性主义者”。

在这些早年的讨论中，我几乎是孤立的，当时极罕见有学者认为男性也可以成为女性主义者，这也是我转而将自己称为“性别平等主义者”的原因之一。但是，十多年之后，情况发生了很大的变化。越来越多的女性学者认为：在追求性别平等的道路上，男性的参与对推动性别平等非常重要。2009 年，时任联合国秘书长潘基文成立了“终止针对妇女暴力运动全球男性领导人网络”，这个网络的目的便是推动男性在性别平等中承担责任。我受邀成为这个网络的第一名，也是唯一一名中国成员。2009 年、2014 年、2020 年，“全球男性参与联盟”先后召开了三次大会，这也显示了全世界范围内对推动男性参与性别平等的重视。我应邀参加了第二届、第三届大会，并且在第三届大会上分享了我在中国推动男性参与的经验。

换言之，在当今性别学界和国际社会，男性可以、而且应该成为女性主义者，已经是主流的声音。

二、如何推动男性成为女性主义者？

亦如《革新男性气质》的作者提到的，女性主义发展的历史中从来不缺少男性先觉者的身影。找对路径，男性一定可以成为女性主义者。而在性别研究界，如何推动男性成为女性主义者，或者说如何促进“男性参与”，也有不同的观点之争。

有人主张，应该让男人认识到女性几千年来被压迫的不公正命运，从而做出改变。《革新男性气质》这本书的作者便强调了正义的重要性，强调要唤醒男性的道德觉悟和公正良知。

这种主张当然是正确的，但有人对其效率抱有担心。通过唤醒良知促成改变，这对于部分男性确实会有用，但是，最广大的、普通的男性，能否有这样的道德觉悟呢？或者说，我们要通过多少个世纪唤醒男性群体普遍的道德觉悟？

除了诉诸对正义的追求外，还有学者主张通过立法，从制度上限制男人的父权制作为，推动男人改变，比如对性别暴力行为的法律制裁，女性参政的最低比例，等等。

还有人倡导通过文化变迁来促进改变。他们主张，通过在教育、舆论等领域倡导性别平等的文化，经过几代人的努力后，就可以逐渐松动和改造父权文化，比如宣传推动男性参与养育的陪产假制度，在从幼儿园开始的教育体系中便加入性别平等的内容，等等。

在我看来，这些都非常重要，都应该做。但在做这些事情的时候，我们心中应该清楚前一节讨论的结果：男性可以成为女性主义的同盟者。我们要将目前仍然有父权制思维或行为的男性视作可以改变的对象，而不能将他们视为不如我们的“堕落者”或“敌人”。比如，有些人发现让普通男性产生道德觉悟非常困难，沮丧中便声称“只有打倒、压迫所有男人，让他们体验到女性被压迫的命运，他们才可能觉悟”。其中那些愤慨与焦急的情绪可以理解，但这样的话语与父权制的专制与压迫如出一辙，自然令人望而生畏。

近十多年来，中国社会围绕女性主义有许多误解的声音，某种程度上，“女性主义”被污名化了。简单地骂别人是“直男癌”非常容易，但这无助于增进社会大众对女性主义的理解。在我看来，女性主义被污名化在很大程度上与少数女性主义者的行动策略有关。

仇恨与敌视只会令可能的伙伴感到挫折与无助，同时将原本的摇摆者推到敌对阵营。

我推动男性参与性别平等运动中的一个深刻体会是：改变男人确实非常非常难，对于绝大多数人来说，只有在涉及个人利益的时候，才会做出重大改变。

所以，我一直倡导：要从男性个人的诉求做起，让他们认识到，父权文化伤害女性的同时也在伤害男性，制造压迫者男性的过程也在制造受害者男性，每个男性自身都在承受父权文化的伤害。只有帮助男性看清这种伤害，才有可能促使男性挑战父权制，从而站到女性主义的阵营中。这个过程，始于对自身所受压迫的觉悟和对自身利益的关注，这样更有可能促进最广泛的男性的改变。

父权文化对男性的压力，一个重要体现便是对支配性男性气质的推崇和维护。阳刚、主宰、成功、富有、暴力、性强大……这些都是支配性男性气质对男人的要求。支配性男性气质是双刃剑，在维护男性“强者”地位的同时也在伤害着男性。支配性男性气质对阳刚、主宰的追求是没有止境的，这也注定了它是永远不可能实现的。于是，男人便永远处于男性气质的焦虑中。

《革新男性气质》的作者也深刻论述了支配性男性气质的毒害，作为对支配性男性气质的挑战，他提出了非支配性男性气质、懂得尊重的男性气质、平等的男性气质等出路，这是从关系的角度论述的。我自己在博士论文（《男公关》，群众出版社 2011 年）中，提出：每个男人的男性气质都是在性别文化的建构中形成的，它是一个流动的过程，而不是一个僵死的状态，因此当性别文化改变的时候，男性气质也是可以改变的。因此在我看来，从推动男性参与促进性别平等的角度，我们就应该改变支配性男性气质的话语体系，从而推动多样化的、非支配的男性气质的产生。这与本书作者的论述是异曲同工的。

当然，我们讨论所有可行的策略之时，也要清楚：道德觉悟和正义感确实应该是底层逻辑。正如本书作者所说："男性的女性主义精神可以源于爱，源于共情，源于利益、效用或策略，但这些都无法排除对正义的追求。"

三、男性女性主义者应该做些什么？

这本书的作者告诉我们，身为男性女性主义者，在家庭这一私领域，在职场、社会这样的公领域，都应该成为尊重、推动女性权益，促进性别平等的实践者。

无论是作为"男性女性主义者"，还是作为"男性参与实践者"，在过去近 30 年的时间里，我见证，并且亲身参与了中国男性参与性别平等的历程。

1997 年接触到女性主义后，我便开始从男性的视角写作对女性主义的思考。2006 年我发表在《国外社会科学》[①] 的《当代西方男性气质理论概述》是中国大陆最早全面介绍西方男性气质研究的论文。我的博士论文也是针对男性气质的研究。到目前，我已经出版了男性气质、男性参与的专著 10 种，发表男性研究论文 20 多篇，一些后续学者称我为"中国男性气质研究的开拓者"。

比较于学术研究，我更看重自己推动男性参与的社会实践。

2005 年，我创办"男性解放学术沙龙"，倡导反思支配性男性气质，成为当时的热点新闻，百余家媒体报道，引起广泛

① 中国社会科学院信息情报研究院主办的综合性学术刊物，2023 年起已更名为《世界社会科学》。——编者注

讨论。

2010 年，我创办“白丝带终止性别暴力男性热线”，主要是男性心理咨询师为男性家暴当事人提供咨询服务，这条热线今天仍然在工作中。

2011 年，我参与主持了联合国人口基金的“家庭暴力中的男性气质”的调研项目，这是中国大陆第一个从男性气质视角研究家庭暴力的项目。

2013 年，在联合国人口基金驻华代表处的支持下，我发起了“中国白丝带志愿者网络项目”，项目目标非常明确：推动男性参与、促进性别平等——也就是培养男性女性主义者。项目最多时拥有 4000 多名志愿者，先后在 80 多个城市成立了地方服务站。

同样是 2013 年，我发起了“男人讲故事”项目，10 位在不同领域挑战了传统支配性男性气质的男人，在 4 座城市演讲，分享他们的生命故事。

2015 年，我创办了“好伴侣好父亲：全参与男性工作坊”，媒体称之为“男德班”，30 多家媒体采访，各种转发报道、发表评论的媒体已知超过 200 家。

2018 年，我创作和执导了话剧《男人独白》，这部话剧向女性主义的名剧《阴道独白》致敬，发出男性反对性别暴力的声音，先后在 6 个城市演出。

2019 年，我开始带领《中华人民共和国反家庭暴力法》颁布后的第一个家庭暴力施暴男性团体辅导小组，这是全国妇联权益部的项目。

2022 年，我再次启动“好伴侣好父亲：全参与男性工作坊”项目，再度成为新闻热点。这个项目，就是培养男性在生活中实践女性主义的。

与此同时，我将男性参与性别平等的理念，纳入我的家庭教育、性与亲密关系咨询、性教育、儿童阅读、儿童文学写作中。我主编的“猫头鹰幼儿性教育绘本”共13册，其中有2册就是关于男性参与的。我每年在全国各地讲授猫头鹰青春期性教育营，其中均包括男性参与的内容，比如鼓励男性未来在伴侣生产的时候进产房，鼓励男性承担家庭责任。这些工作从小就将男性参与的种子播到孩子们的心中，以期造就未来的“男性女性主义者”。

中国社会对于男性参与性别平等的态度已经发生了显著的变化。2015年“好伴侣好父亲：男性参与工作坊”启动时，媒体报道毁誉参半，网民评论则充满了讥笑和嘲讽。时隔7年，到2022年重启的时候，媒体已经是一边倒的赞赏之声，网民的评论也是赞赏远多于嘲笑了。与此同时，中国社会已经有很多讨论男性参与促进性别平等的声音出现，可见大众关于男性气质、男性角色的态度，确实发生了变化。

这本《革新男性气质》译著的出版，一定也会促使更多人关注、思考男性参与性别平等的议题。

我们从事的是一项改变社会文化的工作，这样的工作从来不可能易如反掌、速战速决。正是在无数人长期的积水成渊、聚沙成滩的努力中，社会的进步便实现了。

在推动男性成为女性主义者这件事情上，也是一样。

2025年2月16日

（方刚，社会学博士，性与性别研究专家，中国男性气质研究和男性参与实践的开拓者，国内推动男性参与性别平等的“中国白丝带志愿者网络项目”发起人，中国妇女研究会理事，全国妇联权益部、联合国人口基金长期合作的男性参与专家。研究方向除男性研究之外，还涉及青少年教育、性与亲密关系咨询等，出版著作80余部。）

译者序

在欧美社会，人们对女性主义 / 女权主义（féminisme）耳熟能详，在它背后是一百多年波澜壮阔的历史。时至今日，女性主义 / 女权主义的含义早已超越最初的权利斗争和争取两性平等。它已经发展成为反思整个社会结构、追求人类幸福的思考工具之一，其内容之广博多样足以使它成为一种生活方式。然而，在中国，除性别研究和公益领域的专精人士，大部分学界和大众对女性主义 / 女权主义的认识依然极其有限，仅仅停留在性别平等政策和性别维权的层面。诚然，性 / 别公正和性别平等是公认的社会进步和文明社会的标尺之一。但中国女性主义 / 女权主义理论和实践的相对匮乏也是事实。这直接影响了我国有识之士和普罗大众对欧美女性主义 / 女权主义的认识和理解，遑论阿拉伯及其他文明的女性动态。因此，翻译和推介全世界女性主义 / 女权主义的著作变得十分重要，甚至是必要。

目前，大部分介绍和论述女性权益的作品是从女性角度出发，揭露父权制的本质和其社会广泛性。作者们希冀以理论武装追求平权的女性和其他弱势群体，激励更多的人追求社会公正。从男性角度出发的相关论述相对较少，目前主要存在两种。第一种是流行在一些男性群体里的反女权主义思潮。他们将女权主义曲解为宣扬性别隔阂甚或性别战争，并宣称男性理应抵制和反击。第二种论述以学术成果为主，它们以更加严谨的方式揭露了男子气概的脆弱，探讨了20世纪后半叶以来愈演愈烈的男子气概危机。这些著作揭示了男子气概的建构性，并指出支配性男性气质无论对哪个性别都是噩梦。这些从男性气质和男性社会角色出发的著作属于带有女性主义/女权主义色彩的创新，打破了过去将男性一味视为压迫者的脸谱化论述。这些对性/别问题和性/别气质的深刻探讨有助于我们理解社会的二元性别结构，并能将性别问题从政治领域拓展到更为广泛的社会和文化领域。

伊凡·雅布隆卡的这本《革新男性气质》秉承的正是第二种思潮。作者从男性的立场出发，以政治公正和道德正义为名，呼唤男性积极参与到女性主义/女权主义对社会的反思和平权运动中。本书的法语原名为“正义的男人”（des hommes justes），作者开宗明义地希望男人们变得更加正义，认识到男子气概的脆弱性和支配性男性气质的霸权性，勇于放弃特权，为人类谋福利。

尽管女性主义/女权主义在全世界或多或少都引发了颠覆性的社会结果，但男性却在其间大量缺席。为什么会这样？伊凡·雅布隆卡在本书第一部分中指出，父权制从古到今在全世界普遍存在，但男性支配的根源并不在生物本性，而在于社会建构。在分析了父权环形系统如何将女性功用化，又如何演化为束缚女性的压迫机制后，作者揭露了社会源源不断地制造压迫者男性、让两性均陷入不幸的机制。“父权制对性别秩序实施着监控，它可以被定义为一个以男性来代表优越性和普遍性，并对大多数男性和小部分女性有利的制度。它披着声望和崇高的外衣，实则是制度化的性别歧视；它崇尚的文化就是支配性男性气质（或父权男性气质）。”作者一针见血地指出：“女性主义/女权主义革命要质疑的正是这样一种制度。”在中国，对父权制度的集中思考始于以马克思和恩格斯理论为核心的对封建父权制度的批评。随着时代变迁，中国本土引进了西方女性主义理论，有识之士在追求男女平等的道路上继续砥砺前行。而在当下，鉴于经济全球化和文化传播的加速，这本书对于我们了解西方发达国家的支配性男性气质和当代父权意识的各种形式必将提供新的帮助。

这本书的第二部分讨论了女性主义/女权主义思潮在西方历史上掀起的大变革，可以被视作对欧洲女性主义/女权主义历史的一种缩写。何为女性解放？作者阐述了女性主义/女权主义在不同历史阶段对解放的理解，并指出相关流派尽管千姿百态，但都具备以下三个共同点：其一，它们都认可“女性作为自由，独立、自主之个体”；其二，它们都在提出诉求，反抗社会不公正；其三，具有集体性。在我看来，事实上，三个特点的结合让女性主义/女权主义无论在哪个社会和国家都赋予了女性参与集体政治、诉求权力的正当性。女性主义/女权主义从这个角度而言，本质上是给女性赋权的运动。如果将“女性”视为压迫制度中弱势的代名词，那么，女性主义/女权主义还能够推广为一切正在遭受不公正的人们自我赋权的理论工具。因为，它们不是以某个阶层或某个群体的利益和权利为核心，而是拥有希望所有人类——即使有性别或社会地位等的差异——都能够平等享有幸福和福祉的理想。正是这点让女性主义/女权主义能够超越性别范畴，成为所有人（包括男性）都应该参与的反思和运动。

非但如此，伊凡·雅布隆卡还在这部分用了专门一章来讨论男性女性主义者/女权主义者，肯定了历史上一些男性对女性平权的卓越贡献。除去少数男性的作用，作者还论述了国家层面上与女性权利有关的制度。他的分析很公允，在肯定了一些历史进步之后，也指出了这些进步的吊诡之处：父权环形系统的不断扩展却使得妇女解放在一定范围内得以实现。因此，现在还远远未到躺在女性主义/女权主义变革成果上睡大觉的时候。相反，这些表面的进步之下蕴藏着更大的危机，因为父权制依然是世界主流，真正的平等文化远未建立，这让人类在制度上暂时获得的平权异常脆弱。

有鉴于此，对性别文化的探讨变得极其关键。于是，作者在本书第三部分集中探讨了目前主流的男性文化。作为支配者和性别秩序的既得利益者，在过去的几千年中，男性反思自身性别实践的时候少之又少。幸而，女权主义哲学和社会理论的深化为当下男性反思自身提供了绝佳的机会。无论是在疏离中痛苦和死亡的男性，还是厌女的病态男性，又或者是陷入社会性阉割焦虑的脆弱的男子气概，伊凡·雅布隆卡笔下的性别分析指向的都不是个人，而是“男性”的集体形象。每个人都会在这样的主流性别文化中找到自己的影子和一部分痛苦。我认为，这部分的论述对于中国读者而言极其可贵，因为它可以破除目前国内女性主义叙事中对男性压迫的脸谱化理解，真正说明女权主义本就不仅仅是女人的事。事实上，作者也期望这点能成为促使男性参与女性主义/女权主义实践的动力之一，因为只有实现“性别正义”，两性才能一同脱离父权制的魔咒，获得真正的幸福。

那么，什么是“性别正义”？又该如何实现？作者在本书最后一部分，提出了自己的一些看法和建议。他提出，需要建立非支配性的、懂得尊重他人的、平等的男性气质。简言之，他认为，“性别平等就包含在与男性关系中的女性自由里，它可以被定义为由权利赋予的全面自由”。由于过去对“男性”的定义并非基于自由模型，男人们滥用了自己的自由，让自身成了不公正的人。因此，目前男人们需要做的是重新按照正义的标准定义“男性”，建立新的男性文化。社会需要采取措施，建立另一种普遍主义，让人们不会因为性别而遭受歧视或支配。

除去本书内容，作为本书的译者之一和研究性别问题的社会学研究者，我还想就翻译中的一点进行说明。我在翻译中遇到的一个重要问题是“féminisme”一词的汉语翻译。由于在学界，这个词的翻译甚至有表明政治立场的作用，因此有必要做一些论述。事实上，法语“féminisme”一词的译法与翻译英文“feminism”遇到的困难是一致的，因为目前中文主要存在“女权主义”和“女性主义”两种译法。两种译法各有其历史背景和理由，对此的争论从20世纪90年代开始一直持续到今天。以《女性主义全球史》这本探讨“feminism”概念内涵的重要书籍为例。译者朱云在序言中引用了张京媛和李小江等学者对翻译该词的看法，解释认为，“女权主义”的译法被视作突出了争取平等权利的斗争，而“女性主义”代表的是“后结构主义的性别理论时代”强调“性别”的趋势。在中文语境中，“女性主义”被认为更加温和，更易于被当下的大众接受。因此在《女性主义全球史》中，朱云选择大多译为“女性主义”，只在涉及“女权运动”的论述中保留了“女权”一词。而且，她倾向于在涉及近代和20世纪前半叶时期的章节中用“女权主义”，在当代部分，特别是20世纪90年代以后使用“女性主义”。

我们认为，围绕时代和社会运动来保留“女权主义”的译法，会造成 féminisme 原词含义的割裂，因此倾向于保留“女权主义”或“女性主义”其中一个词作为统一译法。然而，在中文社会舆论里，目前“女权主义”一词的确面临着被脸谱化和极端化的趋势。这是因为，此词的历史与西方民权运动和社会革命高度相关，它在当下的运用又与西方环境下的社会权力斗争相连。因此，在中国的环境下，它遭遇这样的片面解读也属正常。事实上，尽管争论很多，大部分译作在实践中都将 feminism（英文）/féminisme（法文）翻译成了“女性主义”而非“女权主义”。我认为这与改革开放后，中国有关性别研究的理论传统有关。20 世纪 80 年代，对中国两性平等研究产生比较大影响的是李小江，她用的词是“女性主义”。当时，鲜有国外性别研究著作被翻译成中文，李小江对英文 feminism 的翻译和阐述对之后学术界和大众舆论的影响无法忽视。由于李小江的理论带有强烈的本质主义色彩，因此她笔下的“女性主义”的译法不可避免地带有本质主义特征。我认为，尽管有些学者指出“女性主义”的译法响应了当下后结构主义的思潮，我们也应该看到它的翻译历史中与本质主义理论的强烈关联。事实上，“女性主义”之所以在当今依然显得更加温和和易于被大众接受，其中一个重要理由恰好就是它与本质主义的这种关联，这让它显得没有那么挑战二元性别秩序。从这个角度讲，对“女性主义”译法的推崇，与响应后结构主义解构性别的思潮实则背道而驰。

然而，我们依然在本书里统一采用了“女性主义”的译法。我们这么做的缘由并非赞成性别本质主义，也无意将其摆在性别解构的图景里。在我们眼中，“女性主义”不必一定就是“女权主义”的温和版本，女权主义也并非仅仅与平权运动有关。

由于熟读外语文献，在译者的视野里，这两个词并无区别，都是指 féminisme。因此，我们希望在厘清两种译法翻译历史的同时，用译作内容翻新和重新定义“女性主义”“女权主义”两词。我们选择使用“女性主义”，更多是考虑到中文书籍的出版环境（其实也完全可以使用“女权主义”）。

读者们将会看到，整个 féminisme（女权主义或女性主义）的历史都与争取权利和反思性别有关，无论是理论争锋还是社会运动，其核心都是如何让所有人尽可能地享受到平等和自由，并以此获得幸福。时至今日，féminisme（女权主义或女性主义）的内容早已超越男女两性，也涉及生态环境、赛博朋克、新科技等一切与人的生存环境相关的领域。在《革新男性气质》中，作者涉猎了十分多元的 féminisme（女权主义或女性主义），而且权利和权力从未缺席他的论述。他从民权角度出发呼唤男性正视女性权利，改变男性的政治定义，做正直的男人，与女性一起努力实现性别正义。因此，在这种原文背景下，即便译文采用了“女性主义”一词，著作内容也会赋予这个译法权利意味，达成一种翻新和统一。

王甦

2024 年 1 月 31 日于巴黎寓所

目　录

第四部分　性别正义

导　言

革新男性气质

男人在所有斗争中都奋勇争先，唯独性别平等领域缺了他们的身影。男人梦想解放一切，却唯独不关心女性的解放。除去少数例外，男人对社会中父权横行的现状已经非常适应。他们从中获益。在今天，同过去一样，性别特权在全世界肆虐。

由数千年刻板印象和社会制度造就的传统雄性模型已然陈旧。它之所以显得过时且有害，是因为它是一台统治机器——不仅统治女人，还统治有着不合格男性气质的男人。关于未来，我们的梦想是：发明新的男性气质。改造男性气质，让它能够与女性权利共存，且不再兼容过去的父权等级制。这样一来，家庭、宗教、政治、商业、城市、引诱、性、语言就都可能被颠覆。

在世界各国，无论女性地位如何，都出现了为整体的社会行为定义一种“男性伦理”（Morale du masculin）的迫切需要。我们该如何阻止男人嘲讽女性权利？就性别平等而言，怎样才算是“好男人”呢？如今，我们需要的是具有平等意识的男人，是对父权制抱有敌意的男人，是比起追寻权力更热衷践行尊重的男人。我们需要男人，但应是正义的男人。

民主的盲点

1791年，奥兰普·德古热（Olympe de Gouges）在其著作《女权与女公民权宣言》（*Déclaration des Droits de la Femme et de la Citoyenne*）中以这样的质问开篇："男人，你有能力做到公正吗？这是个女人在向你发问。"在奥兰普·德古热去世两百多年后，当我们放眼世界，审视政府官员的构成、薪资的不平等、家务劳动的分配不均、伴侣在私人空间或公共场合的暴力行径时，我们依然会想知道：男人究竟有没有"公正的能力"？在这一层面，18世纪的民主发端、19世纪的工业革命、20世纪的社会主义兴起和去殖民化没有带来任何改变：我们的现代性依旧是个跛子。

无论在哪里，都有数不清的组织或机构在讨论性别平等。然而，在我们当前的民主条件下，女性权利的实现依旧遥遥无期。从亚里士多德到笛卡尔、卢梭，再到约翰·罗尔斯，哲学家们普遍对这一问题兴致索然。他们思考的正义并不包含性别正义。为了自由，革命家们可以抛头颅、洒热血，但在自由有利于女性时例外。若能弥补这些空白，以性别平等为基础重构男性气质，我们就可以丰富我们的共同抱负。

该从哪里开始呢？让我们先看两个例子：劳动分工和性暴力。在20世纪，社会的变化远快于男人的变化。时至今日，西方国家的大部分女性都能外出工作、追求事业、自己选择性生活，但男人却并未完全接受这些改变的必然后果。相较于过去，女人的视野变得异常广阔，而男人却在这个层面裹足不前，遵循着旧有的习惯——他们依然习惯指挥，习惯被伺候。一面是社会翻天覆地的变化，另一面是对其的顽固抵抗，这种冲撞不断在每对夫妇间发生。作为性别（genre）[①]不平等的集中体现，分工失衡带来的紧张关系是个体所经历的集体转变。正因如此，“构建男性气质运动”不仅需要个人的努力及良好的意愿；它还体现着政治逻辑。

同样地，MeToo 运动已经表明，男性的定义需要重新讨论。它迫使男人去反思所有形式的性暴力。我们很难说 MeToo 运动带来了全民动员，但至少它的确引发了人们的反思。为何会有如此大量的性侵犯、性骚扰和强奸，且发生在一个对此漠然或相对容忍的社会氛围中？那条让我们不会或多或少成为韦恩斯坦[②]的警戒线到底在哪里？我是个勾引者或渣男吗？

此类担忧是有益的，但对引发改变而言还远远不够。从性别正义的角度来说，何为好父亲、好丈夫、好同事、好上司、好情人、好信徒、好领导或好公民呢？这些问题，实则是同时从个人和集体的层面去询问：如今，做个男人意味着什么？

不再应该由女人去进行自我审查，扭曲人生选择，无时无刻不为自己辩护，因协调工作、母职、家庭生活和休闲娱乐而疲于奔命了。现在，该轮到男人去追赶这个世界不断前进的步伐并弥补延迟了。该轮到男人去质疑什么是男性，而非陷入那种因为知道怎么设置洗衣机就认为该给自己颁个奖章的现代英雄神话。然而，若没有整个社会在各个领域的支持——无论

① 就目前学术界用语而言，sexe 在法语中偏重指生理上的性别，genre 则偏重指社会文化上的性别。有些中文文献将 sexe 译为生理性别，将 genre 译为社会性别。这种两分法近十年已备受批评。因为社会生活语境中的“性别”概念，即便是 sexe，也并非单纯是生理区分的结果，而更多是政治和文化构建的产物。将 sexe 和 genre 以两分法的方式翻译成生理和社会性别已不再恰当。译者将视具体情况把 genre 一词适当译为“性别”“性 / 别”或“社会性别”。——译者注（本书脚注除另行标明外，均为译者注。）

② 哈维·韦恩斯坦（Harvey Weinstein）是电影制作公司米拉麦克斯影业的创始人之一，被指控犯有多项性侵罪行。

是立法、税务、社会保障、工作组织、公司文化、亲密关系中的举止、家庭教育、教学方法、教学内容，还是整体的生活方式——这种内省将毫无意义和成效。

我们的国家是如此推崇平等和公正，却严重缺乏热衷平等和公正的男性。我们的民主制度存在一个盲点：性别正义。这需要消除性别不平等。男人们面临的挑战，不在于如何去“帮助”女人获得独立，而在于改变男性气质，使女性不用再屈从于它。

新型男性气质

与新石器时代、一神教、环球航行、现代科学、人权思想和独立运动这些革命不同，女性主义革命几乎没能动员男人。为什么男人在这场运动中几乎缺席？因为他们感到被针对、被威胁，但更关键的是，他们无法将其视为一场革命。事实上，很多男人都将它看作没有意义的骚动：往好了说，是场“风俗变革”；往坏了说，“不过是群女人搞出的事情”。

无论漠视还是敌对，男人们的态度让女性主义者通常只能依靠自己的力量。于是，性别战争的气氛笼罩着我们的当下：许多男性因女性主义者的诉求而感到被冒犯，一些女性主义者也拒绝与她们的“压迫者”合作。这两种立场其实都基于同一个前提，即男人不该与性别平等之事扯上关系。这种认识是错误的。1966年，人类学家热尔梅娜·蒂利翁（Germaine Tillion）曾写道，世间没有“只属于女人的不幸，也没有仅中伤女儿不波及父亲的堕落行径”。[1]她的文字提醒我们，女权即人权。而男人主动缺席的正是这一战役。现在设想一个联合两性的进步战线、一个更加包容的女性主义，有没有太晚？

纵观历史，尼古拉·德·孔多塞（Nicolas de Condorcet）、夏尔·傅立叶（Charles Fourier）、威廉·汤普森（William Thompson）、约翰·斯图尔特·密尔（John Stuart Mill）、莱昂·里歇尔（Léon Richer）、金天翮和塔希尔·哈达德（Tahar Haddad）等男性都支持女性解放。他们捍卫女性的人身权利、行动自由，以及在智识、公民生活和政治上的平等权益。他们呼吁女性的受教育权、工作权、投票权、自主权以及爱的权利。这些先驱挽回了男性因缺席此类斗争而受损的尊严。先驱们的努力让我们看到，女性遭受统治并非关乎性（sexe），而是关乎性别；并非生物原因带来的厄运，而是文化构建带来的恶果。因此，所有人都具备对抗的资格。女性主义是个政治选择。

可是，尽管这些勇敢的思想家们期望让女人在权利方面“与男性持平”，他们却并没有打算去改变男人的生活，包括他们的社会权威，以及他们在性别上的主导地位。这些思想家们的立场慷慨，却并不自洽，只补救了结果而没有解决原因。这就是为什么让女人同男人“持平”的那种女性主义还不够彻底。禁止女性割礼、倡导夫妻间平等分工、在政界和商界建立性别平等：诸如此类的措施显然十分必要，但还远远不够。

这样的均等模式（女人“同男人一样”）从18世纪末期便开始滋养女性主义，却几乎没有动摇任何男性特权，因为走在前面的女性总是在争取并获得那些男人已经拥有的权利。必须改变这种关系了。性别动力学要求我们采用一种新的模式，其中“男性”（le masculin）应在女性权利的视角下被重新定义。因为女人是通过自身努力换来的自由与平等，所以她们已经展现了一个民主社会应有的样子。现在该由男人来适应这种法律和现实状况了。

所有行动都应从检视自身的意识开始。这种自我审视的工作首先应关乎掌握权力的人：政治家、高级公务员、公司领导、管理层、广告从业者、城市规划师、警察、法官、医生、新闻从业者、教师和研究人员。所有这些人都应去反省普遍意义上的男性气质，尤其是他们自身的男性气质。是否在一些情形下，只因为我是一名男性，我便在不知情也非自愿的情况下，获取了额外的好处？男性这个类别是否只能由力量、攻击性、对金钱和权力的崇拜以及贬低他人来定义？为什么那些贬低女人的男人也同样会贬低部分男性，认为他们不够男人或是背叛了他们的性别？

可以有一千种做男人的方式，“阳刚”只是其中的一种。我们可以设想男性女性主义者的存在，也可以设想那种接受自身女性气质的男人，憎恶暴力和厌女症的男人，放弃他被要求承担的角色的男人，以及不专横权威、不狂妄自大、不贪慕特权也不自命不凡地认为自己代表了全人类的男人。新型男性气质能让男人从优越情结中解脱出来。

性别正义和集体进步

革新男性气质意味着理论化性别正义。性别正义的目标是“重新分配性别”，这与社会公正要求财富的重新分配是一个道理。然而，在考虑这样一个项目的社会、制度、政治、文化和性方面的含义之前，应该首先明白，我们所处的世界具有自相矛盾的特征：男性有着大量社会层面的欠缺，父权制却依旧持续存在。

进步之所以困难，原因之一是对男性支配的历史这一相关领域的忽视。在日常生活中，大量的男性和女性都察觉到雄性掌控着权力，但他/她们却不知道为什么，也不知道是从何时开始的。是的，我们必须从旧石器时代、新石器时代和古代开始讲起，去考察那些男性不再作为一种视角，而成为一种普世和高等存在之代言人的时刻。只有这样，我们才能追溯到问题的源头。想要对当下有所作为，就必须采取一个跨度够长的历史视角，这样才能更好地理解有待我们实现的改变有多么巨大。对男性的质疑就从这里开始。

男性生而尊贵的思想催动着男人。这解释了为什么他们总是潜在地处于危机之中，被自己的支配权力所异化。自 19 世纪开始，女性主义的胜利、女人进入领导岗位以及家庭角色的重新界定撼动着整个性别等级。在 20 世纪最后的四分之一时间里，工业霸权地位衰落，第三产业职位增多，这颠覆了男性的地位。无论在大学还是在就业市场，男孩逐渐必须同那些更加适应知识经济的女孩们竞争。

一方面，父权制持续存在；另一方面，对其的怀疑也不断增长。如何解释这种矛盾呢？事实上，男人的确在担忧，因为他们害怕失去支配地位。我们应抓住这个时机。是时候捍卫一种新型的社会构想，即性别正义了。性别正义包含一些“正义的标准”（不支配、尊重和平等）、一种“性别伦理”（即指导男性的准则）和一些“颠覆行动”（使父权制不再有序）。这一切都是为了实现一种“有质量的社会关系”（用约翰·斯图尔特·密尔的话来说，就是“与平等的人一起生活”）。如此，我们便可重新分配性别了。

本书的观点将通过四个部分来展开。第一部分将重新追溯父权社会的形成，第二部分将阐述女性主义活动家及其斗争，第三部分会分析那些让男性在社会层面的欠缺日益显现的变化。

总之，前三部分将会着重解释男人的权力是如何被建构再被动摇的。第四部分将说明，借着这一挑战，男性是可以被重新定义的。除了父权制之外，男人还有另一种历史，因此，也可以有另一种未来 —— 新型男性气质。这类男性气质不但承认女性的权利，也同样承认不同男人的权利。

我的思考是由两个相互关联的问题支撑的：男人的行为举止是怎样的，以及男人应该如何行为。用哲学术语来说，在阐明康德意义上行动的道德规范之前，先遵循黑格尔的传统对现实做出诊断是有益的。将现实概念化，期望应当期望的。为的是什么呢？集体的进步。

本书是一篇社科文论，同时也是篇政治宣言，它所讲的关乎我们的幸福。它遵循了一个古老的传统：启蒙哲学家们阐释了幸福的观念，美国独立之父们则将其变成现实。法兰西共和国的奠基者于 1793 年断言，“社会的目标是共同幸福”。可他们忘记明确的是，共同幸福也包含性别平等。毕竟，没有男人的参与，性别平等的战役是无法取得胜利的。

大家或许会对我引用 18 世纪革命环境下的这句话感到惊异 —— 那时的革命是由男人发起的，且所有的号召言论均以“先生们”开头。然而，这些雄性的确创造出了一个新世界。我们或许可以期待他们能像争取社会正义一样去追求性别正义。能否再发生一次八月四日晚间之故事[①]，而这次是由男人集体去放弃他们的特权？缔造一个更加幸福的、建立在所有男人女人的权利之上的、有着自由的女人和正义的男人的社会：这便是未来几个世纪我们应为之努力的美好愿景。

---

① 八月四日之故事是指 1789 年 8 月 4 日晚间，法国大革命中的法国国民制宪议会通过了《八月法令》。该法令废除了法国的封建制度。法国贵族投票放弃了自己的特权。

第一部分

男性统治

1

父权制的全球性

若问天主教会、纽约证券交易所和新几内亚的巴鲁亚（baruya）仪式间有什么共同点，答案是，它们都是由男人统治的。男性支配是地球表面最具普遍性的一大特征。就像金钱一样，它是一种全人类都能理解的语言。

男性支配的普遍性

在我们所知的社会中，没有任何一个社会是由女性群体来行使道德、政治和经济方面的整体权力的。她们无权规划社会生活（比如以法律手段规定两性的行为），也无权做出涉及全部共同体成员的决策（比如决定战争）。然而，男人却普遍指挥着一切：他们要么是领袖或立法者，要么是将军或老板，要么是丈夫或父亲；即便单身，他也可以是个教士。19世纪60年代，法学家约翰-雅各布·巴霍芬（Johann-Jackob Bachofen）认为自己发现了一种古老的母权制度。然而事实证明，他所谓的“母权”不过是一种对女性气质的浪漫主义看法，这一“母权”并不与男人的权力发生冲突——母舅抚养外甥，外甥们继承舅舅的财产（即舅权制）。新几内亚钱布里湖地区（Chambri）的情形同样令人失望：与我们一直认为的相反，那里的男人也依旧统治着女人。[1]

不过，在北美的易洛魁人（Iroquois）、中国南方的摩梭人、印度的卡西人（Khasi）和非洲的阿坎人（Akan）那里，女性扮演着重要角色。在这些社会中，财产可以从母亲传至女儿（母系氏族制度）。在某些情况下，丈夫婚后会加入妻子的家庭（从妻婚）。在尼日利亚的伊博人（Igbo）那里，女人会聚集在“乌木阿达”（umuada），照看村民的健康状况，监督冲突的解决进展。可惜的是，这些女性权力的孤岛不仅与男性权力并存，在更广的范围中是父权国家的一部分，而且，世界范围内的母系氏族制都正在濒临灭绝。由女性担任一家之主且掌握着性主动权的摩梭社会，现已成了旅游景点。[2]

父权制从哪里来？为什么它可以穿越各个时期、各个文明和各个制度，且具有令人难以置信的稳定性？面对如此复杂的问题，我们无法一言以蔽之。我们必须考虑到生物、社会、经济、宗教、立法和文化等各个因素。

为了理解男人支配女人［弗朗索瓦丝·埃里捷（Françoise Héritier）称之为“性别的不同效价”（valence différentielle des sexes）］的制度化过程，我们需要分析以生物学和进化心理学为基础的“深层历史”，并从定义这种从属关系的行动者入手。因此，不可避免要采取一个时间跨度极大的视角，并对那些尚未有文字、几乎无材料踪迹可寻的时期持谨慎态度。我们拥有的第一个研究资料即我们自己——出现在距今大约30万年前的解剖学意义上的现代人，“智人”（*Homo sapiens*）。

两性异形

所有社会毫无例外地认可对人类这一物种的两分法，认可人类应被分成两个群体：男人们和女人们。然而，从生物学观点来看，男女间的差异其实并不太多。

女人和男人拥有同样的生理组织和进程——骨骼、器官、血液循环、呼吸系统、消化、排泄、衰老至死，都在颅腔里有一个大脑，都有适合直立行走的双腿、可以弯曲的双臂和有对生拇指的双手。他/她们都用五种感官来感受世界。作为具有理性的生物，他/她们都有能力学习、感受情绪和给出道德判断；他/她们有同样的生理、情感和社会需求，也有同样的智力。比如就数学领域而言，女孩和男孩之间没有天分的差别，能够取得同样的成绩，这种能力上的平等意味着科学推论有其生物学基础。[3] 因此，男人和女人之间的相似点大大多于不同点。

他/她们之间因为性而被区分开来。一个人的遗传性别从受精卵起便已固定。女性拥有两个 X 染色体，男性拥有一个 X 和一个 Y。从妊娠的第 7 周开始，胚胎的生殖器官便开始分化，生殖腺在性别决定基因的作用下变成卵巢或睾丸。在男性那里，Y 染色体诱发了睾丸的分化，睾丸会分泌一种叫睾酮的激素，它能促生前列腺和阴茎。对女性而言，生殖管则分别发育为子宫、输卵管和阴道。很可能是卵巢和胎盘分泌的雌激素让阴蒂和阴唇出现。一般情况下，孩子一出生就能通过分辨外生殖器官来确定其性别。

青春期到来后，身体会再度分化。女孩先是胸部发育、骨盆变宽，而后月经初潮；男孩则是肌肉变得发达，肩部变宽，面部和胸部的毛发开始生长，喉结突起。声带的变化让男性的声音通常比女性更低沉。

除了影响男女各自器官的功能障碍（比如乳腺癌或前列腺癌），一些疾病的症状也会因性别而异，比如心肌梗死。而且，有些疾病在某个性别身上发生率会更高。由于男孩仅拥有一个X染色体，和女孩相比，他们会更容易被与这个染色体相关的基因异常影响，比如血友病甲、血友病乙以及进行性假肥大性肌营养不良。最后，研究者们也测出了两性在认知能力层面的微妙差异：一般而言，男性在精准投掷和心理旋转①的测试中成绩更好；女性则更灵巧，在计算和语言表达方面成绩更佳。[4]

性别秩序

社会给两性各自分配了一套行为准则，其中包含权利和义务，这便是我们说的性别（genre）概念。对于个人而言，性别决定名字、外貌、衣着、举止，有时候还决定了他／她说话的方式。性别无所不在：教育里、广告里、语言中、公共厕所的区分中，以及茱莉亚会涂指甲油而保罗会剪短发这样的事实中。

自出生开始，性别就诠释和过分夸大了男女间性的差异。社会花费了大把精力来区分两性，以使其分别进入“男性”文化和“女性”文化，而这两种文化就成了社会公认的整合模式，变成与男女分别对应的第二天性。出于性别分化，男孩和女孩受到的待遇不同，他／她们也因此通过别人的一整套态度来习得自己的性化处境。“性别秩序”就是在一个社会中反复提醒人们去根据自身性别履行相应义务的机制。例如，一个男人完全

① 心理旋转（rotation mentale），又称心智旋转，为认知心理学术语，是人在头脑中运用表象对物体进行二维或三维旋转的想象过程，也是评定空间智能的重要标尺。

可以穿着裙子去上班，但这样做必然会引起他人的诧异或指责。作为一个社会性动物，人们很难摆脱自己的性别，这就是为何性别也是人类基本处境的一部分。

照此逻辑，我们可以把女人看作被教导成为女性的雌性人类，男人是被教导成为男人的雄性人类。幸运的是，社会中尚存在不少自由空间，每个性别都能够调整甚至抵抗这种规定给他 / 她的性别。

性别的存在很早就被观察到了：埃斯库罗斯[①]描绘了一个“男子气”的克吕泰涅斯特拉[②]，即缺乏女人味的女人；圣保罗则谴责那些没有足够阳刚之气的男人为“娘娘腔”。不过，这一概念直到20世纪才被真正理论化。作为一名同性恋、女性主义者、自由意志主义者和素食主义者，爱德华·卡彭特（Edward Carpenter）在《原始民族里的中间形态》（*Intermediate Types Among Primitive Folk*，1914）中展现出，与“超级男子气概”的男人和“超级女性气质”的女人相反，那些“多少带有女子气的男人”和那些“多少带有男子气的女人”是如何扰乱性化行为规范的。20世纪30年代，人类学家玛格丽特·米德（Margaret Mead）和格雷戈里·贝特森（Gregory Bateson）在新几内亚的一些族群中观察到性别错位的现象，即女人像男人一样行事，男人同女人一般举止。

性别已经成为社会科学领域一个不可或缺的工具，一些学者甚至认为它是一切的基础：在他 / 她们看来，性别分野是一种社会建构，“女人”和“男人”这两种类别是人为的，甚至是虚

① 埃斯库罗斯是古希腊诗人，与索福克勒斯和欧里庇得斯并列为古希腊最伟大的悲剧作家。

② 克吕泰涅斯特拉是希腊神话中的人物。她是斯巴达皇后海伦的双胞胎姐妹，是阿伽门农的妻子。

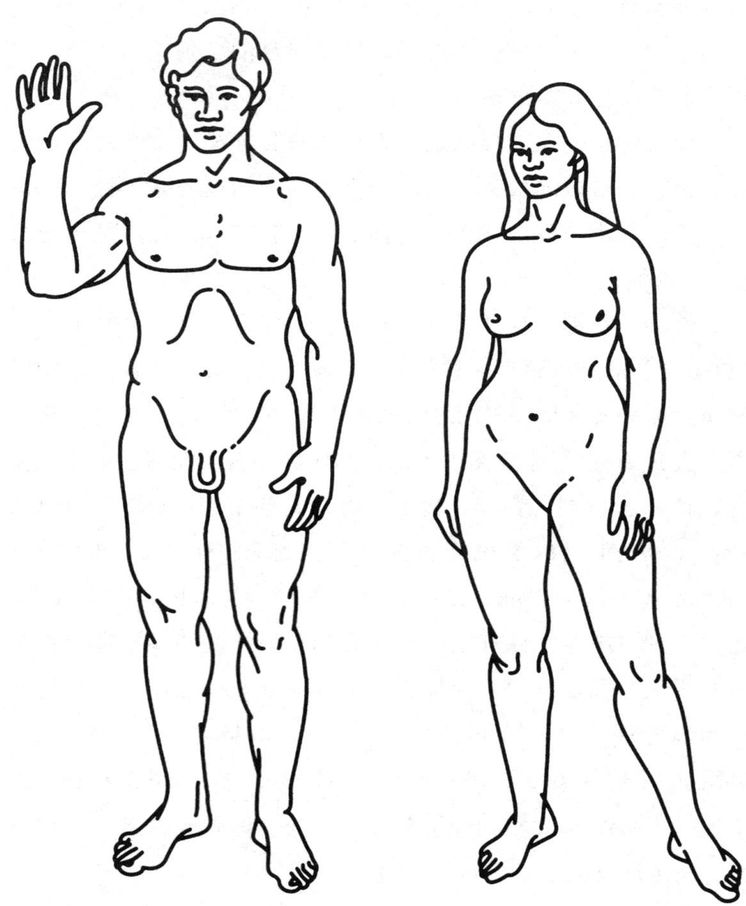

图1 美国国家航空航天局使用的男人和女人形象。20世纪70年代初，两枚先锋号探测器被送入太空。探测器携带有一块金属板，上面刻着两个人的图像，一个男性，一个女性。这两个生物形象带有性别特征：女人留着长发，仪态和蔼可亲，其外阴部分也出于文化上的节制而被隐去。最重要的是，画面中是男性举起右手，代表全人类做出了一个打招呼的姿势。对外星人而言，真是一目了然啊。

构的。就世界范围而言，有 1%～2% 的孩子生下来就是间性人（intersexuel），即无法对应典型的二元标准，例如：没有子宫的 XY 基因型女孩，睾丸很小的 XX 基因型男孩，承受多种病痛的 XXY 基因型男孩（克兰费尔特综合征），还有 XXX 的女孩和 XXXY 的男孩。另外还存在被称为“跨性别”（transgenre）的人，即生为男儿身却认为自己是女性，或生为女儿身却认为自己是男性的个体。在激素治疗和手术的帮助下，他 / 她们如今可以变更自己的性别。

尽管性别的决定机制非常复杂——受基因、激素、解剖学构造等诸多因素影响，但我们似乎很难否认存在两种性别，尤其当我们用进化的观点看待时，毕竟大多数其他基因图谱都是不育的。的确存在一种基本的自然“给定”让人分出雌雄，而且 XX 与 XY 之间的分野在智人出现前（距今 2.5 亿年前）就已是哺乳类动物的特征了。当然，性别以外的一些因素也可以区分人类，但社会却从未按照诸如耳朵形状或脚掌长短来区分其成员。男女二元性成了思维中固定不变的常量。

由于生理性别先于性别存在，我们很容易将父权制的命运归因于我们的生物性。为了更好地传播自己的基因，雄性对拥有多个性伙伴充满兴趣，于人类如此，于黑猩猩和狒狒亦是如此。雄性倾向于相互争斗，征服对手。基于进化之功，男人通常都比女人更加高大也更强壮。唐纳德·布朗（Donald Brown）把男人更好斗、更加倾向于偷窃和杀人视为普遍现象。雄性智人的生物性或许为此种天性提供了部分解释：雄性激素（比如睾酮）会有兴奋剂的效果。[5]

然而，除了女人对疼痛和疲劳的耐受力更强，以及她们所谓的身体劣势并不妨碍她们被委以最艰苦的工作以外，男性支配依据的却并非强者逻辑——比起付诸暴力，它依赖的更多是法则、制度和习俗之力量。若真是强者便能支配，我们完全可以设想女人通过互助和协作，联合起来统治男人。例如，在倭黑猩猩中，雌性比雄性矮小，肌肉也更不发达，但她们的同性情谊使她们建立起了明确的雌性支配型社会。尽管雄性智人有一些基因和激素上的特点，我们依然不可就此把男人的生物性同父权制度混为一谈。那么，性别分化如何招致了社会的不平等?

母职损耗

对智人这一物种来说，生育需要雄性和雌性交媾。而后，雌性还需承担三项任务：妊娠、分娩和哺乳。在妊娠阶段，一个（或多个）胚胎在雌性身体中孕育；分娩对母婴而言都是个关键时刻；至于哺乳，则是婴儿在消化系统尚无法吸收固体食物时，吸吮奶汁存活的过程（在19世纪巴氏消毒法发明之前，没有任何食物能取代母亲或乳母的奶汁）。

为诞生一个新生命，雌性智人需要耗费大量的时间和精力。如果我们把怀孕的9个月和哺乳期加起来，就会发现，一个孩子带来的“母职损耗”可以长达2到3年。催产素是一种在下丘脑中合成的神经肽，于分娩时及分娩后释放，其分泌会加强母婴之间的联结。催产素能激发关照行为（抚触、凝视、微笑、游戏），不过当然，这些行为的发生也取决于母亲的所属环境和过往经验。[6]这种生理上的联系解释了为何大多数情况下，孩子的生母也是孩子被社会所承认的母亲（这被唐纳德·布朗列为人类的另一个普遍性）。因此，女性在为孩子传递早期知识方面发挥着不可或缺的重要作用：她们为儿童启蒙，教授语言和常识等内容。

那在此期间，雄性智人在做什么呢？在动物界，是否承担教育任务通常取决于父母在生育期间扮演的角色：父母为生育活动付出的多少决定它们为之后的养育投入多少。因此，父母的职能分配在鱼类和两栖动物这些体外受精的生物那里会相对公平。在很多鸟类那里，双亲在下蛋后都会参与照顾。雄性瓣蹼鹬会孵蛋和养育幼仔，雄性鸽子则将奶汁分泌到自己的嗉囊中。

然而，在95%的哺乳类那里，母亲负责照顾幼崽，雄性只扮演受精者的角色。这种对父职的抛弃有诸多原因：精子（相较于卵子）数量的充裕、体内受精、父亲身份的不确定性，以及使其他雌性受精的不懈欲望。为了最大限度地增加在其他地方“传宗接代”的机会，雄性通过“变渣”，让雌性独自承担养育幼崽的责任。母亲退让了，因为她已经为此付出了巨大的生理代价。不过，与狼、狨猴和柽柳猴一样，人类男性没有遵循这条规则：他们履行父亲的职责，保护自己的配偶和后代，或是为他们提供食物。但是，比起已付出太多而无法丢弃孩子的母亲，父亲总有抛妻弃子的可能。总体而言，父亲会“留下来”，但是有条件的。[7]

与其他灵长类动物不同，人类生活在伴侣关系中，且（从理论上讲）有着排他的性关系，性活动也是在私下完成的。比起混杂的性匹配，一夫一妻制在某些方面具备优越性：它比多配偶制所需的精力更少，同时也减轻了雄性间的敌对状态，孩子能获得双亲的教育，两个家族的联合也能构建出更加广阔的社会关系网络。这种两性间的合作能力部分解释了为什么智人这一物种能够脱颖而出。获取快感在人类性行为中的突出地位，尤其是女性在生育期外亦能感受性的欢愉，也构成了一夫一妻制施行的一个原因。从某种意义上来讲，性成了伴侣间完美的黏合剂。[8]

性的快感和共同抚养孩子的便利性，解释了人类双亲为什么不会轻易分开。但这种合作的代价是将女人母性化（maternalisation），其中女性的社会价值仅仅取决于她的生物性功能——同样为了生育，男人需要女人的身体。就像骄傲的伤口，男人的这种次等状况可以通过这样一种观念来弥补，即，是男人通过他的精子将孩子“放到”女人肚子中去的。算算从怀孕到完成幼教需要的时间，我们就能明白，男人如果不想让其他男人顺走他的“种”，就必须占有女人的身体。[9]

为了换取自己的在场，男人行使着这样的占有行为：在一夫一妻制家庭里，母亲和孩子都属于他。因为生育，雌性智人不仅在孩子那里失去了自主权，也在同住的男人那里失去了自主权。男人对女性生育能力的没收构成了物种繁衍的关键要素，这解释了两个普遍现象之间的频繁联系，即稳定的配偶关系和性别的不同效价。女性母职的“专门化”，使得男人可以腾出手来完成其他工作，劳动的性别分工因此出现：男人主事生产，女人则负责繁衍。

从“客观上”来看，女人貌似先天优于男性，因为她们具有用自己的身体孕育生命和哺育婴孩的能力。然而，实际情况却恰恰相反：由于母职，女人处于从属地位。

劳动分工

旧石器时代晚期是一个覆盖整个欧洲的冰期，时间从公元前4.5万年到公元前1万年。人类属于游牧的狩猎采集者，他/她们手工打磨器具，狩猎大型食草动物，采集野生植物，装饰他/她们的洞穴。

起初，在当时的人类群体中，并不存在任何一种后来由男性独占的动物或物品（马匹、剑、车）；狗和弓只在这一时期的末期，即公元前1.4万到前1万年间被证实存在。但是，得益于民族学的比较研究，我们可以提出当时存在性别分工这一假设。在“标准跨文化样本”（这是由位于非洲、地中海、欧亚大陆、太平洋岛屿和美洲的各种文化组成的一个研究样本）包含的186个社会中，男性都拥有自己的专属领域，狩猎大型动物、屠宰、加工坚硬材料都被严格规定为男性的领域。女人则负责照顾孩子、准备伙食和加工软材料（纺线、织布、编筐）。她们也会去采摘野果或抓捕小型猎物以参与食物生产。[10]

现已存在好几个用来解释这种性别分工的理由：男人更加强壮，女人“被归到一边”以保证族群的延续；又或者，从象征的层面而言，男人需要面对严酷和死亡，女性则已经与生命相连。男人独霸狩猎领域，此种安排是否让他们因此拥有了给女人、孩子和老人分配肉食的权力？男人从事的狩猎是否是一项享有盛名却通常收获甚少的活动，而实际上是女人提供了日常的基础饮食？另外，我们也可以想到，猎杀大型动物（犀牛、猛犸象、驯鹿、野牛）的工作，不论是杀死猎物还是切割尸体，实际上都需要部落里所有人的参与。

如果我们接受劳动分工这个假设，就能进一步认为，手斧更多是给男人准备的，而女人用的则是石刮刀、针、锥子和磨盘。在以色列的奥哈洛二号（Ohalo II，大约公元前2万年）遗址中，燧石和谷物捣碎器明显被安置在两个不同区域，前者接近住所入口的阳光照射处，后者则被放在屋内最暗的位置。[11] 不过，这也可能说明当时女人必须照看火、保管切割工具以及负责手工艺技术。在西班牙和法国的多个史前洞穴里，遗留在石板上的手印中有 75% 都属于女人。[12] 到了 20 世纪，在新几内亚的阿拉威人（Arawe）和西伯利亚的科里亚克人（Koriaks）那里，女人还在参与打磨石器。

旧石器时代晚期文明的一大特点就是出土了数目众多的女性雕像。最古老的一具可以上溯到公元前 3.5 万年，出土于施瓦本汝拉山的菲尔斯洞穴（Hohle Fels）。此外，还有公元前 2.4 万—前 2 万年格拉维特时期的女性雕像，在法国西南部的洛塞尔（Laussel）和莱斯皮格（Lespugue），巴伐利亚的魏恩贝格（Weinberg），奥地利的维伦多夫（Willendorf），乌克兰的阿夫德耶沃（Avdeevo），以及俄罗斯的加加里诺（Gagarino）、科斯廷基（Kostenki）和扎赖斯克（Zaraïsk）都有发现。这些女性雕像总共算起来有大约 250 座，用象牙、骨头、石头或黏土制成。从西伯利亚到大西洋，这些雕像展示了同一种审美标准：它们都是肥胖又或许是怀孕的裸体女人，都有着巨大的乳房、凸出的肚子、宽大的胯部、肥硕的臀部和显而易见的外阴。雕刻家的注意力完全集中到了性征上，夸大了它们，忽略了面部表情和四肢［只有布拉桑普伊（Brassempouy）的维纳斯和西伯利亚出土的马耳他类型象牙小雕像例外，前者的面容被详细勾画，后者梳有发型、身穿毛皮］。从格拉维特时期到马格德林文化晚期（大约公元前 1.2 万年），女性形象都呈现出突出性特征的固定形态，又或者像阿基坦（Aquitaine）和坎塔布里亚（Cantabrie）地区洞穴里发现的女性外阴石刻一样，用外阴指代女性身体。[13]

人们就这些女性雕像的意涵展开了丰富讨论。一种看法认

图2 维伦多夫的维纳斯（约公元前2.5万年）。日常生活中的原始拜物教？关于生育的吉祥物？女性气质的象征？母性女神或爱之女神？维伦多夫的维纳斯也是一尊没有面部的性别雕塑。

为，它们展现的是繁衍中女性的权力，此乃生命之源。在玛丽亚·金布塔斯（Marija Gimbutas）看来，雕刻它们的人属于某种“女神文明”，这是种建立在和平及敬畏生命的信仰之上的母系平均主义氏族社会，在被信仰战争文化的侵略者摧毁之前，这一文明应该曾在欧洲发扬光大过。[14] 但是从另一个角度来说，我们也可以把这些雕塑看成将女性简化为其性别的证据。就像男性身体上的毛发和肌肉一样，女性身体饰有传达某种色情意味的“信号”，尤其是她们的臀部和乳房，作为两足动物，这两个部位得到了强调，而外阴则不太容易看到。这些女性雕像因此可被看成在男性凝视下将女人性化的产物。无论如何，女神丰满的裸体与男性统治并无冲突。

综上所述，我们可以假设，在公元前 2 万年前后，人类已存在性别分工：男人狩猎大型动物并进行石器加工，女人则负责生育。旧石器时代的艺术至少证明，女性被分配了一个“专门领域”。当然，由于那是一个无文字的社会，能提供确切信息的物质遗存也非常罕见，对如此大范围的时间和空间做出的一切假设都须谨慎对待。不过，冒一些认识论上的风险去大胆假设还是有必要的。

土地和武器

全新世（即我们所处的地质年代）初期，气候变暖。人类从公元前 9000 年开始在新月沃地定居并从事农耕，而后农业与定居开始扩展到世界其他地方，颠覆了旧的社会形态。随着社会阶级、政治分层和领地争端等情况的出现，向新石器时代的过渡成了对男性的一次考验。从土耳其哥贝克力石阵（Göbekli

Tepe）遗址的情况来看，男性似乎从公元前10千纪开始就取得了优势地位：浮雕刻画的都是男人和诸如豹子、狐狸、野猪这类可带来威胁的动物。在西班牙莱万特的瓦尔特尔塔（Valltorta），公元前1万—前9000年的岩洞壁画展示了十多个男性弓箭手，有的穿衣，有的赤裸，正在对鹿群投掷标枪；而画中的女人们则正在采集蜂蜜。在这一时期，人类社会还处于半游牧状态。

人类向新石器时代的过渡加深了形成于旧石器时代的性别分工。男人们垄断了诸如开垦、耕作、使用工具劳动、用动物牵引、建造房屋等工作；女人们则负责采集野果和蘑菇、收集木柴、制作衣衫、烹饪食物，并在完成这些工作的同时照看孩子。由于她们是在屋内或家附近从事的这些工作，所以久而久之，家庭空间慢慢变成了女性的地盘。后来，女性专门负责纺织的现象在所有农耕社会出现：在伊朗的苏萨（Suse），在赫梯人那里，在迈锡尼，在古希腊，在罗马，包括在《荷马史诗》和《圣经》里。这种性别分工模式在中世纪的欧洲全境持续存在，从西班牙到维京人的斯堪的纳维亚，甚至延续到今天。

性别分工并不意味着女人从事的都是最简单的工作。事实恰好相反：无论是在古埃及的田地还是在中国的稻田，女人都在使用简陋的农具从事农业活动。通过对拥有新石器时代生活方式的部落进行研究和观察，当代民族学家已经证实了这个事实。在巴西的南比夸拉族（Nambikwara）部落里，女人们的作用至关重要，但却被认为从事的是“低一等的工作”——提供日常口粮并照料孩子。出行时，她们会背起装有全部家当的沉重背篓，而男人则提着弓走在队伍的最前方。同样，在新几内亚的巴鲁亚人那里，女人干的活儿日常且单调，还被认为是不体面的。[15]

农业和畜牧业发展起来，能养活的人口更多了，这导致了出生率的攀升。在游牧时期，女人们因为必须抱着年幼孩子迁移而需要限制幼子数量，定居生活改变了这一状况，使女人能够接连生育。安纳托利亚的加泰土丘（Çatal Höyük）自公元前7千纪开始明显经历了这种变化。新石器时代的人口增长导致了人类历史的巨大变迁，也颠覆了女人们的生活：她们越来越频繁地成为母亲。女人变成了资源，一方面因为她们能够劳作，另一方面则因为她们可以生育孩童。就孩子们而言，社会遴选也在展开：男孩们被认定为父亲的继承人。随着农业的发展，父系制度开始崛起，在美索不达米亚和中国都出现了财产的父子传承、男性长子继承制、从夫居的习俗以及只许男孩接受技术培训等现象。[16]

向新石器时代的过渡也因此成就了两性社会命运的分流：对于女人而言，它意味着定居生活带来的不断增长的压力、生育率的攀升和被困在家的处境，而这些又进一步增加了她们花费在怀孕和抚养孩子上的时间；对于男人而言，它意味着新的权力来源，意味着占有土地和牲畜、掌控工具和贮藏。

同旧石器时代一样，我们难以将新石器时代的工具与武器截然分开，也很难说哪样是狩猎武器，哪样是专门的战斗武器。依据我们的推断，男性的概念应该很早就包含了对暴力的使用，同时象征着暴力本身。在新石器时代中期（约公元前4500年）的塞尔尼（Cerny）农耕文化遗址里，男性墓穴里出现了弓和箭矢。公元前3300年左右死于蒂罗尔（Tyrol）的冰人奥茨[①]同样携带了一张尚未完成的弓、一些箭矢、一把铜斧头和一把带血

① 冰人奥茨（Ötzi）是1991年在阿尔卑斯山脉冰川发现的一具因冰封而保存完好的天然木乃伊。

的燧石刀（他自己的背上也插着一个箭头）。在欧洲，至今没有在弓箭与女性之间发现任何考古联系。女性通常与特定类型的珠宝和器皿一同下葬。

在公元前 2 千纪，人们冶炼青铜并用以打造最初的战争武器——剑（大约出现在公元前 1700 年）、匕首、戟、长枪，以及盾牌、胸甲和头盔等防具，它们的明确功能是杀死其他人类。从这一时期开始，战士的形象出现在了世界各地，从科西嘉岛的菲利陀萨（Filitosa）石阵到撒丁岛的青铜雕像，从斯堪的纳维亚的塔努姆（Tanum）岩画到中国的三星堆遗址。在三星堆，一些玉制和青铜匕首被放在有着方形下巴和粗大眉毛的巨大男性头颅雕塑旁。

战争武器一经发明，携带它们就成了男性的特权。男人们甚至把武器带入坟墓，比如蓬泰圣彼得罗（Ponte San Pietro）墓中可以追溯到公元前 3 千纪的男性，还有勒宾根（Leubingen）大墓中出土的、大约生活于公元前 20 世纪的男性。他们不仅都有匕首和斧头陪葬，身边还都有一具年轻的、很大概率是用来殉葬的女尸。武器作为精英男性的特权物因此承载了新的含义：如果女人天生能够创造生命，那么男人则有能力将它夺去。[17]

先是全副甲胄，而后发展为配备马匹坐骑，这种做法最先出现在公元前 6 千纪哈萨克斯坦的博泰人（Botaï）那里，而后被蒙古人采用，并从公元前 4000 年开始在欧洲出现（现代马匹既不是博泰马也不是普氏野马的后代[18]）。与弓箭结合在一起，马匹就成了一种厉害的军事装备。一些民族，比如生活在欧亚草原的斯基泰人（Scythes）和生活在伊朗高原的帕尔特人（Parthes），都以骑兵（或弓箭骑兵）见长。在埃及，马匹和战车的结合从公元前 1500 年开始出现，助力了新王国的一系列攻伐。无论是用于战争，还是用于竞赛或仪式，车驾都与指挥权和机动性相连，是一种标志威望的男性物品。在成书于公元前8世纪的《荷马史诗》里，在约公元前500年的德国霍赫多夫（Hochdorf）王子墓中，在公元前330年左右由马其顿腓力二世发行的史塔特金币上，我们都能发现这一点。

不过还是存在两个例外，表明并非处处都是男性至上：一是希腊人在亚马孙女战士传奇里颂扬的中亚女战士，她们背着弓箭和斧头；二是为世界其他地方带来巨大财富的东南亚或凯尔特的“公主们”。[19] 如果说，在泰国发现的那位用12万颗珍珠及诸多耳环和手镯陪葬的年轻女性还可以用她是一个富裕的继承人来解释，那么，公元前6世纪葬于勃艮第的维克斯夫人（Dame de Vix）看起来则的确掌握了政治权力，因为从她的随葬品可以看出，她有一辆车驾，用特殊的酒器举办宴会，并同希腊人保持着至少是商业层面的联系。

因此，我们必须把使单一性别得利的男性支配，同推崇男性气质的性别模式区分开。我们已经看到，的确存在一些女人例外地拥有了男性待遇，她们可以骑马、乘车或饮酒。但是她们中没有一人能够用武器陪葬。刀剑只属于雄性。

男性国王的确立

自公元前5千纪始，欧洲墓葬里集体墓葬的数量越来越少，出现了很多像保加利亚的瓦尔纳（Varna）墓葬那样埋葬“首领”的单人墓穴，并带有很多价值不菲的陪葬品。公元前4千纪末，埃及和美索不达米亚都出现了首批王朝。乌鲁克（Uruk）出土过一尊公元前3000年的雪花石膏雕像，它表现的是一位

“祭司国王”。这座雕像留着长须，肌肉被雕刻得清晰可辨。一些男性英雄也开始出现在历史上。比如美索不达米亚传说里最著名的英雄之一吉尔伽美什（Gilgamesh），他应该在公元前2700年左右统治过乌鲁克。在我们已知的王朝中，男性统治者还有生活在公元前2500年左右的法老胡夫，以及公元前2300年左右的阿卡德帝国建立者萨尔贡大帝（Sargon）。

早期的国王几乎都是男人，尽管王后偶尔可以和她的丈夫或儿子一起施行统治，比如女法老哈特谢普苏特（Hatchepsout），或是拥有一个比较模糊的地位，比如美索不达米亚的普阿比（Puabi）女王。制作于公元前2500年左右的乌尔王军旗是一个用来为苏美尔国王增添荣耀的箱状物——一面画有正在欣赏他的战士和奴隶的苏美尔国王，另一面则主要表现了宗教宴席的场景，主持者既是战争首领又是神的对话人。很多同一时期的钱币上，一面是戴着王冠的国王，另一面或者是一个佩戴桂冠的头像，或者是一位弓箭手，又或是一位驾驶战车的御者。国家层面的父权制很显然是与男性国王的确立相伴而生的。

由男性担任国家首脑，这让男人们获得了前所未有的权力。从一开始，国家就是父权的：精英男性领导着国家，集统治权、行政权和战争权三种管理领土的方式于一身。在埃及，男人们占据了管理公共事务的官职，即维齐尔、侍从、国库管理员、建筑师、神职人员、书记员，而且很多职位都是父死子继。法老有能力让几千劳力为他服务，这就是为什么他可以被葬在金字塔下，而欧洲的首领们只能被葬在石墓中。

比起新石器时代早期，国家的出现让男性地位大大提升。占有土地演变成了征服领土。暴力冲突变成了战争。帝国诞生了。从古代开始，征服者总是男人：萨尔贡大帝、拉美西斯二

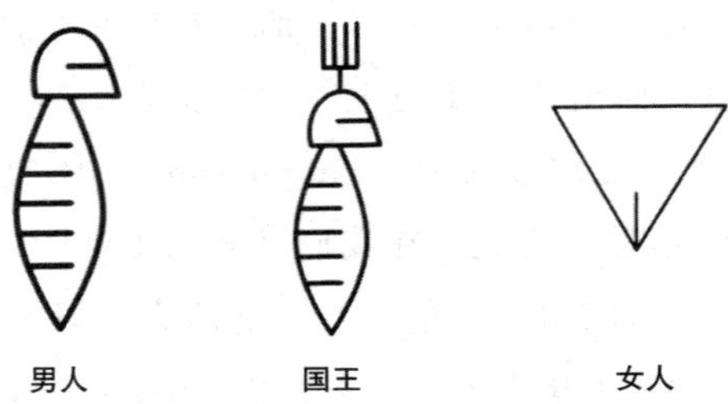

图3　楔形文字中的“男人”“国王”和“女人”。在公元前4千纪末期的美索不达米亚，出现了世界上第一套文字系统。这套文字也确立了男性相较于女性的优越地位。女性被用阴部表示，男人则是一个有头、有身、有眼的人的形象。国王则被直白地描绘成戴着王冠的男人。

世、居鲁士大帝、亚历山大大帝、大西庇阿、恺撒，以及他们手下数不胜数的将领们。

尽管女人在民事层面享有权利，美索不达米亚各国的立法本质上是父权的，无论是在南面的巴比伦王国，还是在北面的亚述王国，皆是如此。在古巴比伦国王汉谟拉比制定的法典（约公元前1750年）里，男人规定了女人的义务：丈夫可以剥削或抛弃自己的妻子，可以决定是否赦免通奸的妻子，可以拥有小妾和女奴并与她们生育后代，负债的男人可以抵押他的妻子和孩子，杀人犯的女儿可因其父之罪行被处死。中亚述时期的法典（约公元前1400年）用了一整个章节来论述女人的地位，其内容比《汉谟拉比法典》更为严苛。

同样的性别歧视也出现在公元前5世纪的雅典，这里实施着严格的性别区隔制度。女人被排除在公共生活和智力活动之外。广场、宴会和集市都是男性的活动场所；女人终身被看作未成年，且被简化为用于生育男性后嗣的身体，只能被幽禁于

图4 纳拉姆辛胜利石碑（约公元前2250年）。纳拉姆辛是萨尔贡的孙子，阿卡德国王。他站在一座金字塔的顶端，为群星所照耀。手持武器、戴有头盔的他刚刚战胜了敌人（一个喉咙上插着箭矢，另一个则在祈求宽恕）。对武器的掌握，对权力的征服，对君主全能和神力的表达：男性王权已然成形。

家中（节庆日除外）。谋略家、演说家、重装步兵、车马御者、哲学家全是男人，其中最著名的学问家有泰勒斯、恩培多克勒、希波克拉底、喜帕恰斯（Hipparque）、欧几里得、阿基米德及斯特拉波（Strabon）等。对于写作活跃期为公元前 340 年到前 320 年的亚里士多德而言，女人是一种被动且不完全的造物，是男人的失败版本。这种厌女观也见于罗马，只是没那么成体系。皇帝、“家主”（pater familias）和战士是罗马势力得以建立的三大基础。

神不再是个女人

和中东一样，欧洲的男性支配未经历什么困难便与已有的女性形象共存了，毕竟女性无论如何都是很边缘化的。从加泰土丘出土的小雕像，尤其是“野兽夫人”（Dame aux fauves），其造型标准与格拉维特时期的女神雕像如出一辙。到了公元前 3 千纪，基克拉泽斯群岛（Cyclades）出现了新的女性形象：她们身材修长且单薄，双肩凸出，脸庞椭圆，下巴较尖，双臂紧紧交叉于腹部，放在她们小小的胸部和刻成三角形的耻骨之间。作为女神的缩影、赎罪物、女性死者的象征或男性死者的伴侣，陪葬的这些雕像似乎并没有证明与以往相比有根本不同的女性角色。女性依旧是以性化的裸体形象出现的。

除了赫梯人的阿丽娜（Arinna）和日本的天照大神（Amaterasu）这两位太阳女神之外，女人的形象总是与生育、繁衍、多产及收获这类提供滋养的神相连，例如：近东地区普遍崇拜的阿斯塔蒂（Astarté）女神、苏美尔人的阿鲁鲁 / 宁玛（Aruru/Ninmah）女神、埃及人的伊希斯女神（Isis），以及希腊神话中的赫拉（Héra）、得墨忒耳（Déméter）和珀尔塞福涅（Perséphone）。一些女神的力量来自她们的子宫，比如印度的拉伽高丽（Lajja Gauri），她被描绘成两腿大张的样子；又比如爪哇传说中“有火焰子宫的公主”。

这些女神通常附属于其他神明，或者更普遍地说，附属于男性。比如美索不达米亚文化中的爱与战争女神伊南娜 / 伊什塔尔（Inanna/Ishtar），她通常拿着武器，有时还会佩戴胡须，却与象征着王权的塔木兹（Dumuzi）神缔结了婚姻。[20] 那些高级女性神职人员很少外出，甚至要一直待在她们的圣殿中。比如，萨尔贡的女儿恩赫杜安娜（Enheduanna）因创作了献给伊南娜女神的赞美诗而闻名，但只是她父亲政治谋略中的一个棋子。从公元前 2 千纪开始，神殿便为创造宇宙并主宰上天、太阳和雷电的单一神所占据：在美索不达米亚是恩利尔（Enlil），在黎凡特地区是巴尔（Baal），在赫梯人那里是塔胡纳（Tarḫuna），在印加人那里是维拉科查（Viracocha），在希腊是宙斯，在罗马是朱庇特，在凯尔特世界里是塔拉尼斯（Taranis），在维京人那里是雷神索尔。而女神们要么是他们的妻子，要么是他们的姐妹。创造的能力转移到了男人的手中。[21]

男性权力的攀升在一神教那里达到顶点。在公元前 2 千纪末期，当时的埃及已征服以色列部落，耶和华开始作为沙漠战神出现。在公元前 8 世纪的撒玛利亚，耶和华成了第一批男性神祇之一，以公牛形象或踩着雨云的风暴神形象被崇拜着。在犹太王国中，他以武力帮过数位国王：帮助扫罗王对抗腓力斯丁人，帮助大卫王夺取耶路撒冷。当所罗门的圣殿在公元前 587 年被摧毁时，“申命记作者们”依然肯定了巴比伦诸神并没有打败耶和华；相反，是耶和华在利用巴比伦的神惩罚不服从他的人民。就这样，神诞生了：他是唯一和超验的存在，且依然保留了他的男性头衔——“上帝”“王”“主”。[22]

无论这些宗教或思想是由摩西、孔子、佛陀、耶稣（十二门徒追随着他）还是穆罕默德创立，其源头都是一个男性传递的启示。这些宗教或思想是如何将一个具有普遍性的启示同它们的男性源头统一起来的呢？我们很容易看到，一神教认为所有人都具有平等的地位，且要求所有人保持公正。托拉和福音书都教导人们爱其他人。公元7世纪，《古兰经》将男人和女人都囊括进乌玛这一信众群体，他们都享有真主的仁慈。先知穆罕默德在回答妻子乌姆·赛莱迈（Oum Salama）的问题时曾言，恩典不取决于性别，而是取决于信仰、真挚、对穷人的善行及对真主的顺从。

即便如此，所有宗教和思想却都朝着父权方向发展。在希腊化时代，犹太教是在排除所有女人的基础上建立起了全知全能的上帝宗教。神圣的盟约是与男性签订的——亚伯拉罕、摩西、大卫、族长、国王、祭司、受过割礼的男孩、由男人组成的会众团体。十诫也是对着男人说的，命他们不要去与其他男人的妻子通奸。作为罪恶和死亡之源的雌性造物被排除在神圣契约之外，除了在繁衍后代时——象征着男性高贵精神的创造之举胜过了女性被惩罚和为赎罪而承受的生育行为。月经过后，女人必须净化自身才能进入圣所、侍奉丈夫或触摸食物。

根据基督教的说法，夏娃是在亚当之后被创造的，用的是亚当的一根肋骨。她被恶魔蛊惑成了引诱者，而亚当因纵容夏娃才吃下禁果。[23]圣保罗延续了亚里士多德和《圣经》中的厌女思想，拒绝给予女人发言、教学和主持礼拜的权利。原则上，教会中不允许存在任何性别为女的教皇、枢机主教、大主教、主教或牧师。男性垄断了神圣。一神教乃是父权制的盟友——上帝选择国王以统治男人，而男人则统治女人。

尽管孔子在公元前500年左右传达了公正和尊重的思想，作为国教的儒家思想依旧给女性规定了“三从”的行为准则，即（幼年时期）从父、（成年时期）从夫和（守寡时期）从长子。“四德”则要求女人从事家务劳动、保持整洁质朴、谨慎言辞和保持贞顺。在伊斯兰教的土地上，先知的平等思想被厌女的圣训替代——“把事务托付给女人管理的人民是永远不可能繁荣昌盛的”或“狗、驴和女人在经过教徒时总会打断他们的礼拜”。[24]在各个地区，法律（charia，“沙里亚”，伊斯兰教法）和判例（fiqh，“斐洛梅”，伊斯兰教法学）都要求女人在性、教育、工作和离婚上顺从，指定女儿在继承问题上低人一等，并规定可以将通奸的女人用乱石砸死。

对于无数的犹太教、天主教、伊斯兰教或印度教诠释者来说，女人仅等同于傲慢、懒惰和淫乱。作为诅咒般的存在，女人必须得到控制和管束。由于被认为天生地位低下或可能威胁社会的和谐，女人必须服从男性，让后者帮她们作出决定。尽管教义纷然有别，各个宗教在性别不平等这点上却做到了异曲同工，它们的普遍原则并未胜过已然存在的社会结构。

父权制由此传播开来：美索不达米亚诸国、希腊城邦、罗马帝国、中东一神教和中华文明。例如，中国将它的父权模式传给了日本和韩国。儒家思想及其对女性顺从和德行的要求，在公元5世纪末期渗透到日本。尤其是，8世纪起，唐朝的律法彻底转变了女性的地位：女人必须完全服从自己的丈夫（她必须“视丈夫为天”），施行从夫居，男人可以打骂或休掉自己的妻子，禁止女性通奸，等等。日本的第一位中国式皇帝，圣武天皇，对720—740年间日本的“唐化”起到了重要作用。他的女儿孝谦天皇登基时引发的信任危机则导致了女性在宫廷中地位的下降，女性最终被排除在官方职务之外。日本封建社会奉行的男尊女卑（danson johi）原则也教导人们“尊敬男人，蔑视女人”。同样，17世纪的新儒家宣扬的依然是丈夫领导，妻子服从。这就是日本江户时期极有影响力的教材《女大学》（*Onna Daigaku*）传播的思想。我们看到，从15世纪开始，朝鲜王朝社会也出现了同样的男性化现象。[25]

从现代国家的建立到法西斯主义的崛起，各种现象促成了男性支配的扩张：天主教徒和穆斯林信奉的一神教以及君权神授的君主制（它拥有三个男性维度，即上帝、国王和教士）已然有利于男性支配的扩展，商业资本主义、资产阶级的崛起和殖民帝国主义也贡献颇多。6世纪到15世纪期间，阅读量位于前十的拉丁语文献全部出自男性之手——教宗格里高利一世（Grégoire le Grand）、彼得·伦巴德（Pierre Lombard）、塞维利亚的伊西多尔（Isidore de Séville）和波爱修斯（Boèce）（这还是未计入中世纪前教会的三位教父作品的情况）。[26]

1532年，印加皇帝和征服者皮萨罗在秘鲁卡哈马卡（Cajamarca）相遇。这次相遇让拥有不同程度男子气概的男人们正面交锋：一方，是刚刚从骨肉相残之战中胜出的、由帝国王子们抬轿侍候的、能够交纳大量赎金的太阳之子；另一方，则是带着他信仰的上帝，带着手下、马匹、刀剑和火枪，受命于查理五世的大胡子西班牙人。而马匹、刀剑和火枪确保了他的胜利。只需仔细看看17世纪的荷兰画作，从伦勃朗到杰拉德·杜（Gérard Dou）、彼得·德·霍赫（Pieter de Hooch），再到维米尔，我们就能清晰地认识到，性别角色是如何从此时开始变得无可动摇的。在画作里，男人是披坚执锐的战士，是外科医生，是学者；女人则是在家中处理家务的主妇，是准备伙食或照顾孩童的母亲。

我们承袭的就是这样一个世界。

父权制的根源

时至今日，人类已经具备登陆月球、毁灭地球和重新植入卵子的能力，却还不知如何在子宫外繁衍后代。人类婴儿尚需在女人的肚子中诞生。几百万年来，婴儿需要与母亲间有物理连接才能存在，才能发育、出生、存活。体内受精和催产素的分泌带来母职损耗，这成为压在女性身上的重担。正如怀孕和哺乳可被视为女人的某种“不利条件”，身高、力量和攻击性都可被视为男人的“有利条件”。但是，这并不意味着男性统治是刻在我们的基因里的。

父权制从对两性身体的解释出发，通过使女人受制于一种功能，将其生物性转变为命运。因为如果女人“天生”是繁衍者，那么男人就可以顺理成章地接管其他领域——经济、战争、权力等。对女人，是母性及其必然结果；对男人，是其他的人类活动。因此，父权制的根基在于将女性的生育能力本质化。与其说女人拥有一个子宫，不如说父权制认为，女人等同于她的子宫。它不认为部分女人在生命的某些时期会生育孩童，而是宣称，所有女性人类都应围绕其生育能力来组织生活。此处存在一个诡辩：某些女人会成为母亲，母职是一项服务，因此所有女人都应处于劳役状态。

无法孕育婴孩是男性的一种缺陷，但它却被转换成了他们全方位的权力。没有如女性般生育能力的男人们为自己保留了所有其他权力，包括控制女性性活动的权力。这是男性的报复——他们生理上的劣势造成了他们在社会领域的霸权。即使在21世纪的当下，男人依然支配着各大洲的政治、宗教和经济，并且，针对狩猎采集社会的民族学观察也表明，这些社会里的女性同样处于从属地位，具体表现有：女性割礼、年轻女孩的早婚、男人间交换姐妹或侄女、从夫居、对妻子拥有处置权、给女人指派工作等。[27]因此，我们可以假设，既然如今男性支配依然是全球性的，就和过去一样，那么它在历史上其实一直存在，起源于"对普遍生物学现象的普遍诠释"。这种情况非常有可能，但尚未得到证实。

鉴于我们已获得了不少考古资料，让我们专注于那些显而易见的东西。公元前2万年左右的格拉维特雕像和公元前1万年左右的瓦尔特尔塔壁画都显示出男人负责狩猎，女人负责生育。在物质普遍匮乏的情况下，分工不同的现象逐步让位于以农业资本积累和武装暴力垄断为特征的男性特权。只要有东西可以垄断（土地、畜群、食物储备、矿物、可以施加于所有女人和部分男人身上的权力），父权制就会被强加。我们至少可以得出以下结论：旧石器时代的人类群体中出现了**两性分工**，而新石器时代的社会则开始衍生出**性别不平等**。

虽然父权制社会很可能在旧石器时代晚期就已出现，但我们可以肯定的是，它最晚在公元前4千纪时成型，无论是在新石器时代晚期的欧洲，还是在将要迎来王朝时代的美索不达米亚。领袖、弓箭手和耕作者的男性形象就是佐证。男人的统治以三重功能（政治-宗教的最高权力、参加战争、农业生产）为基础，通过研究公元前1千纪时的印欧神话，杜梅齐尔（Dumézil）

在后来的印欧人群中也发现了这点。

男性支配解释了为何男人会在公元前 4 千纪垄断书写，在公元前 3 千纪控制国家，在公元前 2 千纪控制军队，在公元前 1 千纪控制宗教。随着社会不断复杂，性别不平等成倍增长。定居生活、农业畜牧业的出现、社会等级的强化、对土地的征服、政治和精神控制的权力，这一切都让女性逐步沦落至次要地位。我们通常所说的“文明”（农业、文字、冶金、国家、帝国）不但与男性行动者紧密相关，也与男性的性别文化密不可分。几个普遍现象就这样交织在了一起：对性别二元性的承认、性别分工、男性相较于女性的社会优越性。

不过，还有两个因素限制着这种情况。首先，男性支配并非地球上唯一存在的不平等现象。其他形式的等级制度往往占据上风：自由人与奴隶、富人与穷人、本国人与外国人等。反过来说，还有一种“底层”的性别平等：对于现代医学出现之前和社会保障制度实施之前的数百万人类而言，大家都经受了同样的束缚，遭受了同样的苦难，隐忍了同样的病痛（如果刨除女性因难产而带来的高死亡率的话）。

其次，父权制并非出自人类之本性。它并非源自生物决定论，也不来自父母 / 子女或长子 / 幼子这样的内在优先性。正因如此，我们无须害怕男女间的生理差异，即便人类在某些方面不尽相同（比如男人没有子宫，女人分泌的睾酮更少），他们事实上的不平等也并不必然导致他们在权利上的不平等。对性别平等的坚信并不来自经验观察；这一信念是种道德立场，因此，它不容置辩。[28]

准确而言，正是因为我们把所有方面都混为一谈，父权制才会在很多人那里 —— 无论男人还是女人 —— 看起来十分自然且不容置疑。然而，区分事实上的差异和权利上的平等是保障所有人类权利的一条基本途径，而承认父权制漫长的历史，就构成了调和公正与男性气质的第一步。

2

女性功用

柏拉图的《蒂迈欧篇》提到，女性的子宫如同一个生活在她们体内的“小动物”；在《提摩太前书》中，圣保罗曾宣告女人“将通过生育得到救赎”；在《爱弥儿》的作者卢梭看来，“雄性动物只在某些时刻是雄性，而雌性永远是雌性”；对乔治·桑（George Sand）而言，即使她本人以与男性平等的身份生活，她也认为女人“永远是自己心灵和子宫的奴隶”。

女性的使命就是延续物种——有无数的例子表达着这样的观点。在这种视角下，女人不仅被简化为她的身体，还被简化为单纯的性器官。为了理解这一信念的根源，我们应对父权制进行解剖，将其看作一种“思维之巨型结构”（mégastructure de pensée），一种社会制度的生产者。

论女性的服务性

父权制是基于功利主义来看待女性的。女性的身体可供男人随意使用，总是承担着多重任务：给予快感，制造孩童，并居家养育他们。女性的这些多重功能是由阴道、子宫、乳房这三个器官来保证的。

女性的性功用体现在为了保证男性获取更多伴侣而存在的不同制度上：多妻制，妻妾制，伊斯兰后宫制，罗马及后世的妓院。在公元前 2 千纪初期叙利亚的马里皇宫中，后宫制被证实已经存在，稍后又见于中华帝国、蒙古帝国和奥斯曼帝国。然而，我们不能因为这些承担着政治和教育功能的享乐之地的存在，就忽视那些没有那么极端的性化女人的方式，比如随时取悦于人的义务，以及强加给女性的无数审美规则——脱毛、化妆、节制饮食等。在突尼斯的杰尔巴岛，当西方游客们想方设法地“美黑”自己并保持身形苗条时，当地的“哈杰巴”（hajba）习俗却是将订婚的女人幽禁起来，目的是让她们的皮肤更白，并给她们填鸭式地喂枣子和蜂蜜，以便她们的身材在结婚当天能尽量丰满。[1]

女人的另一个功用是生育。中世纪时，一个合格皇后的首要标准就是能给丈夫生出继承人，人们也会急切地观察她们是否怀孕。相反，那些不孕或有生育问题的妻子则因无法履行“义务”而面临休妻的风险，比如 1193 年的丹麦英格堡（Ingeburge）皇后、1498 年的法国珍妮（Jeanne）皇后，以及 1809 年的约瑟芬·博阿尔内（Joséphine de Beauharnais）皇后都曾处于此类境况。在 10 至 13 世纪的中国宋代，女人是用来维系父系血统的工具：当时会为了提高生育率而倡导早婚；在女人无法生育男孩的情况下，休妻同样是可能的。[2] 在 19 世纪皮埃尔·拉鲁斯（Pierre Larousse）编纂的《万有大辞典》中，女人被定义为“属于男人的雌性动物，是为了怀孕和生育而存在的人类”。女性的这种生育功能解释了为何存在数量如此庞大的禁止或限制堕胎的法律，直到今天依然如此。在这件事情上，正是男人——政客、医生和宗教人士——控制着女人的生育率。

女人的胸部除了被色情化以激起男人的欲望外，也对应着女人的第三种功用：哺乳。女人不仅喂养自己的（有时还有别人的）孩子，也喂养自己的家庭和整个民族。其实，在比喻的意义上，裸露的胸部承载着宗教或爱国的追求，比如文艺复兴时期意大利的圣母玛利亚、17 世纪荷兰的奶娘形象，以及后革命时期的法国名画《自由引导人民》中的女主角。[3]

欢愉、生育和哺乳：女性持续地“服务着”。这些功能贯穿了女性的整个生命周期——须保持贞节的年轻女孩（准备服务）、已婚女性（正在服务）、绝经女性（不再服务，并获得一定的自主性）。因此从两方面而言，这都是一种服务人生：一方面，她们被用来服务于某种特定的目的；另一方面，她们在私人或半私人领域服务丈夫、孩子、病人、老人。这些用途有时是通过不同类型的女人分别实现的。19 世纪，资产阶级道德将女人分为两种：为了肉欲而存在的情人和妓女，以及为了生养而存在的合法妻子。因此，我们可以把“女性功用”定义为性、生育、辅助这三个用途的集合体，通过它们，女性必须准备好让男人获得满足。

如果说女性需要“服务”于某种特定的目的，那么男人则不需“服务”任何人。这一区别足以在将女性困在家庭服务中的同时，给予男性思想和行动的自由。这种功能上的不平等不仅在政治和社会层面带来危害，也在文化和医疗上酿成恶果。女性的身体是在如何让它变得有用的框架下被人观察和研究的。在产科和哺乳方面的过度投入造成了忽视女性其他方面的文化习惯。1330 年左右，米兰医生马伊诺·德·马伊内里（Maino de Maineri）在其关于养生术的书中，仅在四个方面提及了女人——月经、受孕、怀孕和哺乳；博洛尼亚的波吉宫博物馆陈列了 18 世纪的解剖学蜡像，其以极其现实的方式呈现了子宫，包括可移动的腹腔配置和胎儿。在 18 世纪 50 年代，林奈（Linné）选择用指代女性乳房的拉丁词“mammalia”来命名哺乳类动物，因为哺育的母亲在当时是个标准形象。然而事实上，使用其他词（比如德语里表示哺乳的词“Säugetiere”）或根据其他标准（是否胎生、是否有毛皮、心脏的形状）来命名都是可行的。[4]

与胸部和子宫相反，阴蒂是个被忽视的器官：它只对女性的快乐有用。两位意大利医生［其中包括加布里埃尔·法洛佩（Gabriel Fallope）］在 16 世纪中叶就“发现”了阴蒂，但这并没怎么引起他们的兴趣。在 1940—1970 年间美国用于表现女性生殖器官的草图中，阴蒂被完全忽略了。[5] 直到 20 世纪末期，才有一位澳大利亚的泌尿科医生——海伦娜·奥康内尔（Hélène O’Connell）——通过尸体解剖，获得了女性完整的生理构造图。2005 年，在磁共振成像的帮助下，我们获得了三维的女性生理结构图。此外，女同性恋系统性地遭到批判或嘲笑，因为同阴蒂一样，她们也是“无用”的。

将女性还原为她们的生物性［用西蒙娜·德·波伏娃的话说，即“内在性的荒谬”（absurdité de l’immanence）］，不但让将她们排除在智力活动以外的行为合法化，还将她们变为可转让和交换的生产资料。《出埃及记》中允许买卖女孩，中国也存在同样的情况，直到 14 世纪被元朝禁止。[6] 比起买卖女孩，更常见的是通过婚姻来交换女性。克劳德·列维–施特劳斯（Claude Lévi-Strauss）已经指出，乱伦禁忌使男性不得不将自己的女儿或姐妹“送给”其他男人，这导致了女性的交换和流通。以女性换女性的直接交换（在交叉婚里进行）不同于以女人换财产的交换（聘礼暗示了新娘的价格）。一场婚姻可以缔结家庭或国家间的联盟，在这种情况下，新娘只是一种达成协议的形式而已。在很多基督教的仪式中，新娘挽着父亲的手进入教堂，接着挽着丈夫的手出来——她被“交割”了。相反，热尔梅娜·蒂利翁研究的马格里布的情况表明，内婚制允许女人和财产留在自己的家族中。

不少法律将女人看作物品。在美索不达米亚，强奸一名女性是在损害其拥有者（父亲或丈夫）的利益。在中亚述时期的法典中，被强奸女孩的父亲可以去强奸那个强奸犯的妻子；至于这个女孩则会被嫁给那个强奸她的男人，而后者得到的，等同于一件受损的财产。[7]女人也会被送到殖民地去，以平衡士兵过多而带来的性别失衡。18 世纪时，俄国政府向西伯利亚送去了妓女和女囚，让她们成为哥萨克骑兵的女人。长官可以先挑，而普通士兵只能满足于患有结核病或梅毒的女子。[8]

对女性身体的控制

对于“女性功用”的使用基于一整套约束条件，这些约束条件旨在控制女性的身体，以使其发挥最大效用。第一种约束条件是关于月经的。我们可以列举无数与月经相关的、充满负面描述的迷信说法。据《自然史》（*Histoire naturelle*）的作者老普林尼（Pline l’Ancien）说，经血会使酒变酸、庄稼枯萎、果实掉落、蜜蜂死亡、铁器生锈。在许多文化中，来月经的女人会被直接当成禁忌：在古代的近东，来月经的女人被认为是“不洁”（musukkatu）的；在希伯来人那里，来月经的女人须幽闭在“不洁之家”中；在伊斯兰教和潮帕蒂（chaupadi）这一印度教习俗中，来月经的女人须停止一切活动；在巴鲁亚人中，来月经的女人须被关进“月经小屋”一周之久且不得进食，出来后还得进行各种各样的净化仪式。月经本身还被用来论证将所有女人排除在可能见血的活动之外是合理的，这些活动包括狩猎大型猎物、屠宰、杀猪、所有与战争相关的职业，以及涉及动物祭祀的圣职。[9] 女人理应对阴道内定期流出的血液感到耻辱，她的器官及体液本就是病理性的。

这些传统习俗是对女性“天性”的厌恶体系的一部分——从女巫安息日到歇斯底里发作，男性的恐惧和憎恶相结合，将女性的身体与黏稠、膜状、潮湿、不受控制、恶魔化联系在一起。让·博丹（Jean Bodin）的小册子《巫师的恶魔狂热》（*De la démonomanie des sorciers*，1580）为实施迫害的人提供了诸多论据支撑。在19世纪70年代，皮埃尔·拉鲁斯尽管相当厌女，也不得不提醒大家“论纯净程度，经血与身体其余部分的血液并无差别”。

月经不洁说是与处女贞洁说相对应的。在《申命记》中，有一段描述何为女性的“正直”的段落，其中提到，在贞操之事上撒谎的女孩将被乱石砸死。至少在20世纪前，痴迷女孩童贞的现象在大多数宗教和社会中都能观察到，因为它毕竟是衡量家族荣誉和新娘价值的重要依据。对童贞的痴迷依照的是一种道德上的双重标准：年轻男性的性经历将得到宽容乃至鼓励；但年轻女孩，却务必接受全方位的“守护”，“守护”方式包括让她们幽居起来，把她们置于父母、陪媪①、家庭教师或监护人的监视之下，以及对女性性问题极力避讳。在19世纪维也纳的

① 雇来监督少女、少妇的行为举止的年长妇人。

资产阶级内部，年轻女性从出生到结婚都被关在“绝对无菌的环境中”：她们没有一分钟可以独处，也不能在没有陪同的情况下走出家门。[10] 在马格里布的农村，至今还存在着基于文身和切口的“性魔法”仪式，用以“关闭”幼女，守住她们的童贞。[11] 对于新婚之夜的首次性行为，年轻的新娘几乎毫无准备，以至于初夜有时会变成一场创伤性的强奸。

具强奸实质的夺取童贞

人们将这个懵懂的少女交给这个早已不耐烦了的少年[……]这个能言善辩的、受过良好教育的、温和的男人瞬间变了模样。少女原本梦想的是个“耀眼的神明”，但她看到的却是一个多毛的、上下折腾的、嘶哑嗫嚅的野兽，它扑在她身上——欲望她的肉，渴求她的血。这不再是爱，而是合法的献祭式强奸。

——亚历山大·小仲马，
《女性之友》前言（1864）

他狂怒地拦腰抱住她，像是要吞噬她似的，在她脸上和脖子上快速地、疯狂地亲咬着，令她头晕目眩地爱抚着。在他的蛮力下，她张开双手、呆滞不动，不知自己在干什么，也不知他在干什么。她思绪混乱，什么也想不明白。突然间，一阵剧痛把她撕裂了；她开始哀号，在他怀里扭动着身体，而他粗暴地占有了她。

——居伊·德·莫泊桑，
《一生》（1883）

> 无论男人多么谦恭有礼，他们的第一次插入总是强奸。毕竟，她想要的是对她嘴唇、乳房的爱抚，也许同时，还渴望大腿之间一种已知或未知的乐趣，可一头雄性撕裂了这个女孩，进入了那些未被召唤的区域［……］爱是以外科手术的形式存在的。
>
> ——西蒙娜·德·波伏娃，
>
> 《第二性》（1949）

女性还承受着务必保持廉耻和谦逊的道德约束，这种控制以多种形式存在：罗马人的浦狄喀提亚（Pudicitia，古罗马执掌贞洁的女神），犹太人的“茨纽特”（tsniout，着装节制），儒家思想中的恭敬顺从，或是马格里布“眼睛低垂、嘴巴紧闭、性器闭合的理想少女”[12]形象。在公元前2千纪中期，《中亚述法典》规定，家中的女孩、已婚女性和寡妇出门皆必须佩戴头巾，但若是妓女或奴隶，头上则不许戴任何东西，违者将被处以50杖刑或被切掉双耳。[13]在整个中东、希腊、罗马，以及犹太教和基督教的体面家族里，都可找到“正派”女性应佩戴头巾的规定（圣保罗和德尔图良也是这么建议的）。在7世纪20年代的麦地那（Médine），由于政治环境不安定，“希贾布”（hidjab，头巾）会给地位较高的女性提供保护，女奴则被人舍弃，任由他人施暴。[14]

头巾有着隐藏和保护的功能。《巴比伦塔木德》（Talmud de Babylone）中认为，“女人的声音就是其裸体”，发出声音和露出头发、面庞、胸部（暴露这些部位必然是不得体的）一样；这表达了一种观点，即女人一离开家门就等同于身着“夏娃的装束”，是裸露的。[15]在伊斯兰教中，“羞体”（awra）的概念指带有挑逗意味的裸露。基督教文化也试图掩盖女性身体自带的“淫秽”：凡尔赛宫花园中的雕像在路易十五时期被用布遮盖，19世纪的新古典主义雕塑隐去了对体毛和乳头的刻画，等等。

除了在《中亚述法典》和《申命记》中记录的残害女性的刑罚之外，女性的身体还会因审美或社会的因素被奴役、约束及“改造”。在中国，缠足是将女性的四根脚趾全部向内弯曲，使跟骨保持垂直状态，这让女孩走起路来充满痛苦且摇摇晃晃。缠足已被证实始于公元10世纪的宋朝；这一习俗从宫廷发展起来，之后常见于富裕阶层，最终在14世纪的明朝得到全面普及。[16]生活在泰缅边界的少数民族巴东族（Padaung）会在女孩的脖子上套上一层层圆环，使得她们的锁骨和肋骨变形。最后，还有地方实施女性割礼（即切除阴蒂和小阴唇）或对阴部进行缝合，目的是保存年轻女孩的贞洁，阻止女孩手淫，并通过剥夺她们的性快感来确保其对丈夫的忠诚。在21世纪初，女性生殖器切割在世界范围内波及2亿女性，特别是在撒哈拉以南非洲、东非、印度和印度尼西亚。

缠足和割礼的习俗都被说成是为了女孩好，理由是她们可以借此保证自己的美丽、声誉和婚姻。但事实是，这些残害行为将女性变成了装饰，变成了珍贵的物件或用来生养的肚子。换句话说，这一切都是在让女人做好一辈子被人奴役的准备。

若要论月经憎恶、处女情结、对头巾的规定和对女性肢体的损毁这些做法之间的共同点，那就是，这些做法按照男人的标准，在女性之间引入了一种两分法。如果一个女人在月经或分娩后不进行洁净仪式，如果她在婚前发生了性行为，如果她出门不戴头巾、没有割去外阴或没有缠足，她就堕入了恶——

她变得肮脏、堕落、令人厌恶。相反，如果她恪守传统，她就是品行端正且值得尊重的，她就有权享受父兄的保护，有权进入婚姻。

对女性身体的禁令确保了女性的身体能够留待合法使用，即履行夫妻生活的义务和产下具有合法身份的孩童——多么“美满”的生活，完美迎合了男人的利益。在父权体系中，女人正是通过经受区隔和忍耐痛苦使自己配得上男人，顺应男人的欲望，谦卑地努力扭转他们针对女性制定的负面规则。

沉默与伟业

男性特权包括拥有行动和思想的自由，可以轻易获取知识，掌握话语权，可以参加礼拜、担任圣职、从事与战争相关的职业，以及单方面为男女两性作出决定。而女性的势力范围仅仅局限于日常生活：生育孩童、准备饭食、提供衣着。

对女性的驯化（domestication，来自拉丁语 domus，“房子”）属于一部长久不变的、冗长的性别压迫史。由新石器时代建立且流传下来的劳动方式在 20 世纪的乡村中继续存在。在 20 世纪 20—50 年代的勃艮第，女人在生命的不同时期分别扮演了裁缝（婚前）、厨子（生育后）以及负责接生或清洁遗体的“女帮手”（绝经后）的角色。[17] 在同一时期的博斯，男性农民在一起耕地、购买土地和牲畜、建造房屋、投资拖拉机、购置车辆、关注政治、参加战争，而他们的妻子只能料理家事、做饭洗衣、养育孩童、打理谷仓、为奶牛挤奶。[18] 即使在 21 世纪第二个十年的城市里，打理衣物的工作——洗涤、晾晒、熨烫、分类、整理或缝补——依然落在母亲或保姆肩上。

妇女家庭地位下滑与她们持续被排除在权力之外是相辅相成的。人类中的一半人命另一半保持缄默。在《奥德赛》中，忒勒马科斯在将他的母亲赶回纺锤旁边去和女仆待在一起时说：“讲话是男人的事情。”索福克勒斯在悲剧《埃阿斯》（*Ajax*）中写道：“被一遍遍重复的话语就是一句：女人啊，沉默才是女人的荣耀。”又如，圣保罗在《提摩太前书》中写下：“女人应保持沉默，并做到绝对服从。”在英格兰与苏格兰由女王统治的时期，传教士约翰·诺克斯（John Knox）吹响了他《反对可怖的女性统治的第一声号角》（*Première coup de trompette contre le gouvernement monstrueux des femmes*，1558）；一个世纪之后，罗伯特·菲尔默（Robert Filmer）在《君权论》（*Patricarcha*，1680）一书中断定，权力会自然而然地回到男人手中。性别分工造就了像伯里克利和哈德良、查理曼和拿破仑、梅特涅（Metternich）和罗斯福这样的伟大男人。男人成就历史伟业，女人只得保持沉默。

这种对女性权力资格的抹除甚至影响了法国的王后。在10到12世纪，她们行使着部分权力，在外交及王室战略的制定中发挥了一定的作用。但到了12世纪末，由于教权主义厌女势力抬头以及对亚里士多德的重新发现，她们的权力被大大削弱。在此之后，她们的名字就从王室宪章及国家文书中消失了。在1316年和1328年的两次王朝危机中，女儿们都被排除在法国王权之外。法学家们诉诸性别论证，将王位仅仅保留给男性，在他们看来，男性是唯一配得上这一神圣职能的性别。《萨利克法》（Loi Salique）重振了源于日耳曼的古老习俗，将所有女性排除在王位继承之外，并宣告王后只能作为国王的妻子，没有其他权力。[19]

对女性的剥夺也出现在其他领域。首先，在法国的旧制度时期①，女性被排除在责任事务之外：她们不能担任公职；除了监护自己的孩子，她们不能监护任何人；她们无权签订合同；无权在公证文件中作证。其次，女性也被排除在公共讨论之外：正如塔列朗（Talleyrand）在他的《公共教育报告》（*Rapport sur l'instruction publique*，1791）中解释的那样，男人注定会生活在“世界大剧场”，而女人则更适合留在“家庭避难所”中。70年后，共和党人朱尔·西蒙（Jules Simon）重复了这一言论，他写道：“女人生来就适合不公开露面的生活，［……］她们更适合安静管理家内的世界。”[20] 再次，在地中海沿岸的社会中，女性还被排除在公共场所之外，这些场所包括马路、广场、咖啡馆、露天市场及清真寺。法蒂玛·梅尔尼西（Fatima Mernissi，她于1940年出生于摩洛哥非斯的一个真正的后宫中）提出了“隐形的后宫”（harem invisible）这一概念。隐形的后宫是由一个人内化的诸多禁令［harem 就是阿拉伯语单词 haram（禁止）的一个变体］所定义的一个体系，女人没有离开“内部”空间、进入“外部”空间的权力，“外部”空间仅归男性所有。男人享尽外部的喧嚣、政治的舞台、发言的权力和冒险的乐趣；而女人，只能被埋没在所谓善意的无限阴影中。

父权制不仅意味着男性的统治地位和女性的从属地位，它还是一种无形的特质分配系统。这一系统维护着永恒的二元对立：男人制定法律，女人决定道德；男人治理国家，女人管理家务；男人以武为尊，女人以爱为大；男人为国献出热血，女人为国献出孩子；男人强硬，女人亲切；男人抽象且个人主义，

① 旧制度（Ancien Régime）指法国从16世纪晚期到1789年法国大革命前的社会政治制度。旧制度的结束意味着法国共和制度的开始。——编者注

女人具体且注重关系；或者，我们也可以借用20世纪90年代畅销书的书名来概括，即《男人来自火星，女人来自金星》。成对的词组也在以另一种方式表明这一二元对立：骑士/淑女，诗人/缪斯，画家/模特，电影制片人/女演员，老板/秘书，国家元首/第一夫人，等等。

每个人都有属于自己的“权力”，这便是自然秩序。如此一来，两性的工作分配就不再是性别的牢笼，反而变成了世界的平衡；它不再被看作男性统治，反而变成了两性的合作，成了男女间奇迹般的和谐与融洽。

配偶关系的吸纳性

即便基督教的一夫一妻制婚姻——由一男一女组成的、旨在抚养孩童的“家庭伙伴关系”——赋予了妻子一定的权力，它也总会给予丈夫-父亲以优先权。在《哥林多前书》中，圣保罗主张男人做女人的头，因为女人是为了男人的利益而从男人身上取下的肋骨。在婚姻制度的悠久历史中，教会在婚姻问题上的严格程度或许在不同时期发生过变化，但它推崇的婚姻精神却丝毫没变：婚姻关系不可解除，丈夫拥有权威，妻子必须从属。在1930年发布的一份罗马教皇通谕中，庇护十一世提到，“女性对丈夫的顺从程度可有所不同”，但打破上帝所意愿的“家庭结构”是绝不被允许的。[21]

民法典也并未提出与此不同的见解。在受到罗马法影响的普鲁士，1750年颁布的《腓特烈法典》(code Frédéric)确认说，丈夫“天生”就该是一家之主。通过婚姻，女人会离开自己的家庭，进入丈夫的家庭；她将居住在丈夫的家庭里，承认丈夫对自己的身体拥有权力，并期待为丈夫生下孩子，使其血脉延续下去。[22] 根据英国普通法中的“覆盖”（coverture）原则，妻子是被她的丈夫“覆盖”着的，即她的丈夫将其权益并入自身的法律权益中。比如法学家布莱克斯通（Blackstone）曾于1765 年在著作《英格兰法评注》（*Commentaires on the Laws of England*）中写道：“在婚姻中，妻子在法律意义上的存在是被悬置的，或至少是被丈夫的存在所吸纳和合并的。”

在法国，在 16 世纪的让·博丹和查理·杜摩林（Charles Dumoulin）这些法律顾问的影响下，正如菲利普·德·雷努松（Philippe de Renusson）在他的《财产共同体条约》（*Traité de la communauté de biens*，1692）中所重申的，“丈夫是家庭共同体中绝对的主人和领导者”，丈夫的可支配物中包含他妻子的动产以及不动产。在《巴黎习惯法》（Coutume de Paris，第 233 条）、《波旁习惯法》（Coutume du Bourbonnais，第 135 条）和大多数改革后的习惯法中也都能找到这个原则。在法国旧制度时期，丈夫代表着他的妻子和整个家庭，因为家庭中的所有成员被假定具有共同的利益。在法国大革命期间及 19 世纪初，想要拥有选举权就必须缴纳一定的税额，而赋予男人投票权的选举税中可以包含妻子缴纳的税金。因此，一个没有财产却娶了女花匠的无业男人也可用妻子缴纳的税额来让自己拥有投票权。[23] 民主制仍然是一种男性的君主制。

1804 年颁布的《法国民法典》（以下简称《民法典》）进一步巩固了丈夫-父亲的权力。虽说男女在《民法典》中通常被认为是平等的（例如在继承、财产、贸易或诉讼方面），但在婚姻中，这一平等却无迹可寻。正如《民法典》第 213 条所述，妻子应“服从丈夫”以换取他的保护。由于她必须与丈夫住在一起，她便不能在未经丈夫许可的情况下买卖物品、从事带薪工作、保留自己的工资、出席法庭审判或对孩子行使权力。在关于《民法典》的辩论中，拿破仑宣称，丈夫必须对妻子拥有“绝对权力”，能够管控妻子的外出行为和交际圈。在拿破仑被流放至圣赫勒拿岛期间，这位皇帝依旧用圣保罗的口吻说，女人“为我们生孩子，而男人却不为女人生子。因此女人是男人的财产，正如果树是园丁的财产一样”。[24]这部《民法典》背后的逻辑是，结婚意味着女人通过契约接受了对丈夫的服从。女人不再属于她自己，也就是说，她不再具有民事行为能力。她变得像个孩子，好像一旦成为某人的妻子，女人在法律上的地位就沦落为未成年状态，如同她们负责抚养的孩子一般。

在父权制思维中，女人首先是“属于……的女人”——父亲的女儿，之后是丈夫的配偶。在法国法律中，人们会说女人“跟随丈夫的社会身份”。在旧制度下，女人享受与丈夫的身份和头衔匹配的待遇；嫁给平民的贵族妇女将被剥夺原本的特权。按照相同的逻辑，1804 年的《民法典》规定：与法国男人结婚的外国女人可获得法籍，而与外国男人结婚的法国女人将失去法籍。妻子须使用丈夫的姓氏，她就这样更改了自己的身份。习惯上，人们会按照先男后女的顺序称呼——“杜邦先生和夫人”，有时甚至会直接称呼女人为“雅克·杜邦夫人”或是“让·杜兰德上将夫人”。女人被系统性地按照婚姻状况标记，被称为“X 小姐”（未婚）、“Y 夫人”（已婚）或“Z 遗孀”（丧偶）。

男人化身为家庭单位，而女人则消解于其中；作为普遍性的男性吸纳了作为特殊性的女性。我们因此可以理解，立法者为何会表现出既没有意愿，也没有能力去制止配偶间的暴力行为（只要这些暴力“合情合理”）。1810年的《法国刑法典》惩罚杀婴和弑亲，但不惩罚配偶间的暴力——即便这些殴打和创伤是有意为之的。直到19世纪末，配偶间暴力才开始成为伴侣分开的理由。[25] 在20世纪末的大部分国家里，婚姻依然意味着妻子有随时待命满足丈夫性需求的义务。因此，在这种情况下，谈“婚内强奸”是荒谬的。配偶内部的吸纳原则也可用于理解亚洲寡妇的生存状况。在丈夫去世后，妻子除了通过服丧（自13世纪起，中国和越南就鼓励为丈夫服丧）或自杀（sati，“萨蒂”，印度寡妇殉葬的习俗）来表达自己对死者的忠诚外，就再没有别的事情可做了。

父权家庭捍卫者提出的首要论据并非强者逻辑，而是集体效用，即伴侣间的合作可以带来种种好处。在19世纪的法国，各个流派的思想家都建议维持家庭内部的传统角色。天主教保守派人士弗雷德里克·勒普雷（Frédéric Le Play）在1864年的《社会改革》（*La Réforme sociale*）一书中曾下过这样的论断：只要妇女依然是“家庭的守护者”，她们就有利于整体的道德进步。共和派的领袖们——阿尔弗雷德·富耶（Alfred Fouillée）、亨利·马里恩（Henri Marion）、埃米尔·迪尔凯姆（Émile Durkheim）等——则认为，家庭是个人社会化的要素，同时也是社会进步的要素。在《女性心理学》（*Psychologie de la femme*，1900）一书中，亨利·马里恩认为，如果妻子投身于政治斗争，她就可能破坏家庭的团结。极端厌女的无政府主义理论家蒲鲁东（Proudhon）在他的《淫妇政治或现代中的女人》（*La Pornocratie ou les Femmes dans les temps modernes*，1875）中对配偶间的幸福模式给出了定义。他认为，丈夫和妻子的结合构成了一个“完备的整体”，然而，只有当夫妇各自依据古代的两性分工去完成自己分内的职责时，他们才可以获得幸福，这种分工方式就是“男主外，女主内”。

支撑整个逻辑的关键在于，妻子在丈夫的权威下专门从事家务劳动，就是这种局部合作构成了“两性之间的等级互补关系”。[26]在这一框架下，不平等并不存在，因为“男性-主体”与“女性-客体”构成了一个不可分割的有机共同体。这里不存在男性统治，只存在智识分工；不存在奴役妻子，只存在一种基于互惠互利的性别不均衡。这种伪善让很多虚假说法得以成立（比如女人“统治着”她的家庭，男人“臣服于”妻子的魅力）。这些思想家借着自然和道德的名义，合法化了男性的优越地位。

我们当然可以选择满足于这种说法，认为男人和女人本就各有使命，他们在各自的领域里施行着统治——一个在内、一个在外，一个是世界的主人、一个是家庭的主人，一个来自火星、一个来自金星，等等。然而，事实是，丈夫为“一家之主”、妻子为“一家之魂”，这个想法本身遵从的就是男性的意愿。男人投身于公共领域（担负起政治、军事和各专业领域的要职），也同时监控着私人领域。在法国，民法赋予男性在伴侣和家庭生活中决定重大事务的权利，妇女仅是被委托来管理家庭的。在英国，勒普雷对“明智的责任分工”大加赞赏，出于事物本身的自然秩序，丈夫接受“将权力下放”给妻子，让她代理家内事务。[27]然而，这样的授权也可能会被中止，即使只是在最细微的方面。在20世纪的日本或欧洲的地中海地区，依然存在只要客人在场，妻子就不上餐桌用餐的情况。妻子在为宾客服务后只能回到厨房独自进食，如同仆人那样。

女性“光环”

在男性主导的劳动分工中，父权社会承认女性起了一定的作用。这些是至少从新石器时代起就被认为属于女性专长的工作：准备饭食、纺织技能、保持家内环境、教育儿童。只有有能力经营家内事务且品行端正的妻子才能赢得尊重。妻子的劳动不仅决定了她个人的价值，同时决定了整个家庭的声誉。归根结底，**男性的荣誉值取决于女性的服从度**。

在拉丁美洲、马格里布和南欧的众多社会中，女性管理着家内空间，并从中获取权威和声望。在安达卢西亚的吉卜赛人那里，女人必须待在家里。作为回报，她们被看作道德价值的化身，象征着对家庭和社群的依附——这些在人们看来都是基本的价值观念。[28]在马耳他，女人不但负责维持与双亲、朋友、邻居的关系，还需要维持生者与死者之间的联系。因此，她们对杂货店和教堂的频繁光顾其实发挥着多种社会功能，而这些社交都是在家庭之外的场合进行的。[29]在19世纪和20世纪上半叶的法国，工人主动将工资交给妻子的现象并不少见。他们的妻子负责提供全家的物质所需并维持家庭开支：她不仅可以制定基本的生活规则，同时还是“流动资金出纳员”。[30]玛格丽特·尤瑟纳尔（Marguerite Yourcenar）在被问及女性情况时，曾俏皮地说，在店铺行业中，“丈夫通常看起来像个送货员，而坐在前台的夫人俨然成了决定一切的那个人”。[31]

因此，女性功用赋予了妻子一定的社会价值，也给予她们一定的决策权。在这一被父权社会所认可的自主领域中，女人行使着一定的权力，这些权力甚至能以牺牲一部分男性权力为代价。在不同文化中，女性担负的责任都与母亲形象的中心地位不无关系，比如意大利文化中的“妈妈”（mamma）和“犹太母亲”等。作为传统的守护者、众人幸福健康的关注者，这个献祭式母亲在分发她凭借爱、烹饪或医疗创造的美好时忘记了自己。

喂养孩子的责任确由母亲承担，但矛盾的是，这一责任同时赋予了母亲一个公共角色。在旧制度下的法国，平民妇女聚集在一起叫嚷着抗议饥饿的情况并不少见。女洗衣工、女店主、女性街头小贩、女鱼贩，以及士兵、工匠或工人的妻子们，统统化身为当局口中的“女魔鬼”，她们袭击粮仓，威胁地方法官，有的甚至带着孩子或挺着大肚子。1775 年，在处于面粉暴动[①]期间的内穆尔（Nemours），一名女性抢劫者推开她的丈夫，说：“你走吧，这是女人的事。”[32]妇女的养育功用使得她们必须担负类似的责任。

对家中母亲权威的认可，与对处于稍纵即逝的豆蔻年华的少女的崇拜是一致的——人们迷恋着这一形象。这是能够激发出柏拉图式崇敬和爱欲火焰的、被理想化的“淑女”形象，它贯穿了西方的整个诗歌史：骑士小说，行吟诗人的歌曲，以及 12 世纪开始流行的爱情诗歌（Minnesänger）；14 世纪中叶彼特拉克献给洛尔（Laure）的《歌集》（*Canzoniere*）；“爱情庭院”（Cour amoureuse）组织的诗歌及演说比赛，这一团体于 1401 年成立；17 世纪初反映乡野生活的牧歌小说《阿斯特蕾》（*L'Astrée*），还有紧随其后出现的新彼特拉克十四行诗以及回旋诗。对年轻女性的偶像崇拜还引发了某种性别关系的逆转，比如 1640 年前后樊尚·瓦蒂尔（Vincent Voiture）的诗歌，他以

① 面粉暴动（guerre des farines）是 1775 年 4 月至 5 月发生于法兰西王国北部、东部、西部的一系列暴动，暴动的导火索是谷物价格上涨和随之而来的面包价格上涨，而面包又是民众的主食。——编者注

“爱情奴隶”为主题，通过爱之监狱、束缚情人的激情、淑女的残忍、女性专横所带来的桎梏等大量隐喻，将男人描绘成女性统治之下的附庸。19世纪，维多利亚时代的艺术家颂扬了纯洁无瑕的少女，她因为精致的面庞、纯真的心灵和天真烂漫的生活态度，被置于童贞金字塔的顶端。她是被罗斯金（Ruskin）美化了的少女罗萨（Rose La Touche），是与罗萨同时出现在《普拉特丽塔》（*Praeterita*）中的那十几位不合常理的迷人少女；她是拉斐尔前派绘画中的奥菲丽娅（Ophélie），大自然也只是她无瑕之美的陪衬；同时，她还是不乏创作天赋的诗人们笔下的缪斯女神。

对献祭式母亲和迷人少女的崇拜，在圣母玛利亚的形象中得到了完美的融合。圣母玛利亚因其德行、克己而神圣，但这位“悲悼的圣母”（mater dolorosa）从未有过任何男人。在一种被稍微降级了的模式中，这一家中的年轻母亲，这一为丈夫和孩子的生活提供辅助和增添光彩的仙女，成了对丈夫和孩子无限忠诚的“家庭天使”，但她的魅力仍然能够使人臣服。她是《新爱洛伊斯》（*La Nouvelle Héloïse*）中的朱丽，是《幽谷百合》（*Le Lys dans la vallée*）中的莫尔索夫人，是罗斯金在《王后的花园》（*Of Queens' Gardens*）演讲中塑造出的理想女性，也是考文垂·帕特莫尔（Coventry Patmore）在诗歌《家中天使》（“The Angel in the House”）中塑造的女性典范。为了回报挑起工作重担的丈夫，这样的妻子将冷冰冰的房子变成了温暖的家。在家中，她是男人的向导，也是社会的楷模。

骑士之爱、艳诗以及对女性的赞歌构成了一种男性艺术。在其中，是由男性来决定女性的价值，由男性来确立魅力女性的标准，并以此表达自己作为女性守护者的自豪感，展示自己通过诗歌创作来升华激情的能力。这样一来，通过将女性描绘成完美、纯洁、高尚的造物，女人的神话化被轻易地整合到了男性统治中。男权观念对月经、妓女及“不洁”之物的憎恶，变成了对女性之“神秘”、少女之“贞洁”、女性美之“权威”和哺乳母亲之“神圣”的绝对迷恋。只要女人留在她被赋予的位置，她就会被持续奉为偶像——只要她保持圣洁，就能尽享家庭之乐。对于女性的赞美是对她固定位置的不断重申。同样，不论在意大利、西班牙还是拉丁美洲，对圣母的崇拜和大男子主义的攻击性在两种相互关联的刻板印象中结合起来：家中圣洁母亲所具备的道德优越性，让男人更有借口和理由做一个永远长不大的男孩；由此，男人的放纵、不忠及各种过分的言行，就都可轻易获得谅解。[33]

正如我们看到的那样，女性之完美直接印证了男性统治之完美。对女性的赞美实则是男性统治机制的自我赞扬。约翰·斯图尔特·密尔是少有的揭露以上现象的男性之一。他曾在1869年发出谴责：这种“对妇女道德本质的愚蠢赞美”，恰恰是女性被认为在智力和社会地位上更加低下的体现。诚然，简·奥斯汀（Jane Austen）和勃朗特姐妹（sœurs Brontë）的小说中都有不少顽强勇敢的女主人公——这些女性清楚自己想要什么，尤其在爱情方面，但可惜的是，她们依旧未能逃脱令人窒息的性别规范。还需要等到几十年后，才出现了弗吉尼亚·伍尔夫（Virginia Woolf），这个决心“杀死家中天使”的女性作家。[34]

父权环形系统

这些论述把我们带回到父权制寿命之长的问题上来。无论在哪个时期、位于哪个大洲或处于哪种制度，父权制都幸存了下来。为了解释父权制不同寻常的韧性，我们是否该搬出以下原因，比如：男性的身体优势，女性在怀孕或哺乳期的疲劳，女性的屈从态度，女性经常遭遇的贫穷和无知，以及女性对自身无能的逐渐内化？而男性，为使手中的权力长存，他们是否在持续诉诸武力，制造恐惧，歌颂忠诚，稳固旧习？

必须将父权制与个人区分开来，这些个人因其自身性别而在父权制中获利或受难。父权制首先是一个**思维体系**，这个体系扎根于法律、规范、信仰、传统和惯例，并能做到“自给自足”。通过与国家、宗教、家庭等复杂机构的不断结合，父权制持续借用它们的表述，并将其与自身整合，以证明女性的从属地位不仅正当，还极其“正常”。这样，女性的从属地位就以自然为根基，以理性为依据，与“一直以来的做法”相一致了。

女性自出生起就被困在**父权环形系统**中。以女性天生就具有母性这一假设为前提，父权制系统赋予了女人特定的女性功用；这一功用将她们禁锢于家庭空间内，她们又在这一空间中因利他主义而受到颂扬；这种利他主义又被认为是母性的基础；然后继续循环。

在父权制当中，每个性别自有其命运。女人被赋予了“自然”命运，这种“自然”与她唯一被认可的功能——女性功用——相连。她注定要提供身体服务、生育服务和家务劳动方面的服务。另一方面，男人则负责“文明”，并承担其间可能存在的挑战和风险。男人是外部世界的征服者，女人是维持舒适生活的小能手。因此，父权制抵制两性战争，其基础是两性之间的合作，只是这种性别合作是失衡的。因为比起男人，女人更少拥有自由，也更少被赋予价值。两个性别间的等级式互补

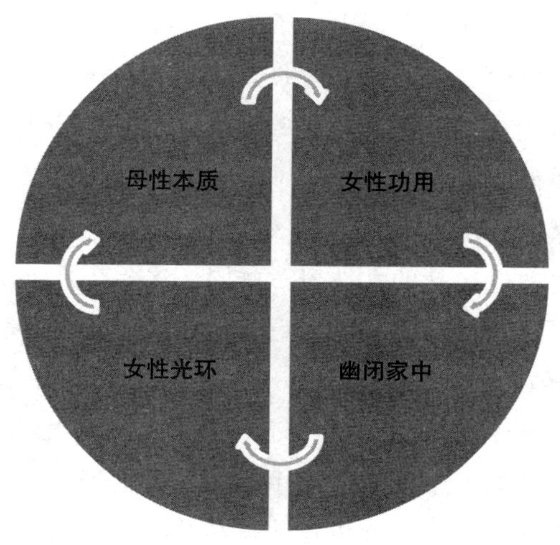

图5 父权环形系统。

是一种极其不平等的合作形式。

在这个环形系统中，相应的功能对应相应的义务，义务反过来又重申着功能。其结果是，这个系统“显然”应当如此运作，而这又成为系统本身的力量所在——不仅每个人在系统中都有其位置，且每个人都恰好处在属于自己的位置。模型的稳定性基于它严密的逻辑，任何被卷入其中的个体都无法将其动摇。在这个有序、安稳的世界中，父权制为扮演特定角色的女性提供相应的奖赏，她们可借此获取地位、尊重甚至声望，她们是“贤妻良母”，是“传统的守护者”，是“圣女”，等等。女性“光环”就是对其持续处于从属地位所提供的补偿。

这是父权社会向每位女性提供的一个交易，她们只要遵守协议内容，承受一系列束缚，就能获得丰富的奖励。女人的顺从可换取男人的保护，这便是两性协议所秉持的哲学。无论是在圣保罗的《以弗所书》中，还是在《古兰经》讲述妇女状况的第四章（里面也论述了丈夫的责任与权威—— qiwâma）中，或是在拿破仑的《民法典》第 213 条中，我们都可以看到以上逻辑被用类似的语句表述出来。男人负责养家糊口，作为回报，他就应是家中不容置疑的领袖人物。

对此，数以亿计的女性表示赞同，这要么是出于她们个人的选择，要么是因为她们别无选择。在《父权制的起源》（*The Creation of Patriarchy*，1986）一书的结尾，格尔达·勒纳（Gerda Lerner）给出了一个令人不安的结论："没有女性的合作，父权制根本无法运作。"这种两性合作是通过洗脑灌输、剥夺女性受教育权、对女性进行胁迫和歧视来达成的社会规训系统；但同时，这一系统的实现也争得了被涉及利益的女性的同意。父权制拥有的让人难以置信的力量在于，它竟最终让所有人都感到舒适。我们因此也该明白，若想挑战父权制度，我们同样需要具备一种闻所未闻的力量才行。

正经的女囚与堕落的自由人

千年又千年，两性间这一平静和谐的相处模式不恰恰描绘了一种良好的社会形态吗？我们若这么想，就是在遗忘一个事实，即这种平静和谐是建立在不断将女性本质化，不断剥削其生育能力，不断使其家务劳动无偿化，不断用法律将其童稚化，不断全盘否定女性人权的基础之上的。

女性的生理宿命及其所有相关功能，都可以使男性获利。在 19 世纪，男人们外出赚取薪水，成立政党和工会，获取民主权利；女性看不见的劳动使抽象主体和自由公民概念得以诞生，也使投身社会运动的知识分子得以出现。著名社会学家埃米尔·迪尔凯姆的妻子就对他“异常忠诚”。多年来，她不断支持他、安慰他，为他整理手稿、修改稿件，参加他的课程，处理他的信件。[35] 多亏这些妻子兼秘书提供了这种看不见的付出，数以千计的男学者和男作家才能够潜心研究、创作、构思，不受任何物质困扰的牵绊。男人的自我实现建立在对女性的持续剥削之上。

那么，这是否就意味着女人是被压迫者呢？在古代罗马，女贵族的境遇当然比奴隶要好。但是，一位女贵族之所以过着更好的生活，并不是由于她本身的女性身份，而是因为她是某男性贵族的妻子。相比实行直接压迫，父权环形系统更愿令女人主动臣服。它直接剥夺的并不是女性的财富和爱情，而是她们的自由。在 19 世纪，无论是被用人伺候的资产阶级妇女，还是忙于照料家庭的矿工妻子，抑或是坐在柜台后面操持的女商贩，她们或许都是快乐的，甚至比丈夫更快乐。大量女性选择将自己局限于照料孩子和操持家务的生活中，部分女性还因此倍感幸福愉悦。然而，在讨论父权环形系统是否真的具备某些效用之前，我们首先需要知道的是我们能否摆脱它，以及摆脱它需要付出何种代价。

亨利克·易卜生（Henrik Ibsen）在剧作《玩偶之家》（*Une maison de poupée*，1879）的结尾写到，一位名叫娜拉的迷人、开朗且顺从的模范妻子，因对丈夫的自私自利心灰意冷，决定离开自己的家。这个结尾在世界范围内引起了轩然大波：一个已经拥有了“一切”的母亲竟会抛夫弃子，去寻找属于自己的生活。她怎么敢？她会变成什么样子？要知道，在 18—19 世纪的西方文学中，所有成功摆脱了生活和性束缚的独立女性角色几乎都受到了疾病和死亡的惩罚，比如曼侬·莱斯戈（Manon Lescaut）、茶花女（la Traviata）、卡门（Carmen）、娜娜（Nana）。

父权思维将女人分为两类：一类是“正经的女人”，她们受到丈夫、父亲或其他男性的守护；另一类是“堕落的女人”，她们属于所有男人。这便是中亚述时期的立法逻辑，法律规定妻子必须戴头巾，这样才能将她们与妓女区别开来。它同样也是罗马人笔下的二分法：男人应将家庭托付给值得尊敬的主妇，至于感官层面的享乐，那就去寻找堕落的女奴吧。在《蜜蜂的寓言》（*La Fable des abeilles*，1714）中，曼德维尔（Mandeville）承认，有必要“为了保全一部分女性而牺牲另一部分女性”。在蒲鲁东看来亦是同样的二者择一——“要么妓女，要么家庭主妇。”

失去男人的保护等于被整个社会所遗弃。19世纪的社会对父权环形系统之外的女性——单身者、女同性恋、单亲妈妈、妓女、犯罪分子——极其严苛。这些堕落的女人被认为是多余的，人们为她们强加的绰号也体现着这种卑贱：因未婚先孕而注定要承受屈辱和悲惨命运的“女孩妈妈”（fille-mère）；女工人中为了生计而偶尔卖淫的“轻佻女人”（grisette）；被上流社会情人包养的“婊子交际花”（demi-mondaine）；因年过三十还未出嫁而遭受嘲讽的“老处女”（vieille fille）。这些“堕落女人”受到的排挤反过来凸显了家中母亲令人羡慕的地位，她是婚姻制度的关键。一个不受男性权威控制的女人只能是个迷途女子。

是否归附父权制，这个标准不但塑造了社会结构，还构建了城市的不同空间。直至20世纪上半叶，维也纳都设有相当数量的妓院、夜总会、歌舞厅及有着歌手和舞女的低端舞场——

这座城市提供一整套“女性商品”，在时段和价格上都十分齐全，无论在肮脏的小巷还是繁华的商业街，都可见到她们的身影，任君挑选。又比如英国的女子监狱，它们的目标是矫正那些触犯了法律、违反了性别规范的女人，洗衣、熨烫或针织等活计都是监狱把这群女恶魔变成“真正女人”的手段。[36]父权环形系统只接受女人二者择一，如果女人拒绝被体面地幽禁，那么，她只能是可被随意支配的妓女。是为家庭献身，还是在家外堕落？在这样的两分法面前，女性之自由无从想象。

3

支配性男性气质

父权思维认为男人因生理性别而具有优越性，但它同样也在社会性别层面赋予男性以优越性，这就是“雄性自我”的构建方式。因为男性的含义在身体、仪式和制度中都有体现，所以我们有可能勾勒出一幅人类学图谱，涵盖“做男人”的不同方式——与“做男人”有关的英语单词至少有五个，virility（男子气概）、manhood（男人味）、manliness（阳刚气质）、maleness（雄性气质）、masculinity（男性气质），而在法语语境下，此类描述都被融进了 virilité（男子气概）和 masculinité（男性气质）这仅有的两词之中。男子气概的概念比男性气质的概念更窄，男子气概展现的是一种品格，而男性气质则是一种综合性的文化表达。在勾勒出来的这些图谱中，还包含了所谓的“支配性男性气质”，即男人施加强制的方式——简言之，就是父权性质的男性气质。

男性统治在历史上是一个不变因素，但是，支配性男性气质却具备相当的灵活性。例如，腓特烈一世与尤利乌斯·恺撒体现的男性气质就非常不同，条顿骑士与舞者路易十四身上的男性气质也存在巨大差异。因此，真正重要的是要找出男性力量的具体体现，它可以是物品或特质，可以是仪式或制度，可以是话语或实践，当然也少不了男性特有的自信心、觉得自己天生具有正当性的想法，以及他们心理上的优越情结。

作为品格的男子气概

统治者不仅展示了男性气质中的权力，还表达了权力拥有者的男性气质该当如何。无论他的称呼是法老、国王、皇帝、苏丹、尼格斯①、沙阿②、沙皇、天皇还是大帝，他都是那个发号施令的人。存在多种获取统治者身份的途径：继承、暴力、威望、广施财物。显然，这四种方式也互不排斥。在13世纪，一个所谓的“土耳其人法令”提到了弑君。法令确认，在发生弑君的情况下，若缺乏继承人，王位将由弑君者继任。“巴拉卡”（baraka）是真主的赐福，赐予上帝所选之人、先知、圣徒、宗教隐士，但也赐给苏丹和国王们。同美拉尼西亚的“大人物”（big men）一样，维京的国王们（不论是“好人哈康”还是“血斧埃里克”）也建立了一套忠诚体系，以强制别人接受自己恩惠的方式来换取他的服务。

当然，并不仅仅只有古代的国王才是当权者。现代国家的元首可以借鉴君主制传统（比如法兰西第五共和国），也可以扮演天命救世主的角色，例如：一个充满激情的年轻上尉（1795年的拿破仑），一个引导人民群众的先知领袖（墨索里尼、希特勒），抑或是在困境时被召回的智者（1940年的贝当、1958年的戴高乐）。[1]但是，支配性的男性气质远远超出了政治军事领

① 埃塞俄比亚皇帝的称号。

② 沙阿是波斯语古代君主头衔的汉译名，该头衔在历史上为波斯语民族和很多非波斯语民族所使用。——编者注

域。它是探险家、飞行员、运动员、创业者、学者甚至诗人的特征。从革命者到董事长兼总经理，从施工工头到精神导师，男性包揽了所有重要角色。

光荣的男性气质是通过一系列能标榜男性男子气概的物品来展现的。旧石器时代的男性专属（面部毛发、享有肉食）和新石器时代增添的一些男性专属物（武器、马匹和其他的出行工具）都基本在此之列。

胡须和小胡子催生了一种毛发艺术：公元前 2300 年前后马里王国的总督埃比-伊尔（Ebih-Il）那被精心梳理的长胡须，公元前 500 年左右呈现弓箭手形象的宫殿楣板（frise）中大流士士兵的卷胡子，《圣经·诗篇》中大祭司亚伦（Aaron）被油流过的胡子，中国永乐皇帝的蛇形胡须和尖长胡子，米开朗琪罗画在西斯廷教堂天花板上的上帝的杂乱灰胡须，还有步兵的特有胡子、工兵的特有胡子或修剪整齐的山羊胡——如此种类繁多的胡子都在明白彰显“男人的威严”。[2] 大量男性社交活动是围绕肉食进行的，无论是猎鸭、骑马围猎、犬猎，还是北美烧烤、南美烤肉和法式牛排。肉食有着与葡萄酒相同的“血液神话”：享用夹生的肉类，即可拥有公牛般的力量。[3] 另外，酒精和烟草也起着促进兄弟情谊的作用。

自从青铜时代剑的发明以来，男性霸占了所有新式武器，尤其是火器——中国的大炮，西班牙的火枪，西部牛仔的柯尔特左轮手枪，法国士兵一战时的机关枪。在中世纪的日本，国家的瓦解促使领主们大量招募战斗人员，以保护自己治下的人口和发动私人战争。第一代日本武士只为自己的名声而战，甚至不惜为此背叛主君。在 11 世纪，开始出现用来达成武士境界的各种训练技术，诸如剑道和弓马道。不过，要等到公元 16 世纪，才会出现包含忠义和名誉等道德价值的武士道。[4]

骑术是另一种体现男子气概的形式，无论是在西方的雕塑艺术，还是在哈萨克的游牧文化或阿拉伯文明中，都可见一斑。从13世纪到15世纪，马穆鲁克①接受了一种精英式的军事训练。他们在阿拉伯语文献的帮助下使用土耳其语授课，对年轻士兵的培训包括马术（furusiyya）以及剑、矛、弓的使用方法。所有马穆鲁克都拥有自己的武器和马匹，部分人的武器或马匹更是源于统治者的私人馈赠。难以驯服的马匹与好战的男性珠联璧合，催生出一种“宝马神话”（mythe de l’étalon），形成了一种从查希兹（Al-Jahiz，卒于公元868年）时代一直流传至今的政治性男子气概。[5]

自20世纪以来，因为骑术衰落而逐渐让出的那个位置被对机动车的热情所占据。除了机动车起源于工业这点外，它们并没有本质的不同：同样是对速度感和飞驰感的嗜好，同样是对身体的支配感，同样是对财富的炫耀。一边是保时捷、法拉利和兰博基尼，另一边是哈雷戴维森和凯旋雷鸟，它们用提速的轰鸣声、炫目的色彩和充满危险的体验，向人们提供着强烈刺激。能将男人推向死亡边缘的汽车赛事构成了伟大男性的神话之一，而且还被如詹姆斯·迪恩（James Dean）和史蒂夫·麦奎因（Steve McQueen）这样的演员带入了电影世界。

在21世纪的美国，那些名字能够诱发联想的大型皮卡（比如“福特国王牧场”“福特游骑兵猛禽”或“尼桑得克萨斯州泰坦”）正在创下汽车销售纪录。作为极致男子气概的象征物，它

① 公元9世纪至16世纪之间服务于阿拉伯哈里发和阿尤布王朝苏丹的奴隶兵。随着哈里发的式微和阿尤布王朝的解体，他们逐渐成为强大的军事统治集团，并建立了自己的王朝。——编者注

图6 骑士与摩托车手。如此相似……然而，委拉斯开兹（Vélasquez）画于1638年的《奥利瓦雷斯伯爵–公爵肖像》（*Portrait du comte-duc d'Olivares*）与摄于2013年的哈雷摩托车手照片间隔了将近4个世纪。对骑术与摩托精神的持续热衷究竟是出于生物因素（睾酮以及肾上腺素的作用）还是社会因素（追求速度和渴求冒险的男子气概）？

们让男性消费者触及大男子主义的升华境界。皮卡在众多展会和展演中受到推崇，尤其是那些本就旨在歌颂男子气概的场合。比如“得州卡车牛仔竞技表演”（Texas Truck rodeo），这一赛事会有大量专业媒体出席，在为期两天的赛程后，最后的优胜者可获得“得克萨斯卡车”称号。[6]资本主义非常懂得如何让男子气概的相关配饰显得更加崇高，这些配饰包括博尔萨利诺或斯泰森牌的帽子，芝宝打火机，万宝路香烟，等等。

民族模范

澳大利亚社会学家雷温·康奈尔（Raewyn Connell）[生于1944年，原名罗伯特·威廉·康奈尔（Robert William Connell）]在其《男性气质》（*Masculinities*，1995）一书中，对“霸权”男性气质（masculinité “hégémonique”）的概念进行了理论化。她借鉴了葛兰西（Gramsci）的观点，后者认为，支配是经由在信仰和教育模式层面进行全方位文化管控而达成的。康奈尔以此拒绝男性气质的本质主义定义和社会规范定义（即拒绝承认存在“永恒不变的男性气质”）。她将男性气质定义为在既定社会性别配置中的一个设定位置。霸权男性气质支配着整个性别秩序。它不断合法化存在于政府、军队、公司高层的父权制度，并使其他男性气质处于从属地位。例如，在西方，霸权男性气质集中体现在40～65岁的富裕异性恋白人男性身上。

遗憾的是，康奈尔对霸权男性气质的定义比较模糊，且不适用于当代英语世界以外的其他时期和社会，康奈尔本人也承认这一点。[7]霸权男性气质不仅种类繁多，而且会依据其环境、凭借不同的文化形态和制度而表现出不同形式。自19世纪开始，各个民族国家都根据自身的宗教特征和帝国主义形态，发展出了属于自己的男性气质。

英国的斯多葛主义教育我们要学做自己的主人，懂得隐忍，在逆境中保持沉着冷静（“to keep a stiff upper lip”，即“保持上嘴唇不动”）。英国公学和诗人们纷纷宣扬这个观点，例如亨利（Henley）的诗篇《不可征服》（“Invictus”）和吉卜林（Kipling）的诗篇《如果》（“If—”）。这种自律也可以与托马斯·休斯（Thomas Hughes）推崇的“肌肉基督教”① 的美德结合起来。英国人在团体运动中重视公平竞争，德国人则欣赏那些能够培养耐力且有助于备战的运动项目，例如体操、击剑和游泳。耶拿战役战败后，德国“体操之父”雅恩（Jahn）发明了现代体操（Turnen）。在 19 世纪 60—70 年代，伴随着正在构建中的德意志民族身份，这一运动形式经历了一次复兴。[8]

我们是否可以谈论一种“地中海男子气概”，这种男子气概由“家主”和天主教会的法定权利塑造而成？在 18 世纪，皮埃蒙特军队按照普鲁士模式重建了军纪。1820—1870 年间，意大利在男人手中完成了统一——烧炭党、维克托·伊曼纽尔二世（Victor Emmanuel II）、加富尔（Cavour）、加里波第的千人远征志愿军（这支队伍中仅有两名女性）轮番上台。在马耳他岛瓦莱塔（Valette）一年一度的节日期间，八名“雷菲加”（reffiegha）共同分享将圣保罗雕像扛在肩上的荣誉，游行队伍彰显了民族身份、教会的伟大和性别认同。[9]

西班牙征服者、殖民主义、君主制和天主教将西班牙的男

① “肌肉基督教”是诞生于 19 世纪英国的一个哲学思潮。其特征表现为高度信奉爱国主义，强调自律和自我牺牲，大力崇尚男子气概、运动的道德作用以及运动员式的强健身型，以求在基督教教会中体现“男性化”的价值观念。

子气概模式移植到了美洲新世界。这种男子气概塑造了阿根廷的历史，无论是血腥的“荒漠远征”，还是“高乔人”作为潘帕斯草原骑手、驯马师和军事向导被塑造成神话，都说明了这一点。民间传说中的墨西哥男子气概暴力而慷慨，这些传说借鉴了 1876 年后的波菲里亚托（Porfiriato）起义和 1910 年的墨西哥革命。后来，这种男子气概在 20 世纪 30 年代逐渐转变成了一种沙文主义男子气概（hombrismo）。

19 世纪期间，墨西哥的牧牛人（vaquero）来到美国，在那里，他们变成了美国牛仔（cow-boy）。在美国大西部，不同种类的狂野男性气质相互冲撞：骑在马上驱赶牛群的牧人、耕种自己土地的农夫、逃犯、骑兵团的中校、野牛猎杀者和伟大的印第安酋长［1885 年，一位摄影师在蒙特利尔将水牛比尔①及名为“坐牛”（Sitting Bull）的美国印第安人拉科塔族胡克帕帕领袖拍进了同一张照片］。充满暴力的西部神话通过对白人男性的不断神化，持续颂扬着美利坚民族——从对自己的情感感到不舒服的无敌英雄约翰·韦恩（John Wayne），到以披风和帽子为标志性穿着并且神秘、冷峻、狂野、英俊的“无名客”克林特·伊斯特伍德（Clint Eastwood），均是如此。

在更靠北的地方，冰天雪地的恶劣环境考验着设陷阱捕捉毛皮兽的猎人、伐木工人和淘金者——他们与自然近身搏斗，在与自身极限的较量中知道了如何与自然抗衡。杰克·伦敦（Jack London）的小说，灵感来源于他在克朗代克（Klondike）

---

① 水牛比尔（Buffalo Bill），即威廉·弗雷德里克·科迪（William Frederick Cody），是一名南北战争军人、陆军侦察队队长、驿马快递（Pony Express）骑士、农场经营人、边境拓荒人、美洲野牛猎手和马戏表演者。其组织的牛仔主题表演“水牛比尔的狂野西部秀”非常有名。——编者注

的亲身经历，讲述了冒险家与雪橇犬在一望无垠的白雪中的无尽孤独。这种近乎生存主义的追寻，也是科马克·麦卡锡（Cormac McCarthy）在小说《路》（*La Route*）中描绘的世界上最后一个男人所经历的追寻。男人不仅拼命想要主宰自然，还想主宰他的敌人及自身的恐惧。

诚如我们所见，支配性男性气质会衍生出不同种类的集体刻板印象。除此之外，一些引人发笑的角色或正剧的主角——比如西班牙的堂吉诃德、德国的迈克尔·科尔哈斯（Michael Kohlhaas）、葡萄牙的贝尔纳多·苏亚雷斯（Bernardo Soares）——也可能变成民族的象征，所有男人都能从中看到自己的影子。

男性的四大胜果

但最重要的，还是去理解，是什么使支配性男性气质能够施展权力，为何这类男性气质使男人——出于自己的性别——有了强迫他人的权力。

炫耀型男性气质（masculinité d'ostentation）主要通过展现精力、欲望、勇气和挥霍财物的气魄来确立自身：吹嘘、高声讲话、挥霍无度、时刻备战、为了显得“有种”而甘冒奇险。先从人类历史上最古老的史诗之一说起，那个叫作吉尔伽美什的年轻乌鲁克国王就显得极端傲慢：他对自己和自己的力量极度自信；他享受着挥舞武器的快感，抢走自己臣民们的女儿。

在不同时代和不同国家里，男人都在充好汉，他们喜欢吹牛，乐于行胆大妄为之事。就像一只只雄孔雀，男人们要么以过度慷慨的疯狂而出名（骑士和国王都必须以盛宴迎客），要么以随时准备为最轻微的冒犯血肉相搏（即遵从某种“荣誉文化”）而引人注目。在西班牙，以及后来在法国，熙德（Cid）和唐璜（Don Juan）这两个角色就参与塑造了一种高度菲勒斯中心主义的文化。他们表现的一切都是过度的，都在将男性气质的暴露癖好同对功绩的追捧结合起来——熙德和唐璜的尊贵气质同雄性傲慢融合在了一起。在英国，牛津布灵顿俱乐部的成员也在做着荒唐之事，以展现他们对道德上的、经济上的和性上的各种禁忌的不屑一顾。

相反，**自控型男性气质（masculinité de contrôle）**力求表现男人的内在力量，男人借这种力量去克制激情、抑制食欲、压制自己的暴力倾向。在诺贝特·埃利亚斯（Norbert Elias）看来，这即是文明的进程。自控型男性气质构成了许多哲学流派的理想境界，例如佛陀对欲望的弃绝，爱比克泰德（Épictère）和马可·奥勒留（Marc Aurèle）的禁欲主义观念，基督教和苏菲主义的反私欲斗争，儒家学者的坚忍，贝玑（Charles Péguy）所珍视的第三共和国“黑色骠骑兵”[①]的肃穆感，“帝国绅士”（吉卜林）或童子军运动（贝登堡）中体现的“自我管理技术”。军队检阅要求身体的纪律性和姿势的精确性，正如美国海军陆战队的无声操枪排[②]展示的那样——一个排的海军陆战队员用步枪排练出了舞蹈。

在这里，男性权力在一定程度上反而阻碍了男性力量的发扬。男人的统治力如此之强，以至对自己也要严加管控；男性

① “黑色骠骑兵”（hussards noirs）这一称号由夏尔·贝玑所创，是法兰西第三共和国在《费里法》和1905年的政教分离法通过之后，对公共教师的昵称。

② 美国海军陆战队无声操枪排（silent drill）是美国海军陆战队一支由24人组成的步枪排，职责是进行无军乐团伴奏、无口令搭配而配合精准的独特操枪表演，借此展现陆战队的专业与纪律。

自有的权力能使男性屈服于自身，遵从自己设下的律令，以便获取更为广泛的权力。在高乃依（Corneille）的代表作《西拿》（*Cinna*）中，奥古斯都曾说："我是自己的主人，正如我是宇宙的主人。"从中世纪到古典时代，有大量的行为准则来教导男人如何成为"好国王"——他必须克制愤怒，节制欲望。在1600年左右，即法国的亨利四世正花费大量时间进行狩猎和征战的年代，马来语著作《塔吉·乌斯-萨拉廷》（*Taj Us-Salatin*）定下了王室的礼仪规范：避免骄纵、虔诚祈祷、节制饮食、远离肉欲。自17世纪始，这种对"完美男人"的想象就被强加给印尼爪哇的上层男性"普里亚伊"（priyayi）：即便面临剧烈的冲突，他们也要时刻约束自己的行为、富有责任感和保持优雅的生活作风。[10]同样，在17世纪信仰新教的荷兰和19世纪奉行天主教的法国北部，一些富有的资产阶级男性实践着一种严肃刻苦的文化，即坚持精打细算地过日子，穿着简朴，杜绝挥霍。他们与那些以炫耀型男性气质示人的贵族们有着天壤之别。

牺牲型男性气质（masculinité de sacrifice）伟大又可怖，它追寻的是自愿毁灭自身。但它并非只是单纯地抛弃生命，而是出于对某种超越性因素或原则的忠诚，甘愿将生命献给某项事业。此类男人随时准备为他人而死——他的上帝、他的国王、他的领主、他的国家、他的淑女、他的家庭，或是全人类。他为自己的承诺献出了生命，正如所有被谋杀的先知那样，比如林肯、饶勒斯（Jaurès）、甘地、马丁·路德·金、伊扎克·拉宾（Yitzhak Rabin）。或者，也像所有因为自愿献身而被人记住的士兵：战死于1914年的法国作家贝玑和普西夏里（Psichari）；认为战争乃崇高之事的法国社会学家罗伯特·赫兹（Robert Hertz）；以及在越战中坚韧不拔的约翰·惠勒（John Wheeler），他说，

“有些事情值得我们为之去死。这是来自男人心底的声音”。[11]

通过将忘我牺牲与神圣结合在一起，主人公认同了自己的理想，坚定不移直至殉道，就像最早的那批基督徒。他选择了投身于绝对。高乃依悲剧中的波利厄克特（Polyeucte）将死亡视作一条幸福之路——“我愿意，或更确切地说，我渴望自身的毁灭。”然而，只忠于自身信仰的战士却与狂热的十字军和假弥赛亚十分相似。马尔罗（Malraux）笔下的人物既是革命者又是恐怖分子。二战期间，日本的自杀式袭击者也有自己的信仰。我们该如何区分勇气、自豪和狂热呢？

最后，**不明朗型男性气质（masculinité d'ambiguïté）**提供了一种更加优越的支配方式，因为它可以兼并女性气质。耶和华既是以色列的父亲也是母亲，他也履行着曾经属于自己妻子亚舍拉的职责。以一种隐喻的方式，耶和华也给予生命，就像《以赛亚书》中说的一样，他也会像“临产的妇人”一样喘粗气。半神吉尔伽美什一边在巨兽洪巴巴面前颤抖，一边为他的朋友恩奇都哭泣。古希腊的英雄们不以流泪为耻：阿喀琉斯因帕特洛克罗斯的死亡而痛哭，阿伽门农因特洛伊之战的胜利喜极而泣，尤利西斯在凝视大海时哭泣。[12]自伯里克利的世纪开始，眼泪才变成留给女人的东西。但后来，从麦肯齐（Mackenzie）至拉马丁（Lamartine）的浪漫主义流派又让“感性男人”的传统重获新生。

从古希腊、古罗马到18世纪，高阶层的男人们与女人们分享着类似的装束：长袍、裤袜、高跟鞋、假发、脂粉、头饰、戒指。日本歌舞伎剧中名叫“助六”（Sukeroku）的传统人物就是一名化妆的武士，他撑着伞，戴着紫头巾（像女人一样系在右侧），在刚上台时还会跳上一长段舞蹈。他的魅力、他的姿态、他的从容和充满雅痞风格的美艳气质为这个角色带来了巨大成功。甚至艺妓们都被推荐学习武士助六的女性气质。[13] 在 20 世纪后半叶，名声达到顶峰的男明星们也会利用这种不明朗做文章，比如美国的猫王（Elvis Presley）和马龙·白兰度（Marlon Brando），法国的帕特里克·迪瓦尔（Patrick Dewaere）和热拉尔·德帕迪约（Gérard Depardieu），还有像大卫·贝克汉姆这样的“都会美型男”（métrosexuels）类型的足球运动员。女性被牢牢地钉在了女人这一性别之上，而一个真正的雄性却可以为所欲为——他可以既温柔又暴力，既脆弱又无情，既爱武器又爱珠宝。他因为敢于玩弄女性气质——这是男子气概的最高境界——而让他的对手们黯然失色。

制造男人

伊拉斯谟（Érasme）曾在他的论文《论儿童的教育》（*De l'éducation des enfants*，1529）中提到：“人并非生而为人，而是在后天被塑造而成的。”在这里，伊拉斯谟说的是全体人类。但如果我们将这句名言用于反观男性气质，就能意识到，人类社会同样存在着诸多塑造男人的仪式，男孩们就是在这些关于“真正”男人的规训之下，逐步转变为一批批新的“真正”男人的。

既然男性气质是习得的，那么就存在一个学习的过程。入门阶段首先会出现一个父亲的形象，在其影响下，此过程以一种个人且私密的方式进行。此处最有趣的，并不是父子二人的钓鱼之旅，而是从小就开始进行的在身体上对男性法则的习得。比如学习如何激活阴茎——希罗多德（Hérodote）惊讶于埃及男人竟然蹲着小便，这反向证明了当时的希腊男人是站着小便的。25个世纪过去了，这一习惯发生变化了吗？事实是，男人常常就是指能够“站着小便”的人，并且这一说法带着自豪感。阴茎同样是男人进行自我性别确认的工具。一个年轻的魁北克男性曾向我们讲述了他在20世纪末接收到的来自父亲的教导：

> 对我父亲来说，男人就是男人，他对自己生为男人且拥有儿子感到自豪。当时我大约九岁或十岁，他给我看了一本《花花公子》，里面是一群站成一排的裸体女人。我父亲指给我看，说：“看见了吧，这就是女人。你可以抚摸她，可以用你的阴茎插入她，并且还能让她怀孕。”但父亲从未提过，两个男人或两个女人也可以一起做同样的事。[14]

对男性气质的习得也是集体和公开的。这种学习通过一系列成年仪式，将性别规范传递给年轻男孩。雄性间的互相传授和启蒙构成了支配性男性气质的一条重要原则。它的思想基础就是，男人的塑造只能依靠男人，绝对不能来自女人。性别权力是通过对男性气质的“再生产”①来传承的，这种再生产模仿并超越了女性垄断的生育活动。

存在一些特定的仪式，其目的在于占有女性身体的某些能力。比如在犹太人和穆斯林那里，男性割礼会导致男孩的生殖器出血，就像女人阴道出血一样。在坦桑尼亚，年轻的马孔德族（Makondé）男子需要佩戴一个木制的肚子罩，以模仿孕期

① 法语中的“reproduction”可同时表达繁殖、再生产及复制的意思。

妇女的身型。在其他的男性社会中，例如在埃及的马穆鲁克、明治维新之前的日本武士、巴西的卡亚波人（Kayapo）、亚利桑那州的霍皮族印第安人（hopis de l'Arizona）那里，年幼的男孩都会被以残酷的方式，从伴随他长大的母亲和女性化世界中强制分离出来。在新几内亚的巴鲁亚人那里，男孩会被长期幽禁在村中的最大建筑，即“男人之家”中。在那里，男孩需要在长达几年的时间里持续承受以嘲弄、羞辱、殴打和虐待方式进行的男性启蒙，目的是让他们完全脱离女性的世界。最终，“真正的”男人诞生了，没有受到多余的来自母亲的干涉。男人并非由女人所孕育，而是由他的同性别者生产出来的。这一现象也解释了在众多神话中存在的、英雄间具有排他性质的深厚情谊——这种情谊有时候甚至带有同性恋性质，例如吉尔伽美什和恩奇都、阿喀琉斯和帕特洛克罗斯，以及圆桌骑士之间的深厚友谊等。

直到20世纪末，各种形式的军事生活——征兵、营房、战壕、军舰——都是西方世界进行集体启蒙的主要形式。男人通过遵守军纪、深化兄弟情谊、学习互助的意义来自我训练。在这里，他们将习得一种“新的躯体文化”，这种文化包含如何立正、走正步、瞄准、射击、整理床铺、保养武器和保证武器的效力。所有这些习惯性动作都在持续塑造士兵的身体和思想。[15]

一经习得，男性气质就会以个人或集体的方式维系下去。在19世纪，无论是矿井还是小酒馆，高中还是俱乐部，吸烟室还是议会大厅，理事会还是编辑会议，通通都是男性的专属地盘。每个国家都有具有本国特色的性别社交文化：意大利烧炭党的秘密集会，墨西哥的斗鸡比赛或小酒馆，美国的棒球运动或“民防团”（posse），更不用说校园里的兄弟会了（19世纪末就有不下 500 个)。在希腊的莱斯沃斯岛上，咖啡馆是男性在平等氛围下进行男性社交和缔结男性情谊的专属空间；在这里，远离妻子的男人们通过一起打牌、唱歌、邀酒、谈生意甚至是休憩，发展出男人之间的专属友谊。[16]

男性普遍主义

尽管不同形式的支配性男性气质之间存在竞争，但它们在整体上还是将所谓的“真正”男人同其他男性区别开来，同懦夫、胆小鬼和娘娘腔区分开。这就是为何支配性男性气质(也包括了不明朗型男性气质)的得势必然与贬低女性这一低等性别相辅相成的原因。正如弗朗索瓦丝·埃里捷描述的那样，男性/女性作为成对的存在是根据积极/消极的二元模式来建构的，它与很多其他形式的二元对立并行不悖，比如高级与低级、高大与矮小、强壮与羸弱、坚硬与柔软、理性与非理性、有逻辑与无逻辑、光荣与卑鄙、可信与可疑、亚里士多德那里的主动与被动，以及伯克(Burke)笔下的崇高与美。

这些心理范畴是如此普遍，以至于我们甚至察觉不到它们的存在。在《伊利亚特》中，墨涅拉俄斯用“伯罗奔尼撒半岛的女人们”(Achéennes)这一称呼来羞辱手下的士兵。在 12 世纪中叶，希尔德加德·冯·宾根(Hildegard von Bingen)极力颂扬圣灵拥有的“男子气概”，以防止教会被软弱之气与腐败之风侵蚀。大约在 1550 年，神学家让·维吉耶(Jean Viguier)曾断言，在肉体关系中，男人是主动的，女人是被动的。《魔笛》(*La flûte enchantée*，1791)将智慧的立法者、光明之国的领袖萨拉斯特罗放在狂热可憎的夜女王的对立面。欧内斯特·勒古韦

（Ernest Legouvé）则于1848年解释说，共和国需要用女性品质（博爱）来弥补那些“男子气”原则（自由与平等）。① 在语言学家奥托·叶斯柏森（Otto Jespersen）看来，英语是具备男性特色的，因为它包含了大量清晰且悦耳的辅音，而夏威夷语（“I kona hiki ana aku ilaila ua hookipa...”）则女性化且令人发笑。[17]

这种二元区分也存在于与性别问题毫无关联的领域。自18世纪始，学院派就将枯燥无味的数学与令人愉悦的文学对立起来，将硬科学与人文社科对立起来。在19世纪70年代，历史学家兼哲学家欧内斯特·勒南（Ernest Renan）认为欧洲人应是“充当主人与士兵的种族”。殖民英雄当然都是男性，比如基奇纳（Kitchener）、罗兹（Rhodes）、比若（Bugeaud）、费代尔布（Faidherbe）、加列尼（Gallieni）、利奥泰（Lyautey）。另外，帝国主义也被说成是对和平导致的颓废风气和懈怠状态的抵抗。征服是一种具有男子气概的行为，是一种占有，是一部分人插入另一部分人。[18] 在20世纪，“强国”与“弱国”之间出现了一种配对式外交，例如美国和墨西哥，德国和希腊，法国和意大利，等等。政治界同样采用了这种两分法，比如在美国，共和党人喜欢把他们的民主党对手、东海岸精英以及生产力低下的福利国家制度［及其“福利女王”（welfare queens）］女性化，因为共和党认为，“真正的”男人是不会给民主党投票的。[19]

这种社会性别的等级分化解释了为什么男性化的女人通常能被容忍（她们“跃升”到了男性的水准），但女性化的男人却被认为异常可憎（他们“下跌”到了女人的水平）。同样，那些与女性相关或向女性开放的职业（例如教育、个人护理）也很

---

① 自由、平等、博爱（法语：Liberté, Égalité, Fraternité），又译为“自由、平等、友爱”“自由、平等、团结”，是法国的国家格言。

容易受到贬损。总之，与男性定义有关的事物通常意味着被认可，与女性定义有关的事物往往被视作失败的。

女性自带的低下地位使男性能够代表她。正如西蒙娜·德·波伏娃指出的那样，虽然从公民身份登记的层面来看，男性和女性被视作对称且平等的两大类别，但实际上，男性才被认为是积极与中立的，女性仅仅被看作消极和负面的。[20] 与其说男人-雄性是第一性别，还不如说它是一个抽象的主体，一个永恒的参照标准，一个对全体人类都适用的规范指标。这与女人、儿童、黑人这些被禁锢在具有特殊性的身体中的人有天壤之别。

在一些语言中，“人类”和“男人”会用同一个词表达，这也加强了男性普遍主义。在英语、西班牙语、法语、意大利语和葡萄牙语中，也就是说，在整个西欧和美洲，皆是如此（德语、俄语、日语和斯堪的纳维亚语不在此列）。正如18世纪中叶出版的《百科全书》（*l'Encyclopédie*）无心写下的一句话：“所有女人和女孩都时不时地被囊括进男人/人类（hommes）这一词语中。”实际上，阳性/男性词汇具有中性词汇的普遍性（比如德语中的man；英语中的one；法语中表达“人们”的词on，on其实是男性词根hom的变体）。此外，在缺少具体语义内容时，我们也使用阳性/男性来指代［比如“J'ai appelé mon assurance, ils m'ont répondu que...”（我联系了我的保险公司，他们告诉我……），这里的“ils”（他们）因性别不明而统一用阳性表达］，而同等条件下用阴性/女性来表达的情况则少之又少［比如“Cette personne est très gentille”（这个人很和善），由于“la personne”（人）这一法语单词本身词性为阴性，所以构成了例外］。

大多情况下，阴性/女性词汇只能指自己。而且，无论是法语中的 femme，还是德语中的 Frau，都是用同一个词来表达“女人”和“妻子”的。此外，德语里对女性公民身份的表达指向的是她的生物性别［比如“Frau Schmidt ist eine Frau.”（施密特夫人是个女人。），这个句子里，“夫人”和“女人”用的是同一个词 Frau］，而德国的男性公民则有着自己的社会头衔［“Herr Schmidt ist ein Mann.”（施密特先生是个男人。），这个句子里，“先生”（Herr）和“男人”（Mann）是不同的两个词语］。头衔意味着权力和威望，就像 Herrschaft（统治）一词由表示男性的词根 Herr 和名词后缀 schaft 共同组成。指代美妙或卓越事物的词 herrlich 也是指向男性的，而 Dame（女士）一词唯一的一个派生词 dämlich 却是“愚蠢”的意思。

指示牌中的男女（21 世纪第二个十年）

	一般信息		卫生间（男）	卫生间（女）
直立的人	停车场	机场	机场	机场
	垃圾桶	博物馆（*）	马路上（**）	马路上（**）
双腿叉开的人	红灯	滑雪缆车	大学	大学
	古迹	人行隧道	古迹	古迹

（续表）

	一般信息		卫生间（男）	卫生间（女）
运动中的人	交通工具	交通工具	交通工具	交通工具
	酒店	剧院	剧院	剧院
女性功用	游泳池	酒店	机场（**）	
	停车场	电梯	飞机上	
	马路上（*）	马路上	火车站	

左侧显示的是一般信息提示，包括付停车费、丢垃圾、提示牵好儿童谨防事故等。右侧的标志则分别表示男女卫生间。男性的普遍性和抽象性在指示牌中表现得很明显——一般意义上的行人同卫生间门口“有阴茎的男人”的表示方式完全一样。男人被用来代表整个人类，而女人则总是从性别的角度被提及——长裙、与男性不同的发式、合拢的双腿或是正在作为母亲照料孩子。
[不带星号的照片于2018年摄于法国，带*的照片摄于德国，带**的照片摄于中国。]

词汇宣告了男性的高贵和女性的粗鄙。在罗曼语当中，patrie（故乡）和patrimoine（遗产）都源于pater（父亲）这一词根。vertu（美德）一词源于vir（雄性）。睾丸（testicule，来源于testis，“证人”）象征着勇气和可靠性，正如“有种”（avoir des couilles，“有蛋”）这个说法里体现的那样。同样，根据描绘对象的性别不同，相同的词也可以具有完全不同的意思。比如在意大利语和法语中，courtisan（朝臣）一词表达的是一种良好风度的典范，尤其是在巴尔达萨雷·卡斯蒂廖内（Baldassare Castiglione）笔下；而同一个词的阴性形式courtisane则专指高级妓女。法语中，médecin（医生）一词不存在阴性，因为其阴性形式médecine不是指女医生，而是指整个医学。couturier（服装设计师）创造，而couturière（女裁缝）做工；esthéticien（美学家）思考什么是美，esthéticienne（女美容师）则帮人除毛，让人变得更加漂亮。另一方面，maîtresse（情妇）并没有与之对应的“男情人”一词，而德语中的Klatschtante（爱八卦的阿姨）也不存在与之对应的“男性嚼舌者”一词。[21]

在众多语言中，女性都受到了贬损。例如英语中的cunt和pussy，德语中的Fotze和Möse，俄语中的pizda，法语中的con，这些词不仅指解剖学上的阴道，还被用来骂别人愚蠢。在汉语中，指代女性的汉字“女”，其形象是一个下跪的年轻女人；“好”字则是一个带着婴儿的女人；“安”字是一个待在屋檐下的女人；母亲的“母”字画的则是女性的乳房和奶头；妻子的“妻”则是一个手持扫帚的女人。在日语中，人们会把“愚”（gu，愚蠢）加在对自己亲属的称呼前；很多人用“愚妻”（gu-sai）来指自己的妻子，而“愚夫”（gufu）一词几乎已经停止使用。形容词“女々しい”（memeshii，像女孩一样）有爱哭的意思，而形容词“雄々しい”（ooshii，像男人一样）则表示坚强和勇敢。

除了词汇之外，语法也倾向于给予男性优先权。自17世纪中叶以来，法语中的阳性战胜了阴性，成了更优先、更高级的属格［比如“Ma sœur, son mari et leurs trois filles sont arrivés.”（我的姐姐、她的丈夫和他们的三个女儿都到了。），这个句子里的“arrivés”（到了），没有因为主语中有女性而作阴性变位，而是保持了阳性变位］。在日语中，语言规则对于男性和女性的要求是不同的。男性使用的语言是中立的，而女性使用的语言是明显被“女性化”后的。女人被迫根据场合改变自己的言辞——在工作场合使用中立语言，在家中使用特殊的女性化语言。对于“我”这个意思，男性有多种表达方式（watashi、boku、ore），可以根据不同的场合切换使用。而女性则不同。因为性别规范的限制，女性只能使用最为礼貌的表达方式，即“watashi”（包括它的变体atashi），去表达自己谦逊端庄的态度。

何为父权?

各种支配性男性气质在父权制度的统治下繁荣昌盛——世界在男人中被重新创造了一遍。女人注定要从事分娩、哺乳和养育的专职，然而没有男性需要她们来繁衍。如何解释这一悖论呢?

女性在内被禁锢于家中，在外被笼罩在女性“光环”之下，父权制以此实施对女性的贬损。这使得一家之主能将她们视为无足轻重的存在，将其吸纳至伴侣和家庭关系中。男人因此可以自命不凡，声称自己代表了全人类。男性窃取并霸占了所有的道德权威、抽象规范和不证自明；丢给女性的只有她身体的实用性。男性的象征性力量为男性的社会统治提供了合理性。

透过历史、思想、文化、仪式、文字和制度，父权制为男性特权奠定了基础。但是，这并不代表所有男性都从中获益，也不代表所有女人都深受其害。支配性男性气质憎恶像女人一样虚弱且不合男性规范的劣等男性气质，另外，制造男人的机制还会吞噬自己的产物，比如那些被斯巴达和新几内亚的仪式羞辱的男子，成千上万在 1916 年 7 月 1 日索姆河战役开始第一天就丧生的男人。所以，父权制并不是个阴谋，而是一台机器。在这里，并非所有男人都是帮凶，也并非所有女人都是受害者。

即便如此，不得不说的是，支配性男性气质坚信自己代表了男性定义的精髓，甚至就是男性定义本身——就好像男性只能够通过它的权力意志来表达，男性只能是男子气概的巅峰形态。父权制对性别秩序实施着监控，**它可以被定义为一个以男性来代表优越性和普遍性，并对大多数男性和小部分女性有利的制度**。它披着声望和崇高的外衣，实则是制度化的性别歧视；它崇尚的文化就是支配性男性气质（或父权男性气质）。女性主义革命要质疑的正是这样一种制度。

第二部分

权利革命

4

解放之初

在公元前19世纪的巴比伦尼亚，女性宗教信徒在邻近巴格达的西帕尔地区实现了灵性生活和金钱贸易两不误的生活方式：她们购买、出售、出借、投资地产，也提起诉讼。为了经营这些产业，这些女商人雇用了大量的管家、灌溉管理者、牧牛人、簸谷人、收割人及农业工人，还有大批量的奴隶为这些人提供辅助。亚述商人的妻子也会将她们编织的产品出口至安纳托利亚。丈夫不在时，她们可以代表丈夫去与其生意伙伴或官员交涉，也可以签署契约、撰写信件；与此同时，她们还兼顾家中的日常事务——照料孩子、管理仆人和奴隶、负责采购和献祭事宜等。[1]

从我们的角度评价，我们可以将这些女性看作女性解放的象征或规则下的例外——当时的亚述的确由国王统治，并有一个男性委员会予以辅助，而且，与男性不同，女性没有重婚的权利（更别提几个世纪后的中亚述时期被写入法典的厌女制度了）。但是，这些例子让我们能够提出一个重要问题：在父权社会之中，女性能否获得自由？

父权环形系统对女性的保护

父权制给予女性一定的自由，至少是一种男性家长式统治下的自主。尽管美索不达米亚的各种法典遵循的是“以眼还眼、以牙还牙”的同态复仇原则，但它们还是提供了一个司法框架：国家会为包括妇女在内的所有人提供最低限度的保障。毕竟，在依靠法律治理（无论它多么厌恶女性）的社会中生活，与在纵容犯罪的无政府状态下生活，区别还是很大的。在后一种情况下，人口贩卖、掠夺、绑架和奴役会将女性直接变成人形牲口。其次，父权制家庭也对合法妻子和她们的女儿给予一定保障。这点透过家中母亲的地位便可体会，《汉谟拉比法典》和《圣经》都规定，母亲与父亲应受到同等尊重。因此，父权环形系统赋予了“正派”女人一定的权利，条件是她们与“堕落”女人，即女佣、女奴和妓女划清界限。

在罗马，社会是如此单极化到男人（男性公民）这一个性别，以至于在抢粮暴动中也看不见女性的身影——食物问题是如此严肃，以至绝不能交给女人处理。[2]不过，对《奥皮亚法》（Loi Oppia）的反对证实了罗马的富裕女贵族在这方面有着更多选择。《奥皮亚法》颁布于公元前 215 年即第二次布匿战争期间，该法禁止女性穿着色彩艳丽的服装和佩戴黄金首饰，否则物品将被充公。这项原本的战争税后来变成了对奢侈收税，这就激起了罗马女性的愤怒，她们包围了中心市场，成功令这条法令在公元前 195 年被宣布废除。当然，这让元老院的老加图很不高兴。

在家庭之中，家长权（patria potestas）赋予了男性近乎无限的权力。婚姻将女性置于丈夫的合法奴役之下。不过，婚姻依然是两个人的自愿结合，丈夫和妻子无论是在诸神还是在世俗生灵面前都享有同等身份（在古希腊，如果妻子愿意，也并非必须如此）。随着时间的推移，罗马婚姻制度逐步变得相当灵活。“自由的”婚姻——罗马时期的“无夫权婚姻”（sine manu）——允许妻子只在形式上属于一个虚拟的监护人。到了奥古斯都统治时期，有 3 个孩子的母亲甚至可以免除受人监护。在罗马共和国末期，离婚变得越来越普遍，这给予了部分女性近乎全面的自由。在罗马帝国时期，一些女性甚至有休夫的权利。[3] 以奥古斯都的一条敕令为基础，执政官维莱乌斯·图托（Velleius Tutor）颁布了禁止女性为他人担保的政令。这条“维莱乌斯法”（droit velléien）虽然造成了罗马女性在法律上没有行为能力，但也确保了她们的财产不会受挥霍无度或被债主堵截的丈夫之害。

早期的基督教教义极力推崇那些让自己丈夫皈依的妇女、女殉道者、女圣徒和王后。尤其是，一夫一妻制婚姻要求男女之间存在亲密关系，即使是丈夫在掌控整个家庭。基督教中灵魂不朽的观念和对爱的高度认可赋予了婚姻一种精神性，使其超越了单纯的物种繁衍。“你们作丈夫的，要爱你们的妻子，正如基督爱教会。”圣保罗在《以弗所书》（5:25）中如此嘱咐。女人不是男人的奴隶，而是男人的伴侣。丈夫不是妻子的所有者，因为他们彼此间相互从属，即便是在性关系中——每个人都对对方的身体享有专有权。婚姻被指定为一项圣事，是不可解除的。男人终其一生都应仅有自己迎娶的那个妻子，妻子亦然。[4]

这些原则中的大部分都可在《古兰经》中找到：人人平等（第四十九章《寝室》），丈夫对妻子的责任、女性的继承权和财产权（第四章《妇女》），禁止丈夫诽谤妻子（第二十四章《光明》）。此外，先知的妻子们通常也是有远见的女性，她们有些受过教育，很多人与第一任丈夫离异或是第一任丈夫的遗孀。她们出入自由，可以进行推理、质疑和抗辩。赫蒂彻（Khadija）是先知的第一位妻子，她积累了巨额财富；她比穆罕默德年长，是她主动向穆罕默德求婚的。同基督教一样，伊斯兰教里丈夫和妻子间的性权利也是对等的。伊斯兰教的确允许休妻，但丈夫必须将嫁妆归还妻子。

最后，在一些父权社会中，女性还被赋予了对其继承物和财产的产权。在8世纪的日本，女性可以有债务或债权、出售和购买土地、拥有奴隶。在18世纪的君士坦丁堡，女性有权管理以嫁妆形式存在的财产，可以投资土地，在发生婚姻纠纷时也可以去民事法院起诉。[5]在法国的旧制度时期，除了盛行罗马法的南部地区外，其余地区的继承法都逐渐趋于平等，立遗嘱的自由也受到了限制。拥有封地的女性可以在省级议会和全国议会上投票。在19世纪，女性有时会签署婚前协议来保护属于她们自己的财产，限制那些试图霸占她们财富的丈夫。[6]

独立女性

在一个由男性主宰的世界中，女性只有在逃脱了婚姻监护人的束缚或保证自己处于社会等级顶端的情况下，才能开始享受表面的自由。她们通过守寡、进入修道院、继承王位、参军或发挥自身才能而获得某种解放。

“自由”女性首先都是“单身”女人，即她们是没有丈夫的，要么童贞尚存，要么已然守寡。在历史上，寡妇通常享有特殊地位，例如：在奉行《乌尔纳姆法典》（code d’Ur-Nammu）的苏美尔；在中世纪的欧洲（甚至包括维京时代的斯堪的纳维亚）；也在宋代的中国，在那里，寡妇即使再婚也依然会被官方认定为一家之主。在现代欧洲，最著名的例子要数格吕克尔·冯·哈默尔恩（Glückel von Hameln，1646—1724）。在两任丈夫相继去世后，这位有过 14 个孩子（其中 12 个活了下来）的母亲独自打理起了家族生意 —— 珠宝买卖。她在汉堡拿到了贷款，之后走遍欧洲，并为自己的孩子们分别缔结了美满婚姻。在法国旧制度时期，少数在 1776 年改革之前被接纳进入行会组织的女性都是已故行会管理层的遗孀。到了 19 世纪初，年轻的寡妇克利科（Clicquot）成了法国第一位经营香槟酒庄的女性。

这些女性之所以能够独立，是因为她们被视作“同男人一样”。孀居生活导致了男子气概的迁移。那些不孕不育的、被丈夫休掉的或是更年期的女性也会承担男性的角色，例如在印第安皮库尼人（Pikunis，也被称为佩甘黑脚人）和易洛魁人那里，又或者在东非的努尔族（Nuer）里。

在女性宗教信徒那里，情况则是相反的。她们之所以是“自由的”，是因为她们已经被“占有”，要么已经献身神灵（比如女祭司或维斯塔贞女），要么已经在精神上与神结合（例如基督教中的修女）。12 世纪初，在法国丰特夫罗（Fontevraud）的混合修道院中，修士们处于女人们的管理之下。在那里，强悍的彼得罗尼耶·德·舍米耶（Pétronille de Chemillé）领导着大修道院及下属 80 个小修道院里的精神事务与世俗事务。爱洛伊斯（Héloïse）曾是阿让特伊修道院的负责人，后来又成为一座纯女性修道院 —— 帕拉克莱特修道院（Paraclet）—— 的院长。希尔德加德·冯·宾根在 1136 年也被选为女修道院院长。

但是，如果你认为女性由此获得了自由，那就大错特错了。在丰特夫罗，彼得罗尼耶的职位是由男性指派的，而且是故意的，因为对于修士们来说，生活在女人堆里（有些女人过去甚至是妓女）是对他们的最大侮辱。此外，每个性别都有属于自己的职业：男人负责劳动，女性负责默想和唱赞美诗。至于爱洛伊斯，她曾请求阿伯拉尔（Abélard）为她的修道院制定生活规则。贝居安运动——在佛兰德、巴黎或科隆，未发愿的女性选择在修道院旁建立社群，过集体生活——在13世纪下半叶最终被教会接管。她们必须加入已有的宗教团体，否则就会被指控与异教徒勾结。在1312年，维恩大公会议直接废除了贝居安修会修女这一社会身份。[7]

女性宗教信徒和寡妇之所以可以逃离女性功用，是因为她们在尘世没有或不再有作为丈夫的男人。还有一个办法，就是取代男人行使权力，比如埃及的克利奥帕特拉、日本的卑弥呼（Himiko）、中国的武则天、西班牙的天主教徒伊莎贝尔一世、英国的伊丽莎白一世、俄罗斯的叶卡捷琳娜二世和奥地利的玛丽娅-特蕾莎（Marie-Thérèse，她生过16个孩子）。她们的王国有的面积相当辽阔。例如，在与菲利普二世成婚后，英格兰和爱尔兰的女王玛丽·都铎（Marie Tudor，1516—1558）也拥有了对西班牙、米兰、南意大利、勃艮第、佛兰德和耶路撒冷的统治权。

尽管如此，我们依然不该对女王的权力抱有过多期待。因为女性君主并非在以女性的身份统治，她们的继位只是因为国不可一日无君。她们仅仅能在先君没有子嗣、国家继承出现问题、法定继承人死亡或需要摄政者这类非常情况下获得统治权。而且，她们通常是以过世丈夫的名义、以摄政的方式行使权力，比如卡斯蒂利亚的布兰卡（Blanche de Castille）是在儿子路易九世未成年期间实施的统治。此外，女性国王是通过男性

图7 勃艮第的让娜印章（约1328年）。这枚印章的圆形和丰富的象征意义将王后置于与国王相同的地位：让娜（Jeanne de Bourgogne）头戴王冠，保持站姿，手持两根权杖，由狮子环绕。她的丈夫菲利普六世需要率军进行百年战争，因此在1338年将王国的统治权委托给了她。让娜与教皇通信，身边不乏艺术家和作家，但她还是成了“邪恶的跛子女王”这个黑暗传说的受害者。

气质实施统治的。波兰的雅德维加在1384年加冕，被称作“国王”①。在英国，伊丽莎白的父亲在她出生三年后将她母亲处决。一经掌权，伊丽莎白便将自己的对手玛丽·斯图亚特（Marie

① 而非“女王”。

Stuart）斩首，并开始寻求突出自己的“王权”（imperium）：正襟危坐的画像姿势，庄严朴素的生活，强调贞洁，男性臣子的簇拥，以及“国王的魄力和胆量”——正如她在1588年的蒂尔伯里演讲中所说的。

在文艺复兴时期，一共有33位女王、公主和女性摄政王在某个时期统治了欧洲结构最为稳固的国家（法国、英国、西班牙、荷兰）。然而，她们的权力从根本上是有争议的，而且领主和神职人员的权威仍然掌握在男人的手中。[8] 在法国，《萨利克法》的实施和摄政功能的减弱使得女性的影响力十分有限，只有几个宠姬除外，比如加布丽埃勒·德斯特雷（Gabrielle d'Estrées）、蒙特斯庞夫人（Mme de Montespan）、曼特农夫人（Mme de Maintenon）以及蓬帕杜夫人（Mme de Pompadour）。

最后，毅力和才华也能给女性带来一定形式的自主权。比如女战士们——圣女贞德、让娜·阿谢特（Jeanne Hachette），以及路易十四的堂姐“大郡主”（La Grande Mademoiselle，1652年，她命令她的军队从巴士底狱向皇家军队开火）——就属于这种情况。一些女作家也一样。比如紫式部（Murasaki Shikibu），她受过良好的教育，精通汉语（男人的专属语言），最终成了日本的宫廷诗人。她还在11世纪初创作出了日本文坛的一大杰作——《源氏物语》。在法国，克里斯蒂娜·德·皮桑（Christine de Pisan）在《淑女之城》（*La cité des dames*，1405）中为女性辩护，认为女性与男性有着同等智力水平和行为能力。但是，她不得不采取一些男性化的策略来使自己获得认可。

从文艺复兴时期开始，一些女诗人和女知识分子的名字开始在意大利半岛变得有名，比如在1550年写出《评阿里奥斯托》（*Discours sur L'Arioste*）一书的劳拉·泰拉奇纳（Laura Terracina），还有在1678年于帕多瓦被授予哲学博士学位的埃莱娜·科尔纳罗·皮斯科皮亚（Elena Cornaro Piscopia），她是第一位拥有大学文凭的女性。一些女性艺术家也脱颖而出：卡特里娜·范·海默森（Catherine van Hemessen）是16世纪弗拉芒的一位画家；阿尔泰米西亚·真蒂莱斯基（Artemisia Gentileschi）在1610年因画作《苏珊与老人们》（*Suzanne et les vieillards*）而闻名于世；玛丽亚·西比拉·梅里安（Maria Sibylla Merian，卒于1717年）是德国博物学家兼艺术家，也是当时为数不多的女性科学工作者之一。

这些女性成了固化的知识和法律框架中的例外。即便，或者说，正是因为她们才华横溢，她们在社会上显得很脆弱，要么成为施暴的对象（比如，阿尔泰米西亚·真蒂莱斯基在被家庭教师强奸后，又在法庭的提问环节遭受羞辱），要么就是被权威排除在外（比如埃莱娜·科尔纳罗·皮斯科皮亚，即便在克服了帕多瓦教区主教的反对后，她依旧被禁止从事教学工作）。在法国，17世纪成立的六所皇家学院中，只有成立于1648年的绘画学院招收女性，凯瑟琳·杜舍明（Catherine Duchemin）就是在1663年进入这所学院的，之后还有布洛涅姐妹（les sœurs Boullogne）、索菲·谢龙（Sophie Chéron）以及凯瑟琳·佩罗（Catherine Perrot）；皇家舞蹈学院里一名女性都没有；而法兰西学术院（成立于1635年）直到20世纪末都是男人的专属。[9]

不过，女性积极参与了经济生活。在法国，亨利四世于1606年废除了“维莱乌斯法”，这使得女性可以自由签订合同和转让她们的嫁妆——同时也让她们更容易遭到丈夫的掠夺。一些行业也向女性打开了大门：洗衣工、裁缝、理发师、时装商人、制帽师和助产士。在里昂地区，纺织业是个非常女性化的行业。在1776年杜尔哥改革之后，女性可以进入新行会，可以成为肉店老板、杂货店主或针织品商人。尽管很多行业依然不接受女性，尤其是已婚女性，但这未能阻止她们工作。她们要么与丈夫一起工作，要么成为“自由职业者”，比如洗衣工、熨烫工、旧货商、杂货商等。她们的工作和休闲娱乐都需要走出家门：她们于是出现在了市场、集市、商场和酒馆。[10]

“女人的辩论”

在欧洲，继罗马的“无夫权婚姻”、基督教人道主义和女性离家工作之后，还存在另一个赋予女性自主权的关键要素，那就是扫盲。在日耳曼国家，宗教改革鼓励男孩和女孩都接受教育，以便所有人都能读懂《圣经》。在法国，由于天主教改革，17 世纪初开始出现大量的新举措，比如为中产阶级以上的年轻女孩设立女子寄宿学校或修道院学校，让贫困女孩免费上学，成立了巴黎的仁爱修女会和乌尔苏拉会、波尔多的圣母玛利亚会（Compagnie de Marie-Notre-Dame），等等。多数情况下，女孩接受的教育仅限于女红和基督教教理。不过，费奈隆（Fénelon）在其专论《女孩的教育》（*L'éducation des filles*，1687）中展现了一个更加雄心勃勃的计划。他认为，尽管女性有“天生的弱点”，还是应该让女孩学习历史、诗歌、音乐、经济学和法学的概念，不包括拉丁语。费奈隆的思想对曼特农夫人产生了一定的影响，后者是圣西尔女子学校（Maison royale de Saint-Cyr）的创始人，该校旨在为贫困的年轻贵族女孩提供教育。[11]

妇女的教育是个重大问题，她们未来在社会中扮演的角色将取决于此。这是威尼斯的卢克雷齐娅·马里内拉（Lucrezia

Marinella）在《女性的高贵与卓越》（*La Noblesse et l'Excellence des femmes*，1591）中尽力强调的，也是莫德斯塔·波佐（Modesta Pozzo）在《女性的功绩》（*Le Mérite des femmes*，1600）中、玛丽·德·古尔奈（Marie de Gournay）在《男女平等》（*Égalité des hommes et des femmes*，1622）中、玛丽·阿斯特尔（Mary Astell）在《给女士们的一项严肃建议》（*A Serious Proposal to the Ladies*，1694）中试图呈现的观点。其中，玛丽·阿斯特尔在《给女士们的一项严肃建议》中还提出了设立女子大学的想法。17 世纪时，数十篇颂扬女性的文章在法国发表，还有一些指出女性历史作用的辞典类图书在法国问世，例如斯屈代里小姐（Mlle de Scudéry）的《杰出的女性》（*Les Femmes illustres*，1642）和雅凯特·纪尧姆（Jacquette Guillaume）的《杰出的女士》（*Les Dames illustres*，1665）。数位女作家表示，她们觉得自己可以与男人比肩，甚至在某些领域还优于他们。比如，在玛格丽特·比费（Marguerite Buffet）看来，男人"总是在对自己魁梧的身形和巨大的脑袋沾沾自喜，这让他们与那些庞大又笨重的畜生和十分愚蠢的动物倒是有了共同点"，而女人则相反，她们更虔诚、更忠贞，思维更活跃。[12]

对女性的肯定在宗教和文学方面都产生了重大影响。英国的自由派新教徒承认配偶双方在上帝面前的平等，甚至像约翰·弥尔顿（John Milton）在 1643 年做的那样，承认了离婚的可能性。在贵格会①和浸信会②的圈子中，女性开始在公共

① 贵格会（quakers），又称教友派（Religious Society of Friends），是基督教新教的一个派别，成立于 17 世纪的英国，因一名早期领袖的告诫"听到上帝的话而发抖"而得名"贵格"。

② 浸信会（Baptist Churches，又称浸礼会），基督教新教主要宗派之一，17 世纪上半叶产生于英国以及在荷兰的英国流亡者中，当时属清教徒中的独立派。

场合发言，这打破了圣保罗制定的女人必须缄默的守则。除了精神上的平等之外，女性也开始在政治上获得平等，例如在英国17世纪40年代的“平等派”（Levellers）运动中，女人与男人一起写请愿书，撰写战斗檄文。在法国，一些女传教士开始发展出一种女性神秘主义，以居伊昂夫人（Mme Guyon）为代表——居伊昂夫人是一名富庶的寡妇，也是寂静主义者，与费奈隆关系密切，她在被圣西尔女子学校驱逐后，又被在巴士底狱监禁了数年。

女性越来越多地走到了台前。比如朗布依埃夫人（Mme de Rambouillet）的“蓝色房间”，那里曾经接待了大量的文人墨客，其中包括奥诺雷·杜尔菲（Honoré d’Urfé）、樊尚·瓦蒂尔和盖兹·德·巴尔扎克（Guez de Balzac）。又比如“女才子”团体（le groupe des précieuses，又被称为矫饰派），她们是优雅语言的评鉴者，以纯粹的语言风格和考究的举止著称。还有发生在1650年左右的“投石党运动”，大约15名贵族女性在奥地利的安妮（Anne d’Autriche）摄政时期，要求承认女性在政治、外交和军事方面的能力。投石党贵族中的隆格维尔公爵夫人（duchesse de Longueville）就是这些女性中的一员，她后来成了巴黎皇家港口修道院的保护人。[13]

需要注意的是，这些女性团体仅仅涉及了一小部分受过教育的精英女性，而且她们的发声渠道很快就被扼制了。那些“学识渊博的女性”不但在法兰西学术院饱受嘲弄，还遭到莫里哀、拉封丹这些大文豪的取笑。在路易十四的统治下，曾经的社会性别秩序很快又重新确立起来。比如斯屈代里小姐，作为“蓝色房间”的常客及巴黎17世纪40—50年代文学生活的核心人物，她的作品必须以哥哥的名义才能出版。她后来还被说成是假装博学以及沙龙品味不佳。

然而，这些团体还是以各自的方式为女人们提供了集体可见性。她们精通语言的运用，有着诗歌创作的热情和行动的动力，对辩论品味极佳。女性对时下辩论的积极参与弥补了她们低下的公民身份。就“女才子”团体而言，对语言的热爱、对优雅的追求、对英雄主义的崇拜以及女性之间的团结，构成了为女性发声的第一步。[14] 女性在知识分子的生活中变得愈加重要。在 1637 年，笛卡尔决定用法语书写《谈谈方法》(*Discours de la méthode*)，目的就是让女性也都能读懂这部作品，因为女性在当时不被教导拉丁文。

女性空间的构建更多是在文学领域中完成的。无论是房间里还是小巷中，都发展出了一种“谈文学”的消遣模式。它不仅仅是谈论文学，还包括阅读和写作诗歌、小说、传记，以及私密日记和大量的书信。爱情是备受青睐的主题，它可以打开人的内心世界，让人探索更多感受——无论是忧郁的还是热切的。在女小说家［斯屈代里小姐或拉法耶特夫人(Mme de La Fayette)］之后，便是女读者的诞生。她们分享自己的文学品味，在艺术享受中建立起亲密友谊，给自己无聊的婚姻生活找到了一些乐趣。精英女性既是文化的消费者又是文化的生产者，但这并不妨碍她们赏识男性作者的小说，比如《阿斯特蕾》或《新爱洛伊斯》。

在中国，大约在同一时期，弹词开始作为一种基于儒家道德和忠孝典范的文学形式发展起来。那些被幽禁家中的富裕阶层女性会将艺人请到家中弹唱。弹词起初只是一种消遣，但后来逐渐被女性接受并重新诠释，从而变成一种真正的文学。她们在其中讲述她们自己的故事，讲述她们的痛苦和希望。[15]

从世界范围来看，17 世纪是一个女性走向解放的世纪。女性接受了更多的教育，识字率更高，开始可以承担文化、社会、经济甚至是宗教或政治角色。她们不仅在欧洲行使权力［比如法兰西的摄政女王玛丽·德·美第奇（Marie de Médicis）以及奥地利的安妮］，在非洲［比如，安娜·恩辛加（Anne Nzinga）在今天的安哥拉对抗葡萄牙人］和伊斯兰世界（作为艺术和文学的守护者，亚齐的女苏丹们在苏门答腊岛统治了半个世纪）也得到了一定的权力。同样，她们在征服新大陆时也发挥了作用：波卡洪塔斯（Pocahontas）是一位美洲原住民酋长的女儿，她在与种植园主结婚并皈依基督教之前，就已经为拉近土著部落与弗吉尼亚移民之间的关系作出了巨大贡献；而早在 16 世纪，对科尔特斯（Cortés）而言，玛琳切（Malinche）一直是他在墨西哥的一个重要中间人。

沙龙女主人与新式母亲

在 18 世纪的法国，熠熠生辉的上流社交生活也有女性的积极参与，她们迎邀宾客，制定社交规则，为谈话注入幽默机智和欢声笑语，表现出彬彬有礼和文雅细腻。很多沙龙都与一个特定的女性人物相连，即“女主人”，例如德·唐森夫人（Mme de Tencin）、德·莱斯皮纳斯夫人（Mme de Lespinasse）、德·卢森堡夫人（Mme de Luxembourg），她们招待着皇室贵族、作家、艺术家、外交大使和受过良好教育的女性。她们将自己的住所变成一个专供上流社会社交的会客空间。她们的影响是如此巨大，以至在外国观察者眼中，法国是一个女人的国度。[16] 在法国剧作家马里沃（Marivaux）和博马歇（Beaumarchais）的喜剧中，男人被机智的女人（女仆或伯爵夫人）愚弄，让人觉得似乎是这些女人在“统领他们的世界”。

贵族身份给予了女性一定的平等。由于阶级先于性别，一名公爵夫人会比一位男爵更受优待，当然也会比一个男性平民得到的优待多。在巴黎的大贵族中，女性掌握着真正的自主权，并由此获得了与丈夫平行的、属于自己的社交和情感生活。但是，女性依旧不能逃离家庭和孩子。在 18 世纪下半叶，受卢梭的影响，一些贵族妇女对育儿法和教学法产生了浓厚兴趣。比如，埃皮奈夫人（Mme d'Épinay）就表示，比起奶妈抚养，她更愿意亲自抚养孩子。1746 年，埃皮奈夫人在分娩后提出自己照顾孩子，但她的丈夫粗暴拒绝了她的要求：“您？亲自抚养孩子？真是笑死我了。即便您足够能耐，但您真的觉得我会允许如此荒谬的事情发生吗？”1759 年，埃皮奈夫人发表了《写给儿子的信》（*Lettres à mon fils*）。在信中，她敦促儿子在良心的指引下，过一种崇尚荣誉和真诚的生活。她结识了卢梭、格林、狄德罗和霍尔巴赫（Holbach），但由于与丈夫分居、对儿子的放荡不羁感到绝望，她最终只从孙女身上找到了一些幸福和安慰。她于 1774 年为孙女写下了《与艾米丽的对话》（*Les Conversations d'Émilie*）一书。[17]

所以，女性除了承担作为传播文化的沙龙女主人这一角色外，还将自己代入了一种肩负教育责任的公民角色——这是一种介于与男性哲学家朋友进行知识交锋和作为开明母亲陪伴孩童之间的特殊“公民身份”。除此之外，启蒙时代没能带给她们更多东西。但对卢梭的女读者来说，这是一种社会甚至是政治层面的地位变化：她们强化了同时代人的道德感，锻造了未来公民之精神。启蒙时代的这种母职观念对普鲁士、俄国、波兰，甚至对19世纪末明治天皇时期的日本都产生了重大影响。比如，在明治时期的日本，“贤妻良母”（ryōsai kenbo）的说法就有将民族复兴的责任交到母亲们手上的意思。

针对女孩的扫盲工作在18世纪一直持续着，尤其是在巴黎，当时开设了不少免费或收费的新式学校，而且通常都与教会的支持相关。1760年时，大约有11000名女学生分别在250所教育机构接受了教育。进步显而易见。仅用了一个世纪，就巴黎女性而言，能亲自签署遗嘱的女性比例就从60%提升至80%（而男性是从85%提升至91%）。只是，这种进步在不同地区之间依然存在巨大差异，比如在圣马洛-日内瓦线以南，女性的识字率依旧停滞在12%。在18世纪80年代，法国的东部和北部有44%的已婚女性知道如何签名。这一比例在整个英格兰为40%，在比利时为37%，而就整个法国来说，这一比例仅有27%。[18]

女性识字率的提升、对政治的参与、在“文学”概念诞生中的重要作用、对平等的诉求，以及她们在上流社交生活里的中心位置，都有助于最富裕的女性获得自主权——尽管政治、司法和宗教层面依然由男性主导。对她们来说，这诚然是一次切实的解放，但是，它有没有什么局限呢？

在18世纪60年代，年轻的热纳维耶芙·朗东·德·马勒布瓦西耶尔（Geneviève Randon de Malboissière）接受了数学、西班牙语、意大利语、德语、英语、绘画、舞蹈以及自然史的相关教育。在这个深受启蒙思想影响的富庶贵族家庭中，女孩接受教育是理所当然的事情。但这种教育需要是“不求报酬的”，即确保它不会为女孩提供任何在将来从事职业工作或获取社会地位的机会。女性获取知识的目的被认为仅仅是享乐，女性教育只在不对男性的社会地位构成威胁的情况下才被容许。[19] 著名的天才画家伊丽莎白·维热（Élisabeth Vigée）于 1783 年在王后的保护下进入了皇家绘画与雕塑学院（Académie royale de peinture et de sculpture），但她却因此饱受批评，因为她合法进入皇家学院的后果是，她变得与丈夫勒布伦（艺术品经销商）在社会地位上平起平坐。维热用小刀在画上刻下自己的名字，成功为自己的作品签名，她实践的是一种“不带权威的自我署名”（auctorialité dénuée d’autorité）。[20] 再说说卢梭，这位深受女读者喜爱的作家在《爱弥儿》中说的依然是，“对女性的所有教育都必须与男性相关”——毕竟女性的职责在于取悦男人和对男人有用。

生母亲自喂养加上上流社会的社交生活（有时这两者还会相互排斥），真的能构成女性解放的证据吗？在这两种情况下，家中的女人们都是从为他人牺牲和奉献中得到肯定的——养育孩子和热情好客是父权环形系统基于女性功用而重视的两项女性的“自然”才能。而且，谦逊承认自己无知的沙龙女主人［比如乔芙兰夫人（Mme Geoffrin）］与尽管人数极少但却真实存在的知识女性［比如牛顿著作的译者艾米莉·沙特莱（Émilie Châtelet），又比如在博洛尼亚大学做过物理学教授、教过斯帕兰扎尼（Lazzaro Spallanzani）和伏特（Alessandro Volta）的劳拉·巴西（Laura Bassi）］存在着本质区别。毋庸置疑，沙龙女主人们依然深为她们的现状所困，正如作家埃皮奈夫人于 1771 年承认的：“我非常无知，这就是事实。我所接受的教育和拥有的才能，都仅仅是为了带来愉悦。”[21] 而著名知识分子、小说家兼散文家斯塔埃尔夫人（Mme de Staël）在其著作《论德国》（*De l’Allemagne*，1813）中写道：“将女性排除在政治和公民事务之外是合理的。没有什么比让她们与男人竞争更违背她们的天性了。”

然而不得不说，这一出现在父权社会的、女性迈向解放的第一缕曙光，为女性在之后以法国大革命为起始，开始争取平等的斗争打下了基础。

5

女性主义的战果

如今，在欧洲、亚洲和美洲，不少女性经营着跨国公司或领导着国家；所有种类的职业都向女性敞开大门；她们可以按照自己的喜好穿着打扮；有权在产后休假；强奸女性的报案会得到受理，施暴者如果被逮捕，就要接受审判。这与1850年的情况已是大大不同。

这表明，在18世纪末和20世纪末之间确实发生了一些事情。而“这些事情”是巨大的进步，它们带来的影响是我们在日常生活的每一天都能够感受到的。换句话说，父权制正在被慢慢瓦解。

革命中的女性

女性积极参与了1776年到1804年的大西洋革命，只是她们与男性的参与程度不同。这并不奇怪，毕竟女性长期被排除在政治领域之外。自18世纪60年代起，在美洲殖民地内部，“自由女孩”团体（les Filles de la Liberté）成立且动员起来，积极抵制以纺织品为主的英国商品；玛莎·华盛顿（Martha Washington）[①]

① 美国第一任总统乔治·华盛顿的夫人。——编者注

与她的丈夫并肩作战。尽管如此，美国的“国父们”依旧皆为男性，无论是大陆会议的成员，还是《独立宣言》签署人，或是首任总统和副总统。

在整个18世纪的加勒比地区，女性奴隶大范围逃跑（有时带着孩子），但她们仅占逃亡奴隶人数的20%。在圣多明各，自1791年8月14日的凯门鳄林（Bois-Caïman）仪式以来，当地女性就积极参与反抗起义。她们主要是以歌舞承担仪式功能，男人则手持枪支，引领着运动。不少女战士积极参与了独立战争，比如设计了海地国旗的凯瑟琳·弗隆（Catherine Flon）和坚持穿着军装被执行枪决的萨尼提·贝莱尔（Sanité Belair）。在瓜德罗普，当地女性于1802年以传达命令、准备子弹、慰问伤员、运送死者的方式参与战斗，比如那位怀有身孕的“孤独的女穆拉托人”（La Mulâtresse Solitude）①就是在这样的历史背景下被处决的。[1]

与美国以及加勒比地区一样，大革命时期的法国也涌现了不少“女公民”。这些“女公民”的活动范围非常广泛——她们撰写陈情书（Cahier de doléances），向国王或议会提交请愿书，参与游行示威，与人发生肢体冲突，在各大俱乐部组织活动及发表刊物。可惜，同在别处一样，当时所有的政治和军事职能都被男人垄断了。正是由于这个原因，法国大革命才被矛盾地表述为：既是女性的解放时刻，也是男性霸权的重申。实际上，确实存在足够的论据来同时支持以上两面。

我们能从中得出什么结论呢？首先，必须指出，妇女在革命之初的1789年就积极加入了革命队伍。她们这样做不仅仅

---

① 穆拉托人是美国殖民时期在血统分类上的一个习惯名称，指黑人和白人的混血儿（这些人多数是男主人和女黑奴所生）。

是因为粮食分配不均而引发的愤怒，更是出于深层的政治原因。如果革命是为了与专制和特权做斗争，那么女性所理解的“专制和特权”只在**狭义**上指国王和贵族的特权，**广义**上指的是所有男性享有的特权；而男性考虑的仅仅只有国王和贵族的特权。男性不但意识不到自己的专制行为，也意识不到自己正在享受特权。

女性主义诞生于以下两个事件：一是1789年8月4日废除特权；二是1789年8月26日投票通过《人权和公民权宣言》（Déclaration des droits de l'homme et du citoyen，简称《人权宣言》）这一纲领性文件。两个决定都由男性议会做出，它们是互相关联的两大革命性事件，共同开辟了一个新的可能性——（男性）特权的终结和追求（两性）平等。于1789年末提交的《女士们向国民议会提出的诉求书》（*Requête des dames à l'Assemblée nationale*）清晰阐明了这种新观念：我们应废除男性的“一切特权”，让女性从化身为“男性性别贵族”的“1300万独裁者”手中解脱出来，以便最终能与男性享有同等的自由和权利。[2]在13年前，即1776年，阿比盖尔·亚当斯（Abigail Adams）就曾恳求她的丈夫约翰（大陆会议成员及后来的总统）不要把无限的权力放在男人手中，因为他们都是潜在的“暴君”。

于是，我们的问题变成了：参与法国大革命的男人们所捍卫的，究竟是人类普遍主义——普罗米修斯式的全人类解放理想，还是男性普遍主义——一个典型的父权制计划？就法语原文的《人权宣言》而言，人类和男性是混淆的。①在《人权宣言》

① “人类”和“男人”在法语中为同一个词：homme。

对法国大革命的两种解读

时间	“女权版”法国大革命	“父权版”法国大革命
启蒙时代	对女性的教育及扫盲	共和国内“男人间社交”的美德（孟德斯鸠、狄德罗、卢梭）
	女作家数量显著增长	除了一位匿名女性之外，《百科全书》的所有作者皆为男性
	绘画中女性艺术家的艺术呈现（伊丽莎白·维热·勒布伦）	新古典主义对男子气概的颂扬（雅克–路易·大卫）
1789 年	《第三等级妇女致国王的请愿书》（1 月）	用于抨击玛丽–安托瓦妮特（Marie-Antoinette）的淫秽小册子
	凡尔赛妇女大游行（10 月 5 日—10 月 6 日）	暴乱分子、警卫及民兵基本为男性
1789—1792 年（法律、措施、思潮）	遗产继承上的平等；严禁剥夺他人继承权	确认《萨利克法》
	两性享有民事权利上的平等；女性可以在民事范围内充当证人	女性是“消极公民”
	婚姻成为一种民事契约；离婚权	男人为一家之主
	取消不通过法律手段发出的秘密逮捕令（Lettres de cachet）；取消父亲对于成年子女的控制权	父亲有权体罚子女；父亲享有对未成年子女的控制权
	奥兰普·德古热和《女权与女公民权宣言》；埃塔·帕姆（Etta Palm）于巴黎创立真理之友慈善爱国协会	各议员和部长皆为男性；在竣工的先贤祠门楣上刻下“伟人们，祖国感念你们”，开始将去世的伟人葬在先贤祠
	路易丝·德·凯拉里奥（Louise de Kéralio）的政治和新闻活动	路易丝·德·凯拉里奥是一位性别歧视的共和主义者

（续表）

时间	“女权版”法国大革命	“父权版”法国大革命
1792 年（战争）	安妮－约瑟夫·戴洛瓦涅·德·梅丽古尔（Anne-Josèphe Théroigne de Méricourt）和克莱尔·拉孔贝（Claire Lacombe）的贡献	男人宣战并开战
	罗兰夫人（Marie-Jeanne Roland）的影响	丹东（Danton）发表演讲《要勇敢》（“De l’audace”）
1793 年	处决路易十六	处决玛丽－安托瓦妮特
	削弱家庭中父亲立遗嘱的自由（3 月 7 日）	父亲可随意处置私生子
	创立革命女性共和主义者协会（5 月）；女无套裤党人	女性不被允许占据制宪会议的席位（5 月 20 日）
	女性对公共财产享有投票权（6 月 10 日）	禁止组织任何属于女性的俱乐部或协会（10 月 30 日）
大革命之后	质疑男性权威（国王、父亲）	权利的本质依旧充斥着男子气概；直到 20 世纪中叶都是仅男性享有被选举权
	父权制家庭结构被动摇	《民法典》（1804）；禁止离婚（1816）；拒绝非婚生育
	女孩享有受教育权	损害女孩的不平等的受教育体系
	维护普遍人权	仅仅维护男人的权利

被投票通过的两天后，国民制宪议会重申了《萨利克法》。同“（男）人权和（男）公民权宣言”一样，这份“（男）当权者的权利宣言”也是有利于男性的。[3] 在 1791 年宪法中，女性被

视作“消极公民”（不享有选举权），同仆人、被告和破产者属于同一类别。寡妇女作家奥兰普·德古热在同年发表了《女权与女公民权宣言》，她将最初那份宣言的标题换成了阴性形式，讽刺地强调了其不完整性。1793 年，她因与吉伦特派（Girondin）勾结而被送上了断头台。事后，巴黎公社的代表严厉斥责了这个“为自身罪孽买单”的“女汉子”，他认为，德古热的惨痛经历告诫着每一个法国女人，自然“委任”给女性的天职是“料理家务”和“给婴儿喂奶”，而非其他。[4]

但是，我们也可以以另一种方式解读《人权宣言》。它可以被解读为不仅包括“积极公民”，同时也包括“其他”人（犹太人、黑人、贫民）以及妇女儿童。它宣布了支配的结束，特别是在涉及自由问题的第一条和第四条中。它承载的是对于尊严和平等的无限追求，因此，这是在向所有受压迫者承诺，他们翻身的日子将要来临。[5]此外，顺便一提：1791 年，制宪议会宣布解放犹太人①，在而后的不到三年时间里，法国又通过公约废除了奴隶制（在此之前，公民身份已经被授予非奴隶身份的有色人种）。一个世纪之后的 1878 年，意大利女性主义者萨尔瓦托雷·莫雷利（Salvatore Morelli）应邀参加了在巴黎举行的国际妇女权利大会；他写道，这次会议完美补全了百科全书派和法国大革命者一直未能完成的工作。

女性的权利

事实上，在 1789 年的《人权宣言》中，真正重要的并不是

① “解放犹太人运动”，赋予犹太人平等的法律权利。——编者注

“homme”（人 / 男人）一词，而是“权利”一词。一切由权利而来：自由、平等、安全、选举、教育、独立。这是因为，无论我们对于“人生来就是而且始终是自由的，在权利方面一律平等”这句话做何解释，都无法避开下面这个问题：那么，女人呢？特权的终结同时意味着男性特权的终结。权利的平等同时包含了性别的平等。毋庸置疑，尽管克里斯蒂娜·德·皮桑、玛丽·德·古尔奈以及玛丽·阿斯特尔都在她们各自的时代捍卫了平等原则，但在那个没有人拥有权利、掌权者本身也只有阶级和头衔的等级社会中，她们的诉求只能停留在精神层面。这就是为何对女性权利的争取与现代性的形成密不可分——现代性意味着个人自治、法治、公民社会，即康德笔下的“对未成年状态的脱离”。

在法国，尽管存在社会差异和政治歧见，“女性启蒙哲学家”还是大量参与了公共辩论，而非仅仅参与讨论两性平等的议题。在 1777—1788 年，法国有共计 78 名女作家，这个数字在 1789—1800 年增至 329 名，整整翻了 3 倍。法国女性的文学觉醒以巴黎为中心，并同时发生在里昂、图卢兹、卡昂、第戎、阿维尼翁这些城市，甚至发生在部分小镇。[6] 当然，重要的不仅仅是女作家的人数，还有她们介入的方式和激烈度。女性以暴力的方式介入政治，她们引发争论、挑起笔战、明确诉求、提出控告——她们开始运用过去被男性独占的那些手段。

相比之下，即便是在女性作家少之又少的英国，法国大革命也激发了像凯瑟琳·麦考利（Catharine Macaulay）和玛丽·沃斯通克拉夫特（Mary Wollstonecraft）这样的女性开始为自由而战，她们与特权、专制以及伯克的保守主义相抗争（两人都分别撰文攻击了伯克的保守主义）。在沃斯通克拉夫特写于

1790年的战斗檄文中，她以理性和正义的名义捍卫了“人权”[droits des hommes，而不是 droits de l’homme（男人的权利）]。借此机会，她也在为1789年10月5日那些被伯克蔑视的女性示威者平反。她在《女权辩护》（*Défense des droits de la femme*，1792）一书中拓展了自己的思考，呼吁人们无论在婚姻还是社会生活中，都应当实现性别平等。女人不是甜美的花儿，不是生活在男人的影子里永远无法成年的孩子；她们是“理性的存在”，有智慧，有毅力，有干劲且勤奋好学。在1798年出版的未完成遗作《玛丽亚》（*Maria*）中，沃斯通克拉夫特强烈谴责了社会对女性犯下的“错误”——女性终其一生都在被贩卖、欺骗、抢劫和强奸。

能够定义女人的，不是她的子宫或乳房，而是她的理性，以及由此产生的两个必然结果：女性的权利和自由。只需要说明人类的理性也是女性所固有的，就足以让女性主体诞生，让女性成为拥有不可剥夺权利的个体，而这种权利本来就是全人类所共有的。这种新模式——理性、权利、自由、平等、发声、承担公共角色——从根本上为两性间的等级互补社会秩序判了死刑。这就是为何1789年的《人权宣言》能够使妇女摆脱父权环形系统，使她们可以工作、抗争、写作或领导，换句话说，过她们自己的生活。通过摆脱男性的控制，女人失去了优雅神秘的女性“光环”。真正的女人不需要被放在温室中，也无须被尊崇为家中天使，她们需要的只是权利。

无论大西洋革命具有怎样的模糊性，它依然给第一批女性主义者提供了最强大的武器。半个世纪之后，在1848年的纽约塞尼卡福尔斯会议（convention de Seneca Falls）上，伊丽莎白·卡迪·斯坦顿（Elizabeth Cady Stanton）宣读了自己效仿

《独立宣言》写下的《情感宣言》(Déclaration de sentiments),谴责了所有男性(正如当初美国人谴责英国人一样),宣布两性平等。女性主义是在18世纪末,由一批知道如何在新政治纪元中提取经验成果的女人和男人共同发明的,其中包括"孤独的女穆拉托人"、罗兰夫人、奥兰普·德古热、玛丽·沃斯通克拉夫特等。

只要革命开始与专制和特权做斗争,女性主义就会应运而生。它寻求的是所有女性的解放,力图解决革命初期出现的站不住脚的矛盾:公开宣告人权却持续奴役妇女。在接下来的时间里,女性主义一直尽力弥合普遍承诺与不平等的现实之间的鸿沟。无论我们如何为这些行动命名[19世纪末的法国及整个欧洲称其为"女权主义",瑞典称其为"对女性权益的追求",日本的高群逸枝称其为"新女性教义"(nouvelle doctrine de la femme)],女性主义都不是一个简单的词,而是一场斗争,是在使女性权利变得可以想象和有可能的社会政治结构中,为了争取对女性权益的认可做出的长期斗争。如今,法国大革命已然结束,但对于由此孕育出的女性主义革命来说,其终结尚遥遥无期。

公民权的平等

这场斗争的第一步便涉及公民权的问题,因为公民权可以让女性摆脱父亲与丈夫的管控,取得进入所有行业的机会。

先是在1845年的挪威,随后在19世纪50年代的瑞典和丹麦,国家允许单身女性不再依附父亲。在英国,卡罗琳·诺顿(Caroline Norton)积极宣传并推动了两部法案的通过。其中,1839

年通过的《婴幼儿监护权法案》(Custody of Infants Act)使得分居母亲可以提出并获取对七岁以下孩童的监护权;1857年的《婚姻诉讼法》(Matrimonial Causes Act)则使离婚对女性来说变得更加容易。在美国,参照1862年的《宅地法》(Homestead Act),女性有资格获得一小块土地。不过,所有这些法案都没有触及男性/丈夫们的权利,因为它们都只涉及单身女性或离异女性。与此相反,1882年出台的《已婚妇女财产法》(Married Women's Property Act)使得已婚女性掌握了对个人财产的控制权。这一法令标志着英格兰和爱尔兰的立法精神发生了重大改变。这也影响了澳大利亚各州的立法。在20世纪初,德国、巴西和尼加拉瓜承认了已婚女性的民事行为能力(可以管理私人财产和签订合同),但她们的丈夫依旧处在一家之主的位置。[7]

在法国,由于拿破仑时期的《民法典》使已婚女性的处境恶化,公民人人平等的问题变得愈加尖锐。女性主义者直到19世纪末才在这一领域取得初步的胜利,这些胜利包括:已婚女性有开立银行储蓄账户的权利(1881);重新确立了发生通奸行为时,夫妻双方有同等的离婚权(1884);承认女性在合法分居的情况下具有民事行为能力(1893);父母双方对子女婚姻享有平等的同意权(1896);已婚女性有权为他人的公民身份文件作证(1897);已婚女性有处置自己工资的自由(1907);废除了已婚女性对丈夫的服从义务(1938);已婚女性有权不经丈夫同意就参加工作并开立银行账户(1965);父亲监护权变为父母共同监护权(1970);协议离婚权(1975);配偶双方的平等(1985)。这些变更标志着夫权和父权的终结。真的是用上了整整一个世纪的时间,婚姻才终于不再是女性自由的坟墓。

在职业方面，两性平等与其说是要允许女性从事某项活动，不如说是允许她们进入所有行业工作。实际上，女性一直以来都在从事各种繁杂的工作——在田野里、稻田间、农场中、家庭内、店铺里，还有例如家政或零售业这类专门行业中。即使她们从事的是有偿劳动，相较于家庭支出来说，她们的收入也是非常微薄的，只能算作某种对生存经济的零用补贴。因此，总体来说，女性从事着次要的、以手工为主的、收入甚微的工作。

我们可以将女性通过工作获得解放的过程分为几个不同的阶段。第一阶段是工业化阶段，工业化不仅使女性走出家庭，获得了一定的自主性，还赋予了女性集体行动的可能。女性工人阶级在19世纪初的美国、英国、法国开始涌现，随后，在20世纪，也出现在了埃及、印度、日本和中国。作为女性化程度最高的部门，纺织业内冲突频发：19世纪30年代马萨诸塞州的“洛厄尔磨坊女孩运动”（Lowell Mill Girls）提出的诉求；兰开夏郡的女工运动；在1869年的里昂以及20世纪20年代初的上海丝绸厂发生的缫丝女工罢工。1888年，在一家名为“布莱恩与梅”（Bryant & May）的手工工场中，生产火柴的女工们组织了罢工。这次罢工得到了社会主义女权人士安妮·贝赞特（Annie Besant）的支持。贝赞特认为，资本家对这些女工的压榨属于一种发生在伦敦市中心地区、施加在白人身上的奴隶制度。这次罢工最终取得胜利，它预示着第二国际和新工会主义（new unionism）将发生结构性变化，开始让更多女性参与进来（不像第一国际或19世纪60—70年代的工会，它们基本将女性排除在外）。与此同时，英国开始出现女性工会，比如妇女工会联盟（Women’s Trade Union League，1874）以及全国女工联合会（National Federation of Women Workers，1906）；至于法国，也在玛丽-路易丝·洛许比亚（Marie-Louise Rochebillard）的领导下，于20世纪初在基督教工人阶级中成立了属于女性的工会。

从19世纪下半叶开始，邮政、电报、百货商店、底层行政管理和初等教育等部门都出现了高度的女性化。这些行业为女性提供了一定程度的社会认可，尤其是那些为了工作而甘愿牺牲个人生活的单身女性。在丹麦，玛蒂尔德·菲比格（Mathilde Fibiger，她后来成了一名电报员）于1851年发表了一部引起轰动的小说。小说的名字是《克拉拉·拉斐尔》（*Clara Raphael*），讲述了一个决定将一生都奉献给自己的思想事业和职业生涯并因此拒绝婚姻的年轻女性的故事。

女性就业在第一次世界大战期间及之后都有所增长，并在20世纪下半叶成为普遍现象。主要发生在第三产业中的就业女性化是一场革命，当时大部分西方国家里都出现了这种情况。整个社会结构因此被颠覆。21世纪初，在加入经济合作与发展组织（OCDE，以下简称“经合组织”）的大多数国家里，女性的就业率都超过了75%。要知道，在20世纪60年代，女性的就业率仅为45%，而男性在当时的就业率是90%。在21世纪初的法国，五分之四的工人都是男性，而五分之四的雇员都是女性。[8]

从事有威望的职业

但是，对女性而言，真正的平等在于能够摆脱那些被视为“女性功用”的工作（家务劳动、照料护理、基础教育、迎宾接待），进入掌握权力的重要职位；因为只有这样，她们才能与男性同台竞争。女性的解放不仅源于她们能够进入雇佣劳动市场，更源于在一段职业生涯中，女性能够被允许承担责任。可以想见，获得承担责任的资格是这里的关键。

在法国，女性——有些没有法国国籍——第一次获得了中学毕业文凭（1861），科学学士学位（1868），医学博士学位（1870），法律学士学位（1887），哲学教师资格（1905），文学博士学位（1914），医学教师资格（1923）。[9]在1924年，中学教育的课程规划对男孩和女孩开始保持一致，他/她们进行的毕业会考的内容也不再存在性别差异。在这个变革过程中，玛格丽特·蒂贝尔（Marguerite Thibert）于1926年获得文学博士学位；西蒙娜·德·波伏娃于1929年在哲学教师资格会考中摘得了第二名。巴黎国立高等化学学院成为最早面向女性开放的工程师院校之一。

跻身有威望职业（医学行业、律师、大学、高层管理、国际组织机构）的愿望激起了众多女性的顽强斗志。由于在不同的知识、权力或宗教领域挑战了男性霸权，每个女性先驱都成了女性权利的象征：19世纪末，比利时出现了第一位女医生伊沙拉·范·迪斯特（Isala Van Diest）；让娜·肖万（Jeanne Chauvin）撰写了关于“女性可以从事的职业”这个话题的博士论文，并于1901年成为法国第一位女性辩护律师；女科学家玛丽·居里在1903年成为第一位获得诺贝尔奖的女性（她于1911年再次获诺贝尔奖）；凯瑟琳·戴维斯（Katharine Davis）在1914年成为领导纽约市重要政府机构的首位女性；波利娜·沙波尼埃-谢（Pauline Chaponnière-Chaix）在1922年成为首个在红十字国际委员会任职的女性；波莱特·纳尔达勒（Paulette Nardal）在20世纪20年代初成为第一个成功注册索邦大学的黑人女学生；雷吉娜·约纳斯（Regina Jonas）在20世纪30年代的德国成为第一位女拉比。同样，在20世纪后半叶的法国，西蒙娜·韦伊（Simone Veil）的职业生涯也体现出巨大的象征意义。作为受过训练的地方法官，她先后在监狱管理部门、法国国家广播电视局以及司法机构的高级委员会任职。而后，她又依次在法国政府、欧洲议会、宪法委员会以及法兰西学术院（“作为一个被男人包围着的女性”）任职。[10]

商界是男人成功守住的最后堡垒之一。只有很少的跨国公司由女性领导，比如惠普、洛克希德·马丁、百事可乐、易贝（eBay）和优兔（YouTube）。法国1724年颁布了禁止女性进行证券交易的皇家法令，这条法令直到20世纪60年代才被废除。在这之后，又过了20年，我们才看到第一批女性证券经纪人的出现。在欧盟的27个成员国中，仅有25%聘有雇员的公司，其所有者为女性。同样，外科手术、军事指挥和太空探索等领域在很大程度上仍然是男人的地盘。根据2002年的一项法令，女性可以在法国军队中担任任何职务，但是潜艇上的岗位和部分军队干部职位却不在其列。苏联的瓦莲京娜·捷列什科娃（Valentina Terechkova）以及美国的萨利·赖德（Sally Ride）是少数几个进行过太空飞行的女性。2012年，刘洋成为中国第一位女性宇航员。第一个踏上火星的人会是一位女性吗？性别平等还有太远的路要走了。

女性的声音

从话语权到被选举资格，18世纪末的一系列革命都将民主制的好处保留给了男性。尽管女性被剥夺了权利，被缩减为荣耀性符号（比如法国的玛丽安娜半身像或纽约的自由女神像），她们并没有因此而减少对公民政治行动的参与。

这种“抢来的”女性公民身份呈现出多种形式，比如18世纪60—80年代的卢梭主义式母亲，在革命浪潮中涌现的女性权利观念和女性集体行动，女性自19世纪以来开展的慈善工作和罢工行动，在第一次世界大战中女性作为护士、代母或军工女工为战士提供的支持和帮助，以及第二次世界大战期间对占领者的抵抗行为。在美国，与贵格会圈子关系紧密的格里姆克（Grimké）姐妹不但捍卫奴隶的权利，还捍卫女性群体的权利——在19世纪30年代，她们向南方的女基督徒发出呼吁，并让北方的2万名女性在废奴请愿书上签名。甚至还有女性活动家流血，比如在1793年刺杀了马拉的夏洛特·科黛（Charlotte Corday），在1881年组织袭击沙皇亚历山大二世的索菲亚·佩罗夫斯卡娅（Sofia Perovskaïa），还有在1923年杀死了“国王报商”（Camelots du Roi，一个极右翼青年组织）领袖的无政府主义和反军国主义者热尔梅娜·贝尔东（Germaine Berton）。女性虽被法律排除在外，但是通过自己的社会行动和政治行动，得以成为“女公民”。

然而，真正的公民身份是建立在公民权利之上的。在男性的单方面获取之后（英国通过了《1832年改革法案》，法国男性在1848年获得普选权），女性主义者越来越强调和争取女性的公民权利。新的第二共和国政府刚一说出“每个成年法国人都是政治公民”以及“这一权利对于每个人都是平等的和绝对的”这样的言论，女性便呈递请愿书、在媒体撰文，表达对忽视女性权利的抗议。欧仁妮·尼布瓦耶（Eugénie Niboyet）在《女性的声音》（*La Voix des femmes*）中指出，民主与特权之间存在矛盾；让娜·德鲁安（Jeanne Deroin）试图竞选制宪议会的议员。1848年因而成了法国女性主义意识觉醒的重要时刻，因为从今往后就会存在两个政治集团：一为男人，一为女人。性别已成为公民包容（或排斥）问题的首要标准。

正如法国大革命那样，1848年革命（“人民之春”）也表现出了悖论，它既撼动又巩固了父权秩序。在1848—1849年，女性主义者们——诸如巴黎的维苏威组织（Vésuviennes）、维也纳的卡罗利尼·冯·佩林（Karoline von Perin）、科隆的玛蒂尔德·安内克（Mathilde Anneke）、莱比锡的露易丝·迪特马尔（Louise Dittmar）——的倡议行动都以失败告终，她们的刊物在发行几期后皆被严令禁止。只有露易丝·奥托（Louise Otto）创办的《女性报》（*Frauen-Zeitung*）坚持了一段时间，尽管其间萨克森州议会专门通过了一项特别措施，要求所有现存报纸务必由男性主理。普鲁士的法律禁止女性加入任何政治性团体或出席任何会议，这就相当于将女性完全排除在了公共生活之外（这个禁令一直持续到20世纪初）。汉堡女子大学也在两年后关闭了大门。不过，在美国举办了塞尼卡福尔斯会议，它标志着女性维权和争取认同的开端。

女性主义者们对于下一步该如何行动开始出现重大分歧。在英国，米莉森特·福塞特（Millicent Fawcett）带领的“妇女政权论者”寻求的是一种合法且和平的路线：她们希望通过举办会议、撰写文章、组织游行和递交请愿来传播自己的理念（包括与来自工人阶级的“激进派妇女政权论者”进行合作）。相反，埃米琳·潘克赫斯特（Emmeline Pankhurst）所领导的“妇女参政论者”选择的则是一条更加直接甚至不乏暴力的道路——她们骚扰国家部级官员、蓄意纵火、组织绝食行动。[11]至于法国，虽然它的女性主义运动没有这么强劲，但女

图8《投石党》刊登的一幅海报，克莱芒蒂娜-埃莱娜·迪福作（1898）。《投石党》报于1897年由玛格丽特·杜兰（Marguerite Durand）创立，是一份完全由女性编写的刊物。它宣扬女性主义、共和主义及世俗主义，支持德雷福斯，创刊目的是围绕公民平等和职业平等做斗争。克莱芒蒂娜-埃莱娜·迪福（Clémentine-Hélène Dufau）曾师从布格罗（Bouguereau），是一位公认的艺术家。在这幅海报中，她用图像呈现了资产阶级妇女、女工以及农妇之间团结一致的精神。

性主义者的行动范围却相当广泛，例如：竞选公职［19世纪80年代的莱奥妮·鲁扎德（Léonie Rouzade）和玛丽-罗丝·阿斯蒂耶·德·瓦尔塞赫（Marie-Rose Astié de Valsayre）］，创办刊物（1881年的《女公民》，1897年的《投石党》报），成立协会［1909年成立的法国妇女选举权联盟（Union française pour le suffrage des femmes）］，媒体炒作［于贝尔蒂娜·奥克莱尔（Hubertine Auclert）于1908年在投票站掀翻了一个投票箱］以及游行示威（1914 年 7 月 5 日的巴黎大游行）。在 1908 年出版的《女性选举权》（*Le vote des femmes*）一书中，奥克莱尔提出了各种论据：她们同男人一样纳税；女性也有经济意识和经济素养；女性一直受到贬低，遭受与殖民地居民和被剥夺政治权利的囚犯相同的待遇；受过教育的单身女性应该立即获得投票权。然而，她的努力未获成效。

女公民

在世界范围内，女性争取选举权的运动可以分成三波。首先，19 世纪 60 年代，在波希米亚、瑞典、俄罗斯、澳大利亚新南威尔士州以及大不列颠和爱尔兰，女性被允许在地方一级投票。在这之后，英国和法国的女性开始获得在一些机构（家庭委员会、学校委员会、公共援助委员会）中投票的权利。不管是在市政方面还是专业领域，女性获得的都是有限的参与权，而非完全的统治权。女性因为她们在家务方面的技能被承认是“女公民”，这让她们有资格参与某种程度的社会管理（学校、卫生和儿童保护方面）。在英国、美国、德国和法国，许多女性主义者要求的就是这种“家务公民权”。

19 世纪末，边缘英语地区（美国西部的领土和州、英国殖民地和英国自治领）的女性也陆续获得了投票权——1869 年在美国怀俄明州，1870 年在美国犹他州，1893 年在新西兰和科罗拉多，1894 年起在澳大利亚的好几个州，1896 年在爱达荷州以及 1902 年在整个大洋洲（除了原住民社群）。就全国层面来说，新西兰女性是第一个获得投票权利的，但她们不得不等到 1919 年才能获得被选举资格。[12] 归纳起来，女性投票权在上述地区之所以取得进展，原因有几个：这不但归功于受过教育的、积极参与政治的女性主义者们在社会改革前线的积极贡献，也归功于英国的“妇女政权论者”和“妇女参政论者”所起的模范作用；最后，这些边缘领土地区让女性参政的实验性经验也起到了积极作用。在美国各州，由于女性的推动，还通过了一些改善儿童保护、促进家庭和工作中性别平等的法令。

发生在20世纪初的第三波女性选举权运动触及了整个欧洲和北美。芬兰女性于1906年在全国范围内获得投票权，挪威女性在1913年、丹麦女性在1915年、加拿大女性在1917年也分别获得了这项权利。波兰、俄罗斯和30岁以上的英国女性是在1918年获得的。然后是1919年在德国，1920年在美国。随后，世界上几乎所有国家的女性都在全国范围内获得了投票权。在葡萄牙，普遍选举制到1976年才得到普及，但持有高等教育文凭的女性在20世纪30年代就已经获得投票权。在瑞士，女性于1971年在联邦层面获得选民资格，20世纪80年代末获得了内、外阿彭策尔州的选民资格。总的来说，我们可以认为，绝大部分女性在19世纪末是没有投票权的，但在20世纪末获得了这项权利。

在英国和法国这两个女性主义的摇篮，女性分别于1928年和1944年才成为正式的公民。但是，两国“迟到的”且看似相同的胜利实则存在巨大的差异。法兰西第三共和国的男性领导人们认为女性并非独立个体——女性要么依从神父，要么由丈夫代表，她们被自己的身体和精神特殊性所局限，是性别的囚徒，因此严重缺乏普遍选举所要求的、抽象层面的个人主义精神。[13]所以，法国人对民主的态度相当激进，要么不给女性民主权利，要么就给予完全的民主。相比之下，英国人则倾向于根据女性的年龄、婚姻状况和选举类型而逐步赋予她们投票权。两国也有相似之处，两国的当权男性都倾向于淡化女性主义者作出的贡献，将选举权说成是一种对某些妇女的赏赐，是对具备传统家庭美德和为战争作过贡献的女性的“奖励”。

拥有公民身份后，女性在融入政治生活方面进展缓慢，这不仅源于男人并未准备好在政府部门为女性腾出位置，还因为她们即便参选也很难当选，两次世界大战之间的那些年份里，瑞典参选女性大量落选就是例子。玛格丽特·邦德菲尔德（Margaret Bondfield）在1929年的英国、弗朗西丝·珀金斯（Frances Perkins）在1933年的美国分别当选，成了各自国家的首位女部长，她们担任的都是劳工部长的职务。在法国，1936年的人民阵线（Front populaire）政府里包含了三名女性副部长（分别负责国民教育、科学研究和儿童保护这三个部门），尽管她们甚至没有投票权。1974年，西蒙娜·韦伊当选卫生部部长，弗朗索瓦丝·吉鲁（Françoise Giroud）负责领导妇女事务部。不过，即便是出现了女性部长，无论在欧洲、非洲还是印度，女性依然在很大程度上被局限于她们通常的专门领域——社会事务、家庭事务、女性权益、水资源和环境。至于各国的立法机构，直到20世纪末，它们才开始各自的女性化进程。

最能说明问题的还是统治权的行使。到20世纪下半叶，除了女王，其他一些女性开始上任并开始领导自己的国家，比如西丽玛沃·班达拉奈克（Sirimavo Bandaranaike）在1960年于斯里兰卡担任总理，英迪拉·甘地（Indira Gandhi）分别于1966年及1980年担任印度总理，还有1969年以色列的果尔达·梅厄（Golda Meir）、1979年英国的玛格丽特·撒切尔（Margaret Thatcher）、1986年菲律宾的柯莉·阿基诺（Cory Aquino）、

1988 年巴基斯坦的贝娜齐尔·布托（Benazir Bhutto）以及 1993 年土耳其的坦苏·奇莱尔（Tansu Çiller）。女性参政进程在 21 世纪开始加速，并出现在不同国家，比如印度尼西亚、芬兰、德国、智利、利比里亚、冰岛、吉尔吉斯斯坦、韩国和新西兰等。在瑞典、荷兰、德国和法国，甚至有女性担任了国防部长。

世界上有两个地区本就存在女性领导国家的传统，即北欧和印度次大陆（尽管是在大家族以近似于王朝的形式，轮番掌权几十年的历史背景下）。然而，从 20 世纪 50 年代到 21 世纪第二个十年初期，世界上只有不到 5% 的国家领导人为女性；在她们之中，有三分之一的女性领导人要么是在丈夫去世后继任，要么是作为临时摄政者上任。[14] 在英国，从未有过女性出任国防部长或财政部长，而美国和法国从未出现过女总统。

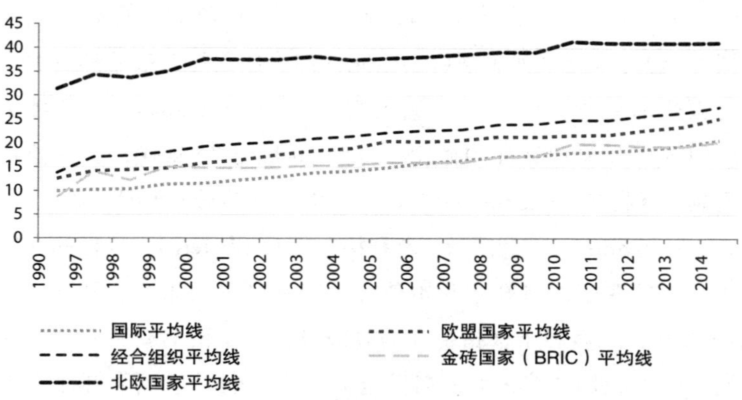

图 9 女性在国家立法机构中的占比（1990—2014）。在国际范围内，女性在国家立法机构中的占比在 25 年内翻了一番，从 9% 涨至 20%。其中，仅有北欧国家正在接近男女均等。因此，进步显而易见，但依然相当有限，尤其是对金砖国家（巴西、俄罗斯、印度、中国）来说。[15]

身体的自由

继获得公民权利与公民身份之后，女性斗争开始转向获得与身体控制权有关的性权利。自19世纪起，女性主义者的矛头就开始指向社会道德的双重标准：它对男性自由予以保障，却持续奴役女性。在英国，1869—1886年间，约瑟芬·巴特勒（Josephine Butler）和超过200万名请愿者一致要求废除《传染病法》（Lois sur les maladies contagieuses），这项法律以保护海军身体健康为由，允许管控和关押妓女。

在19世纪，强奸鲜受惩罚。相比施害人，警察更愿意怀疑受害者。在美国，女性奴隶或黑人女性遭受白人男子强奸的案件都不受追究；另一方面，若受害者是白人女性，施害者则原则上会被判处死刑［直到1977年的科克尔诉佐治亚州案（Coker v. Georgia）］。在法国，1810年的《法国刑法典》惩罚“强奸罪”，但并未定义何为强奸，因此，许多性侵行为最后都只被作为猥亵罪处理。1857年，迪巴判决（l’arrêt Dubas）在判例法中引入了强迫和意外的概念。直到20世纪70年代，由于像吉塞勒·哈利米（Gisèle Halimi）［在美国有苏珊·布朗米勒（Susan Brownmiller）和凯特·米利特（Kate Millett）］这样的女性主义者的斗争，强奸才开始被视为特别严重的罪行。最终，在1978年，三名男子被指控在马赛海湾强奸了两名露营女性（他们最开始只因“袭击和殴打”遭到起诉，但最后因强奸罪在重罪法庭接受了审判）。这个判例之后，法律才在1980年对强奸罪进行了明确定义。

不过，身体权利远远不只是对暴力的抵制。在19世纪，着装的性别规范也构成了日常生活中的性别不平等。就资产阶级而言，男人只须身着朴素的黑色服装，施加在女性身上的外貌规范则十分复杂繁重，无论是衣着、妆发还是首饰搭配，都需要女性进行长时间的准备。衬裙、托架、紧身胸衣、拖地连衣裙，这些都给女性的身体带来了难以忍受的压迫感，甚至造成体态畸形。这些女性着装规范到19世纪末才开始逐渐消失。

运动在一定程度上合法化了那些解放身体的改良服饰——从巴黎到悉尼，网球运动员苏珊·朗格朗（Suzanne Lenglen）和游泳冠军安妮特·凯勒曼（Annette Kellermann）都是女性解放身体的标杆。在德国，体操小心翼翼地向女性张开了怀

图10 安妮特·凯勒曼的剪影（1916）。安妮特·凯勒曼于1887年出生于澳大利亚，出于健康需要，她从小就学习游泳。作为游泳冠军、跳水冠军以及花样游泳的先驱人物，她在1907年因穿了连体泳衣而引发丑闻。在成为电影明星后，她因在电影《众神的女儿》（1916）中以全裸示人而再次引发争议。

抱——鉴于她们所谓的脆弱性，理论家莫里茨·克劳斯（Moritz Kloss）还在建议对女体操运动员加以悉心照料，但在20世纪初就已经有大约100万女性在从事体操运动了。在1900年世博会的体育项目（被官方认定为第二届夏季奥林匹克运动会）中，女性仅占了全部参赛运动员的2%，而且仅限于游泳、网球及槌球等少数项目。直到1928年的奥运会，女性才第一次被允许参加田径比赛。

女性的解放不仅通过简化女性服饰、减轻身体的负担来实现，还通过采用更简单、更实用的男装设计来实现。1851年，阿梅莉亚·布卢默（Amelia Bloomer）看到一位女性朋友穿着宽松的男裤，这种裤子裤脚收紧且部分被裙子盖住。她由此萌发了一种新的穿衣想法。这就是女式灯笼裤（bloomer），这种裤子在遮住双腿的同时保证了活动的自由。在美国，这个潮流凭借《百合》（*The Lily*）报传播开来，获得了巨大成功。在法国，裤装在崇尚前卫、渴望打破禁忌与限制（在1800年后的巴黎，穿着男装的女性有被逮捕的可能）的女性主义者那里受到了极大追捧。小说家乔治·桑、作家兼决斗者吉塞勒·戴斯托克（Gisèle d'Estoc）以及社会主义者马德莱娜·佩尔蒂埃（Madeleine Pelletier）都以这种方式发出了挑战，尤其是佩尔蒂埃，她穿黑衣、戴礼帽、持手杖——“我用穿着服饰不断告诉男人：我是与你平等的人。”[16]

20世纪期间，女性服饰开始向男装靠近。第一次世界大战期间，一些工厂女工开始穿着男性服装上班。20世纪20年代掀起的“假小子”热潮（“garçonne”，在美国叫“flapper”，在奥地利叫“Bubikopf”）将中性风格与短发、领带和西服套装等元素相结合，这种着装风格上的创新带来的绝不仅仅是女性外表的反叛——女性在以此实践一种不同的生活方式，表达不同的性选择。这一创新从根本上挑战了性别秩序。正是在这个意义上，像可可·香奈儿这样的设计师和路易斯·布鲁克斯（Louise Brooks）这样的演员为女性解放事业作出了贡献。

第二次世界大战后，尽管女生不可穿裤装的禁令在很多高中里要到20世纪70年代才得以解除，但无论是克莉丝汀·迪奥的女式燕尾服，还是伊夫·圣罗兰的女式西服套装，又或是从美国进口的牛仔裤，裤装都已经成了欧洲女性衣橱中的一部分。与女性服装男性化相平行的，则是连衣裙和半身裙在库雷热（Gourrèges）等众多设计师的改造之下变得越来越短。对部分女性来说，成衣和化妆品是她们自我肯定的工具。正如赫莲娜·鲁宾斯坦（Helena Rubinstein）——这位来自波兰的犹太移民在20世纪初到1965年她辞世期间创建了一个工业帝国——经常说的："美，即是力量。"

性革命

双重道德标准的终结意味着女性开始成为性主体，意味着女人不再任由男人用他们的知识标准（从法洛佩到弗洛伊德）或道德标准（例如在维多利亚时期）来约束或占有女人的性。

20世纪初，在美国、德国和瑞典发生了第一次性革命。这次革命包含了不同面向，例如：推进性教育，美国妇科医生艾丽斯·斯托克姆（Alice Stockham）开始促成手淫正常化；通过亲吻和爱抚达成的"情色游戏"在校园里日益增多；以及德国活动家海伦妮·施托克尔（Helene Stöcker）和安娜·吕林（Anna Rüling）发起的承认女同性恋恋情的斗争。1929年，在

“摩登十年”（flapper decade）的末尾，凯瑟琳·戴维斯调查了2200名美国女性，其中90%的女性赞成避孕，85%的女性认可不以生殖为目的的性愉悦，65%的单身女性和40%的已婚妇女认为自慰是合理的。对于年轻女性来说，性成了幸福婚姻的重要组成部分。[17]

接着，在这些国家发生了第二次性革命，它打破了20世纪60年代遗留下来的审查制度与残余禁忌。威廉·马斯特斯（William Masters）与弗吉尼亚·约翰逊（Virginia Johnson）共同撰写出一本畅销书——《人类的性反应》(*Human Sexual Response*，1966)。安妮·柯德（Anne Koedt）对此进行延伸，写出了作品《阴道高潮的迷思》(*The Myth of the Vaginal Orgasm*，1970)。她通过展示来自阴蒂的女性性愉悦，颠覆了人们对女性性愉悦的理解。这纠正了弗洛伊德的错误。1962年，德国飞行员贝亚特·乌泽（Beate Uhse）在弗伦斯堡开设了世界上第一家性用品商店，此商店专门经营“伴侣间的卫生用品”。

避孕方面的进展有利于性愉悦革命。在瑞典，女性主义活动家埃莉斯·奥特森-詹森（Elise Ottesen-Jensen）积极向平民阶级女性传授如何使用避孕隔膜和安全套。而后，她于1933年创办了瑞典性教育协会，旨在传播与生殖健康、卫生和节育相关的知识和建议。20世纪20年代期间，在海伦娜·罗莎·赖特（Helena Rosa Wright）和玛格丽特·桑格（Margaret Sanger）的发起下，英国和美国逐渐形成了“控制生育”的热潮。对于这些先驱者来说，她们的首要目的并非让所有人都享受到性高潮，而是让女性能够在一段幸福婚姻中对怀孕与否有选择权——一切的努力都必须围绕使性行为不再引发女性的焦虑和痛苦而进行。这些先驱者们的努力招来了无数反对，但靠着私人诊所和像 1921 年成立的美国节育联盟这样的组织，相关活动依然在不断开展。女人们在埃莉斯·奥特森-詹森于 1952 年创立的国际计划生育联合会（Fédération internationale pour le Planning familial）的框架下，在世界范围内结成了网络，相互组织了起来。

争取堕胎权是 20 世纪下半叶女权斗争的重要目标之一。在过去的德国，堕胎会被处以重刑，就像法国自 1791 年刑法典颁布以来的情况一样。1920 年颁布的一项法令让这种情况进一步恶化（在二战德国对法占领时期，那些自愿帮助怀孕女性终止妊娠的"天使制造者"甚至会被送上断头台）。由于堕胎非法，堕胎通常被迫在对孕妇来说相当危险的条件下进行，只有富裕阶层的女性才有能力去国外堕胎。1956 年，前抵抗运动人士伊夫琳·叙勒罗（Évelyne Sullerot）和妇科医生玛丽-安德烈·拉格鲁阿·维拉雷（Marie-Andrée Lagroua Weill-Hallé）共同创立了法国计划生育运动的鼻祖组织"幸福母婴"（La Maternité heureuse），旨在"反对地下堕胎，确保夫妻双方的心理健康，改善母婴的身体状况"。

在苏俄时期，堕胎是合法的。但斯大林上台后，堕胎成了非法行为。之后，直到 1955 年，苏联才重新将堕胎合法化。在随后的几年里，保加利亚、匈牙利、波兰、罗马尼亚和捷克斯洛伐克也陆续实现了堕胎合法化。事实上，这些国家实现堕胎合法化的时间远远早于英国（1967）和美国（1973）。在法国这里，一系列激烈的斗争行动开始出现：343 名已堕胎妇女的宣言，"选择为妇女权益发声"协会（Choisir la cause des femmes）的成立，争取堕胎和避孕自由的各种运动，部分知名人士的证言以及律师吉塞勒·哈利米在博比尼审判中的有力辩词，当然也包括西蒙娜·韦伊在国民议会上表现出的政治意识和勇气——所有这些使法国最终在1975年颁布了堕胎非罪化的法令。在联邦德国，论战同样激烈，其中最引人注目的事件是193名议员和5个州对1974年法案①提出上诉，并让宪法法院暂时中止了该法律的实施。[18]

就业的权利、拥有事业的权利、脱离父权环形系统而不会损失名誉的权利、参与城市管理的权利、投票的权利、保持身体完整的权利、自由行动的权利：女性主义对1789年权利革命给出了自己的阐释。在这些权利之中，女性在20世纪下半叶获得的性权利和生殖权利不仅构成了一场社会革命，也是一次人类学层面的突破——这些权利将女性从她们的生物性和只看到她们生育功能的父权秩序中彻底解放了出来。对受孕和生育的自我掌控将女性身体的所有权归还给了女性。这一成就比《人权宣言》更加郑重地宣告了两性间必须平等。通过避孕和堕胎，女性终于拥有了属于自己的“人身保护令”。[19]

① 1974年，联邦议院通过了对第218条法案的修订，规定妇女在怀孕12周内、由正式医生为其施行的堕胎不受《刑法》第218条规定的堕胎罪处罚。

6

何为解放?

1970年，一些活动家在《拥护者》(*Partisans*)杂志出版了一期名为《女性解放元年》("Libération des femmes, année zéro")的专刊，这一行为相当于抹去了女性整整两个世纪的反思和斗争。积极参与政治的民谣歌手琼·贝兹(Joan Baez)当时用《写给陌生人的情歌》("Love Song to a Stranger"，1972)这首歌庆祝女性获得的性自由，以《面包与玫瑰》("Bread and Roses"，1974)颂扬劳动妇女的斗志。可是，大约半个世纪过后，当别人问她"您是女性主义者吗?"，她却答道，"也不算。我从没有作为女人去斗争过"。[1]

说女性主义者之间的意见并不总是一致的，已经是一种委婉的说法。这一点也不值得惊奇——女性主义需要达成的任务是如此广泛，需要应对的挑战是如此繁多，她们因此而分裂成不同流派甚至相互敌对，这是非常正常的事。更深入来说，这些分裂和敌对说明运动中存在一些模糊不清和不确定的东西。为何模糊不清?因为女性主义并非一个组织，而是一团星云，由数目众多的领域、思潮和人物组成，没有任何人可以随意统摄或代表整个女性主义。至于存在不确定，则是因为女性主义的终极目标难以定义。女性主义是为了给女性赋能，为了争取两性平等，还是为了实现所有人的全面平等？是为了推翻父权制度，还是将社会性别全部消解？这类论争虽然重要，但并非生死攸关。在所有国家，女性主义的分支再多都没有对女性之间的团结造成重大阻碍。

女性主义的两大派别

借用弗朗西丝·鲍尔·科布（Frances Power Cobbe）与海有关的比喻，我们习惯将女性主义的历史划分为三次连续的“浪潮”。第一次浪潮，即19世纪至20世纪初，为女性带来了工作权以及公民层面和政治上的平等权；第二次浪潮，即20世纪60—80年代，着重打击社会上的不平等，批判了家务分配不均，谴责了对女性性权利的忽视和害人丧命的大男子主义；出现在20世纪末的第三次浪潮，则提出了社会性别的建构问题，反映了少数群体的声音和诉求；至于当下，我们正在通过MeToo运动进入第四次浪潮。

当然，指出这个女性主义时间表的不完善也并非难事。18世纪时，大多数女性主义者就已经强烈谴责了婚姻制度的暴政和教育中的性别歧视，比如奥兰普·德古热就曾要求离婚权以及女性能够进入各行各业的权利。在20世纪的一开始，马德莱娜·佩尔蒂埃就提出了性别身份问题，奈莉·鲁塞尔（Nelly Roussel）则要求获得避孕的权利。性暴力、薪资不平等、月经禁忌等苦难和对堕胎权的争取，一直在催促着世界各地的女性为之奋斗。就许多方面而言，西蒙娜·德·波伏娃的观点即便放在当代也依然中肯。至于认为法国女性主义者（“普世主义”）与美国女性主义者（“激进派”）之间存在所谓的对立，这就是明显没有合理评估法国作家莫妮克·维蒂格（Monique Wittig）、露西·伊利格瑞（Luce Irigaray）和埃莱娜·西克苏（Hélène Cixous）的影响，她们的思想在美国影响巨大。因此，比起谈论“浪潮”，我们不如借用卡伦·奥芬（Karen Offen）的形容，用火山喷发来比喻女性主义的历史，父权制构成的地壳经常由于这座火山的爆发和岩浆横流而开裂。

考察女性主义观点中的两极构造比这些叙述更加令人兴奋。当我们将不断发展且错综复杂的女性主义思潮简化后，大致可以归纳出两种彼此极为不同的女性主义派别：一个是**平等女性主义**，它以共同的人性为名，假定男人和女人间存在根本同质性；另一个是**差异女性主义**，它着重强调女性、阴性及母性的特殊性。这两种女性主义都一致同意要与不公和歧视做斗争，但是第一种女性主义的目标是在启蒙运动的传统中解放所有女人和男人，第二种则是要针对男性支配组织集体性反抗。究竟是应基于对正义的渴望而在两性间达成协议，还是应反抗压迫而发起性别战争？究竟是选择平等主义的社会，还是分裂主义的战斗呢？

第一种女性主义不仅假定两性平等，更假定男人与女人具有同一性，即男女具有同等的智力水平、权利和义务，这些都是独立于男女的生理差异的。它认为，女性不该总是被打回到她们的“生理现实”之中，就日常来说，除了一些非常具体的情况外，女人并非一直作为女性生活，而是作为个体的人在生活。因此，平等女性主义将希望寄托在民主环境中的两性合作之上，也寄托在幸福的异性恋上——当然，前提条件是所有女人和男人都享有同等的权利，并处在一个彼此尊重的氛围当中。

《第二性》（*Le Deuxième Sexe*）在结尾处呼吁男女之间要

“博爱”——如果平等是可能的，那必然是因为性别概念已不那么重要（“我们并非生来就是女人”）。持有相同观点的还有摩洛哥社会学家法蒂玛·梅尔尼西，她认为：“只有男女共同努力，而且男人设身处地为女人着想时，平等才能真正实现。”[2]美国女性主义者南茜·弗雷泽（Nancy Fraser）提倡“参与平等”，即社会中的所有成员都可以平等身份交流互动，因为他们享受着同等程度的认可和平等的财富分配。

20世纪初，社会主义女性主义者与男人并肩战斗，共同寻求工人阶级的解放。经营《平等》（*Die Gleichheit*）杂志的克拉拉·蔡特金（Clara Zetkin）于1907年在斯图加特组织了第一届国际社会主义妇女代表大会，该会议是在第二国际代表大会的间隙召开的。也正是她，在1910年之际，使得设立国际妇女节这一节日的方案得到了采纳（通常定在3月8日这一天）。[3]作为忠实的马克思唯物主义者，克里斯蒂娜·德尔菲（Christine Delphy）和科莱特·吉约曼（Colette Guillaumin）认为，性别仅仅是父权经济和“性别关系”所蓄意制造出的社会类别。由于受到男性的剥削，女性群体被迫困于一种阶级命运中，而这一现状只能由受压迫的女性亲手改变。因此，这一派别的力量其实与它是不是“资产阶级”或是否“革命”无关，它的力量存在于其道德立场的普遍性和以平等为目标的激进性中。

第二种女性主义，即差异女性主义，假设女性在生理和道德上具有特殊性，且在本体论层面与男人有着质的差异。这种女性主义认为女人在看待世界时，有着属于自己的特殊视角，这一特殊视角体现在她们具备女性特有的生活经验、意识、团结性、性欲以及写作方式，甚至在卡罗尔·吉利根（Carol Gilligan）和内尔·诺丁斯（Nel Noddings）看来，还有伦理观。

正如埃莱娜·西克苏所说，“美杜莎的笑声”代表着对于父权“逻各斯”的逃脱。安托瓦妮特·富克（Antoinette Fouque）的女性主义带有精神分析色彩，该理论对女性孕育生命的能力感到惊叹。她认为，世界上的确存在两个对立的性别，正是因为这种分离，女性才能与男性主体的单一性决裂，因为男性主体的这种单一性总是以压迫形式表现出来，无论是一神论、君主制、人文主义还是统一而不可分割的共和国。到了安德莉亚·德沃金（Andrea Dworkin）那里，在谈论女人和男人时，她好像是在谈论两个不同的物种：猎物和捕食者。男人通过阴道——以一种带有侮辱性质的、仇视女性的性关系——使用女人，无论她是家中母亲还是妓女。男性权力配备了多种形式的武器来恐吓女人，例如淫秽电影、强奸、阴茎、为了享乐或生殖的性。所有这些都是为了能够在“阳具控制的连续统一体”里持续物化女人们。

在差异女性主义中，女性的本质先于女性的存在。性别身份是由自然决定的，然而，广大女性因为生理而导致的先定宿命被一种斗争的新女性气质所救赎。女性的积极性必须抵抗住男人的消极性，后者会在“强奸文化”和“子宫嫉妒”里不断发酵。男性是压迫者，女性是受害者：两个封闭的宇宙。从这个意义上来说，没有人能够逃脱他/她自身的性别命运。所以，差异女性主义的力量主要来源于它的批判力和它对所有形式的统治都绝不妥协的态度。

强调母性的女性主义

也许有人会认为这种“身份”路线是激进的极左女性主义

的特征。实际上，几个世纪以来，这一女性主义流派才是大多数，而且它还通过将女性的生理和道德特殊性视作她们公民身份的基础，与右翼资产阶级的信念完美地结合了。无论是馈赠生命还是关怀他人，女性为他人付出的能力展示了她们参与城市生活的合法性。而且，出于她们在母性、养育和其他社会层面的美德，她们理应享有权利，若是没有女性，连公共利益都无法被完整定义。

在德国，"Mütterlichkeit"的概念，即一种女性特有的、母性的、精神层面的感觉，将整个19世纪直至一战后的各种女权运动联系起来。这一概念启迪了比如亨丽埃特·施拉德尔–布赖曼（Henriette Schrader-Breymann），一位从1848年开始投身于幼儿园运动以及女童教育的教育家；还启发了露易丝·奥托，一位在她的刊物《新道路》（*Neue Bahnen*）中捍卫"真正的女性气质"的人。《新道路》创办于1865年①，作为德国国家妇女协会的官方刊物，它成了现代女性主义的大熔炉，尽管露易丝·奥托也从未停止过颂扬家中的母亲们。[4]

英语世界也出现了相同趋势：美国、澳大利亚和新西兰女性主义者的斗争目标之一是反对酗酒，这一点从1874年妇女基督教禁酒联盟（Women's Christian Temperance Union）的世界性影响中可以看出。当然，一些其他诉求也在促使女性行动起来。比如在马萨诸塞州，伊丽莎白·帕特南（Elizabeth Putnam）的孩子因为摄入变质牛奶而死亡，深感悲痛的她于1909年带头发起了乳制品工业监管运动。女性因为妻子和母亲的身份被视为公民，但她们也是消费者。她们的社会权利必须有经济权利的补

① 据资料搜索，德国国家妇女协会（ADF）创立于1865年，《新道路》创办于1866年，此处疑为作者笔误。——编者注

充，即捍卫自己的购买力、运作协会和支持道德贸易的权利。在20世纪初期的北美，女公民消费者创造出了具有公民性质的消费行为。[5]

在同一时期，法国女性也同样诉诸了差异女性主义的论点，这一论点即通过承担起男人无法完成的使命，她们既配得上城市，又有能力改善城市。在让娜·德鲁安看来，母亲履行着神圣的职能，她们不仅保障着孩子的未来，而且散播了爱意；而国家是一个“大家庭”，母亲既然能够很好地管理自己的小家，必然也能很好地治理整个国家。再比如，作为妇女团结组织（Solidarité des femmes）成员的社会主义和平主义者莱奥尼·鲁扎德（Léonie Rouzade）认为，承担母亲职能的人应该获得国家发放的津贴，因为母职其实是“各项社会职能之首”。[6]

在当时，作为选举权和受薪工作的替代方案，宗教和慈善活动为资产阶级妇女带来了比单纯的社会公民身份更多的东西：在上帝面前代表法国。在19世纪70年代，大量由女性组成的宗教团体参与了巴黎圣心教堂的建设，当然，这些女性宗教信徒是在教士们的指挥下行动的，因为后者认为她们可以像克罗蒂尔德和圣女贞德一样发挥政治作用。这种保守的天主教女性主义为女性提供了一种公民职能，这种职能位于当时刚成立不久的第三共和国忽视的领域：对女孩的教育和对穷人的关照。那些致力于慈善事业的女性得以将自己的慷慨延展放大，把自己施恩于家庭内部的关怀施与整个社会——她们以一种非政治的方式实践了政治。在20世纪初，法国妇女联盟（Ligue des femmes françaises）和法国女性爱国者联盟（Ligue patriotique des Françaises）拥有数十万成员，能够跻身当时国内最强大的组织之列。[7]

法国妇女选举权联盟的宣传册（1935）

属于法国女性的纲领应该是什么样的？

从市政角度来看

受惠于广大女性，法国必将成为一个干净、卫生且美丽的国度。[……]

一个模范市镇必须保持干净和整洁。它必须具备以下条件：

1. 每家每户都有充足的水源，市镇的环卫系统监管良好；

2. 一处装有顶棚的洗衣场所；

3. 一个装有顶棚的市场；

4. 一间诊所；

5. 一所保育学校；

6. 一批负责疾病筛查[……]的社工；

7. 一所幼儿园。

从一般角度来看

对女性来说：

一系列的民法改革，比如：

1. 修订第213条，该条未能赋予已婚女性应得的权利；

2. 删除第215条，允许已婚女性自由地提起诉讼，而非必须以家庭的利益为先；[……]

4. 实现道德上的平等，让把坏习惯商业化的做法消失；

5. 在某些警察部门雇用女性。[……]

> 对家庭来说：
>
> 1. 与社会丑恶现象（不道德行为、酗酒、贫民窟、肺结核、梅毒）做斗争；
>
> 2. 改善城乡工人的住房条件；
>
> 3. 尽可能全面推行将周日作为休息日的决定；
>
> 4. 实际组织援助和卫生活动［……］。
>
> ——奥布省（Aube）档案馆，21 J 931

女性改革家们将女性功用从私人责任转变成了公共政策。卫生、戒酒、家庭价值、幼儿园、照料穷人、社会福利以及养育性消费：在世界范围内，母性都是女性主义的重要载体之一，也是为女性打开公民空间的钥匙。与投票权相比，这些新角色让她们能够走出家门，走进社会。[8]

母性主义、和平主义及生态女性主义

国内的争论导致了国际上的斗争。20 世纪初，女性主义开始与和平主义联手，她们的理由是不愿让自己的孩子变成炮灰。在法国，加布丽埃勒·珀蒂（Gabrielle Petit）——她于 1904 年创办了《获得自由的妇女》（*La Femme affranchie*）杂志——被判犯有反军国主义罪。在英国，海伦娜·斯旺尼克（Helena Swanwick）与妇女政权论者决裂，并从 1915 年开始主持国际妇女和平与自由联盟的英国分部。20 世纪 80 年代初期，在英国的格林汉康芒营地和纽约州的塞尼卡，活动家们曾以女性和母亲的身份，强烈抵制过象征着父权军国主义的核武器。

在瑞典，“女性-生命”，即女性是自然平衡守护者的观念，曾在20世纪30年代极大地启发了弗格尔斯塔德（Fogelstad）这个团体。该团体的成员艾琳·韦格纳（Elin Wägner）提出，可以将女性主义、尊重环境和古老的母系文化结为一体。二战前夕，在她与伊丽莎白·塔姆（Elisabeth Tamm）共同撰写的《与地球和平共处》（*Paix avec la Terre*，1940）一书中，她又提出了反法西斯的主张。[9] 又比如爱伦·凯（Ellen Key），她的观点——包括母性在社会的中心位置、母子关系中的力量和爱是道德的理想形态等——影响了20世纪上半叶的日本女性主义者。在诗人平冢雷鸟和历史学家高群逸枝看来，母亲与自己的孩子和自然都保持着紧密的联系，这种联系极大滋养了期望回归原始母权制度的梦想，那是一种不受中国影响的状态。高群逸枝在1931年后便隐退山林生活，这一行为正是出于前述信念。[10]

在撒哈拉以南非洲，“生存派”女性主义的斗争目的，是在经济危机、国家衰落且女性总是这些事件的第一批受害者的背景下，尽力确保食品供应充足、财产安全、工作条件良好，同时寻求和平稳定及不同种族间的包容和理解。在科特迪瓦，部分小资产阶级和中产阶级女性于1977年创立了科科迪文化生活小组（Groupe d’animation culturel de Cocody）。她们的目标是通过监督公共交通的正常运行、保障本地货品的低廉价格、激活邻里之间的社交网络，来改善当地居民的日常生活。同样地，在赞比亚的城市里，“贫困女性化”现象迫使家中母亲们也出门挣钱、给子女找食物、争取贷款等。[11]

在20世纪最后的四分之一时间里，母性主义（Maternal-isme）逐渐演变成了“生态女性主义”［参照玛丽亚·米斯（Maria

Mies）和纨妲娜·希瓦（Vandana Shiva）在1993年使用的表达]。由于承担了维系族群生命延续的任务，女人们通过耕作，通过找寻水源和木材，通过烹饪、抚养孩童以及建立相互间的情感关系，极大保全了各种形式的生命，抵制了父权资本主义带来的破坏。生态女性主义有助于我们抵制双重压迫——男性对自然的压迫，以及男性对女性的压迫。不少行动都已表明女性从事动员的高效性，比如发生在20世纪70年代、以保全当地绿林为目的的印度“抱树运动”和肯尼亚的“绿带运动”，又或者是塞内加尔成立的保护自然妇女团体联合会。1992年，里约地球峰会认可了女性在保护自然资源上的卓越能力，肯定了她们为实践可持续发展作出的贡献。[12]

这样看来，波伏娃式的平等主义的到来并没有让母性主义被人遗忘。相反，正是母性主义帮助我们在南方和北方、美洲和远东的女性主义之间架起了桥梁，驳斥了人们普遍以为的“为自由而抗争只是西方女性的特权”的观念。从基督教利他主义到生态女性主义的斗争，母性主义为女性赢得了男人从前拒绝赋予她们的责任。从这个意义上来说，在全球范围内，母性主义是女性主义中最为稳定的结构之一。

但是，进步往往隐藏着倒退。热爱和平且热爱带来和平、易受同情心驱使、因为更贴近自然而更加环保主义：女性的这些特质使她们被本质化了。因此，始终存在一个差异女性主义未能解决的问题，即它似乎因为肯定女性特质而进一步印证了父权环形系统的合理性。虽然母职经验及家庭经验确实能够为女性开启迈入社会的大门，但它们依然停留在女性功用上，依然将性别与职责紧密地结合起来，而父权制梦想着可以永远根据“性别的责任”分配她们。那么，如何知道母亲职能的政治化是不是在迎合当前父权制的逻辑，使得女性虽走出家庭，却依旧只是从事“本职”工作，因此持续呵护和哺育着整个集体呢？答案暧昧不明。如果只有女性的养育行为才能使她们顺利获得管理公共事务的资格，那么，她们的确有可能因为这一才能而永远被禁锢在照料男人和抚养孩子的命运之中。

差异女性主义很可能想诅咒父权制，因为它很难挑战父权制。平等女性主义则不同，它会派女性去攻打男人把持的堡垒，而这样做的理由也很简单，因为她们同样有能力。这里的关键在于能否通过承担责任、掌握知识或发挥创造力来实现自己的抱负。与其作为女人来实施统治，不如作为一个人去生活。

女性主义的统一性

西蒙娜·德·波伏娃与卡罗尔·吉利根的思路不同。20 世纪 70 年代末期，法国妇女解放运动（Mouvement de Libération des Femmes, MLF）开始分崩离析。来自非洲和亚洲的女性主义者会感到被西方女性主义者剥夺了自身权益，因为她们被西方女性主义者描述为或多或少是落后的，被视作“第三世界的女性”。[13] 为了防止女性主义力量因姐妹之间的仇恨纠葛而遭到弱化，为了不让读者们产生“有多少文化 / 宗教就有多少种女性主义”的错误观念，我们有必要勾勒一下全球范围内女权斗士们的共同点。跨越世纪和国界，女性主义者始终具备某种一致性，即都是在为了寻求平等和正义而进行普遍抗争。

各大女性主义流派的第一个共同点是对“女性—主体”的认可，即承认女性是自由、自主的个体，可以自我支配。无论她们是生活在印度的大都市、肯尼亚的村庄还是美国的校园，女性都具备与男性同等的尊严、天分和权利。没有任何人有资格以她们在生物或智识层面低劣为由让她们闭嘴。

19 世纪初，中国广东省出现了反对婚姻的浪潮，由于抗拒出嫁后必须服从丈夫的社会陈规，许多农妇和女工自愿生活在“姑婆屋”里。一个世纪之后，反对清政府的年轻中国女诗人秋瑾选择离开自己的丈夫和孩子，因为在她看来，革命要从家庭开始。她于 1904 年去了日本，回国后在一所女子学校任教。作为中国同盟会的地方负责人，秋瑾于 1907 年因纠党谋乱的罪名被处决。在她去世 50 年后出版的自传体弹词小说《精卫石》中，秋瑾敦促女性同胞们不要屈服，鼓励她们积极走出家庭，去找工作。她指出，女性应保持独立自主，女性之间也要懂得相互团结，“发个救天下苦海中姊妹的心”。毕竟，女性主义的意义就在于选择自己想过的生活。

女性主义各个流派的第二个共同之处在于，它们都在提出诉求。我们在所有斗争的根源处都能观察到一种“这不公平”的抵抗意识，那里都存在着会最终导致反抗、引发冲突、呼吁斗争、寻求权利的极大不公平感。女权斗争的目的，不仅在于使女性群体被看见，也在于使女性所遭受的不公正对待被看见。为此，这一斗争必然动摇既定秩序，而且由大西洋革命所诞生的女性主义与旧制度下沙龙中上流社会男女间的同谋也必然有着本质区别。就这点而言，女性主义的意义在于不愿再和男人虚与委蛇地“玩游戏”了。

这种抵抗必然会引起一些事件：阿梅莉亚·布卢默在 1851 年为自己制作了宽松女裤；埃及女性主义者联盟的创始人胡达·沙拉维（Huda Sharawi）从国际妇女选举权联盟的大会回来后，在 1923 年公开摘掉了面纱；玛努比娅·乌尔塔尼（Manoubia

Ouertani）在 1924 年的一次女性主义会议上没戴头巾就走上了讲台，强烈谴责突尼斯妇女遭受的压迫行为；克里斯蒂娜·德尔菲、克里斯蒂亚娜·罗什福尔（Christiane Rochefort）、莫妮克·维蒂格和其他一些参与者于 1970 年在无名烈士墓（tombe du soldat inconnu）前献花，悼念烈士的妻子；“费曼”组织（Femen）的女性主义者们抗议的时候袒露胸部，上面写着捍卫女性权益的口号。

只要一名女性拒绝“待在她被规定的位置”，拒绝成为男人的影子，拒绝接受来自远古的陈规旧习，她便展现了一种不服从的气节。所有女性主义都在挑战家庭内部的性别秩序，都在对社会稳定构成威胁。所有女性主义者都是反叛者，而“反叛者”正是 20 世纪初社会主义妇女国际成员安杰莉卡·巴拉巴诺娃（Angelica Balabanova）——一位与克拉拉·蔡特金关系密切的社会民主活动家——为其自传选择的一个词语。这就是为什么我们不能将改革派女性主义与革命派女性主义对立起来，也不能将母性主义放在平等主义的对立面。因为，所有女性主义都是激进的，所有女性主义者都是惹人争议的。

女性主义各个流派的第三个共同点则是都具备集体维度。自 18 世纪末以来，女性主义以各种不同方式进行自我表达，包括请愿书、报纸、杂志、示威游行、社团集会以及网络超话（hashtag）等，例如：1848 年的塞尼卡福尔斯会议；1878 年开始举办的国际妇女权利大会；1888 年在美国发起的国际妇女理事会；20 世纪初的国际妇女选举权联盟；1907 年伦敦妇女政权论者举行的泥浆游行（mud march）；1944 年成立并扩展到安的列斯群岛的法国妇女联盟；由多萝西·皮特曼·休斯（Dorothy Pitman Hughes）和格洛丽亚·斯泰纳姆（Gloria Steinem）在

1972 年于纽约共同创办的《女士》（*Ms.*）杂志；2015 年后在数个拉丁美洲国家兴起的“一个都不能少”（Ni una menos）运动；以及 2017 年开始崛起的 MeToo 运动。

这种公开且合作的表达方式显然不是西方独有的。自 20 世纪初起，在埃及［1892 年的《阿尔法塔特》（*Al Fatat*，即“小姑娘”）］、土耳其［1895 年的《妇女报》（*Hanımlara Mahsus Gazete*）］、伊朗［1910年的《知识》（*Danesh*）］和中国（1903 年至 1907 年间，在陈撷芬、陈勤等知识分子的倡导下，每年都有三到四份女权报纸诞生），新闻媒体就是女性主义的有力武器。在日本，一批读过女子大学的女性于 1911 年创办了《青鞜》（*Seitō*）杂志，这份杂志明确谴责了父权制的压迫，表达了当时的“新女性”对于爱、性以及文学等的强烈渴望。[14]

由于这个原因，女性主义是令人愉快的。1968 年至 1975 年的法国女性主义并非只是一连串标语或口号，更不是个人冲突。它的最大成就在于，它为女性带来了集体层面的解放，看看这些女性主义者女儿们的职业就可以明白这一点。如今，这些女孩已经成了经济学家、纪录片导演、教师或是律师。瑞士电影人卡罗尔·鲁索普洛斯（Carole Roussopoulos）的女儿在向我们讲述其童年时说道：

> 当时有太多的笑声、太多的交流了！所有妇女解放运动的参与者都是大嘴巴！但是，她们对我非常友善，她们不断赞美我。至于我的母亲，她是一个很爱抢话的人，她热情奔放、魅力十足，但同时也十分慷慨。以上就是我对女性主义的理解。[15]

比起她们共同实现的解放，女性主义各个流派之间的理论争论就没有那么重要了。参议员拉丽莎·沃特斯（Larissa Waters）是一位环保主义者，2017 年 5 月 9 日时，她成了第一个在澳大利亚联邦议会会议期间给婴儿哺乳的女性议员。她代表的究竟是平等女性主义，还是差异女性主义呢？作家维吉妮·德庞特（Virginie Despentes）的情况也与此类似，如果我们考虑到她提出的新型战士女性主义能够将男性针对女性的暴力转变成男性针对自己的暴力；她谴责强奸，追寻性自由，语言激进；她那悲观主义与幽默感紧密结合的文风模糊了界限，使得她的作品更具自由解放之力量。

一种务实的做法是坚持与所有从属关系和歧视行径做斗争。我们因此可以谈论**女性主义的实践**，它尊重两性平等（在教育、就业、薪资、选举及担任重要职务方面），尊重女性身体（包括对月经不再带有偏见，认识和了解阴蒂，主张与怀孕相关的权利，重视产妇的健康，制止强奸行为），同时也尊重性选择的自由（主要是性欲望的表达，维护少数群体尤其是女同性恋群体的利益）。

解放意味着争取权利，不仅为自己而且也为他人争取权利——工作的权利、建立事业的权利、投票的权利、参与公共和宗教事务的权利、创造的权利、爱的权利、生育或拒绝生育的权利、按照自己的意愿生活的权利、成为自己想要成为的人并因此受到尊重的权利、做一个自由人且不会因此遭受暴力的权利。所以，在女性处于从属地位的社会背景下，女性主义的目标在于**为女性群体争取尽可能多的权利，包括逃离父权环形系统的权利**。这一普遍追求超越了文化、传统和宗教，将女性推向自由和平等的界域。

7

男性女性主义者

自 18 世纪末以来，敢于称自己为女性主义者的女性一直是少数。而男性女性主义者，又是少数中的少数。这究竟是出于谨慎、漠然、盲目、轻蔑、厌女症，还是因为害怕背叛男性主导的性别秩序？毕竟，一个男性女性主义者将饱受女性的怀疑，并且首先会遭受来自男人的敌意。于贝尔蒂娜·奥克莱尔曾向法国作家小仲马发出过邀请，希望他能当法国妇女选举权联盟的主席。小仲马可怜兮兮地回复说："我很乐意帮助您，但我不能以这样的方式去做。一旦我接受当这个主席，人们便会说我和于贝尔蒂娜·奥克莱尔是一伙儿的。如此一来，我在法兰西学术院讲话可就没人会听了。"[1]

加入的原因

人们会说什么并不是主要问题。因为从根本上来说，大家并不清楚怎样——或应该怎样——才算是男性女性主义者。一个"好"丈夫？一个"开明的"父亲？还是一个绝不轻视女人、会与女性并肩战斗的男人？不过说到底，女性在她们不得不从事的斗争中不需要帮助，她们知道如何独自战斗。至于那些赞美女性的话（“我的妻子是一位完美的贤妻良母”），我们很清楚它们背后是什么意思。

在雷温·康奈尔看来，那些坚持平等主义的中产阶级丈夫是霸权男性气质的同谋，因为，尽管及时调整了自己的态度，他们却远未停止享受“父权制的红利”。克里斯蒂娜·德尔菲认为，男人的女性主义本身就是一种“新型的性别歧视”——这些男人投身运动是为了代替女人的位置，代表女人说话，就像往常一样。那么，男性的女性主义是大男子主义的最高境界？伯努瓦特·格鲁（Benoîte Groult）的看法与此相反，在《男人的女性主义》（*Le Féminisme au masculin*，1977）一书中，她向走在时代前端的一些男性思想家的勇气致敬。

为了走出这一纷争，我们先来理一下男人成为女性主义者（或至少是愿意维护女性权益）的原因。首先，其中必然包含情感联结。一些男作家与女作家缔结了友谊，比如蒙田与玛丽·德·古尔奈之间，又比如笛卡尔同与他书信来往的女王之间。一些女性知识分子，例如斯塔埃尔夫人、勃朗特姐妹、高群逸枝、格洛丽亚·斯泰纳姆和米歇尔·佩罗（Michelle Perrot），都是由讲求平等的父亲抚养长大的；年轻的美国女孩西奥多西娅·伯尔（Theodosia Burr）也是如此，她的父亲是美国副总统阿伦·伯尔（Aaron Burr），他曾密切监督过她的教育。包括阿梅莉亚·布卢默、米莉森特·福塞特、埃米琳·潘克赫斯特、卢克雷蒂亚·莫特（Lucretia Mott）、乌苏拉·布莱特（Ursula Bright）、艾达·劳（Ida Rauh）以及于贝尔蒂娜·奥克莱尔在内的数十名女性主义活动家都曾得到过丈夫的支持。在20世纪初，英国妇女政权论者赛琳娜·库珀（Selina Cooper）的丈夫曾是妇女选举权男子联盟（Men’s League for Women’s Suffrage）的成员。

这些身为丈夫或父亲的男性这么做，究竟是仅仅出于对妻子或女儿的爱，还是说他们本身就是在私人生活里贯彻平等原则的积极分子？这个问题的答案是：两者皆有。威廉·戈得温（William Godwin）与玛丽·沃斯通克拉夫特在1797年成婚。结婚时，沃斯通克拉夫特已经怀了戈得温的孩子，而且是一个私生女孩的母亲。戈得温敬重她的智慧和独立思想，且在自己的《政治正义论》（*An Enquiry Concerning Political Justice*，1793）一书中痛斥婚姻是一种“垄断”和“欺骗性的制度”。由于沃斯通克拉夫特在38岁时就因分娩而去世，备感绝望的戈德温立即着手为她写传记，并专注于对两个女儿的教育——其中一位就是玛丽·雪莱，即《弗兰肯斯坦》的作者。在这个例子里，是爱情将两名已经是女性主义者的男女聚到了一起。

其次，认同性的共情也是男性成为女性主义者的重要因素。共情是由我们大脑中的“镜像神经元”激活的，我们因此可以感受他人之感，就像那是我们自身经历的一样。在中国，那些痛斥让5岁女孩缠足的习俗，并揭露女性从小忍受惨绝人寰苦难的人，都是男人。比如生活在13世纪末即宋朝晚期的车若水，又或者是18世纪的袁枚，他们是史上第一批女性权益的男性捍卫者。在19世纪90年代，康有为在广东成立了第一个不缠足会，并积极投身到支持女子教育的革命中。

这种共情构成了19世纪文学中盛行的人道女性主义的基础。阮攸的《金云翘传》是越南文学的代表作，讲述了一个受男人虐待的年轻女性如何被迫卖淫和变成婢女的牺牲故事。在欧洲，一些男性作家也主动承担责任，为资产阶级利己主义的受害者们——孤儿、单身母亲、妓女、堕落的交际花——发声。例如写出了戏剧和小说《茶花女》（即威尔第《茶花女》歌剧的原型）的小仲马，又例如维克多·雨果，他成了《悲惨世界》中芳汀和珂赛特两个人物象征意义上的父亲。

再者，女性群体的权益也能以保障社会效用的名义来维护，毕竟国家的前景和未来要求我们不应该舍弃任何可用的人力和才干。这就是柏拉图会在他的《理想国》中为女性留出一席之地的原因，这个乌托邦诞生于古代最厌恶女性的社会之一。他认为，通过良好的训练，精英女性也可以成为城邦的守护者，也可以为公共利益贡献力量，她们不应该仅仅待在家中，白白荒废了才华。在19世纪后半叶，一些美国改革派男性开始高举女性主义大旗。在他们眼中，同男性相比，女性具备更高的道德水准——女性更善于克服人们共同生活时的冲突，更知道如何让社会摆脱由男性带来的祸患，比如酗酒、剥削和腐败。在这种版本的女性主义背后是对社会救赎的希冀。

“致力于现代化事业的男人们”也对女性的命运极具兴趣，他们宣称自己具有远见卓识。这一构想在19世纪时鼓舞了不少阿拉伯、日本和中国的男性知识分子，他们坚信西方之所以成功，就是因为推动了妇女解放和核心家庭的建立。在日本，德富苏峰和福泽谕吉都捍卫这种观点，前者是一位颇具影响力的自由主义作家，而后者于1862年从欧洲考察归来后就背离了儒家传统，皈依了性别平等的理想。1903年，29岁的金天翮在上海出版了一本名为《女界钟》的著作，主张妇女应该有学习的权利、工作的权利、掌握财产的权利、自由出行的权利、缔结友谊和爱情的权利以及投票的权利。这些主张是出于对人类尊严的尊重提出的，但也是出于将中国转变为“文明”国度的需求。[2]

反抗压迫女性的斗争和社会革命的纲领相互交叉——废奴主义者、社会主义者和女性主义者们在斗争的十字路口相遇了。1840年，在伦敦召开的国际反奴隶制大会上，美国女代表受到排挤。这件事让众多男人和女人的女性主义思想同时觉醒了。[3]1848年的塞尼卡福尔斯会议有约30位男性出席，其中包括记者威廉·加里森（William Garrison）、贵格会成员詹姆斯·莫特（James Mott）以及有过黑人奴隶经历的废奴活动家弗雷德里克·道格拉斯（Frederick Douglass）。这些男性都是坚定的废奴主义者，他们强烈谴责任何形式的奴役——无论是对黑人的奴役，还是对妇女的奴役。此外，他们还积极争取黑人和女性应有的投票权利。在《家庭、私有制和国家的起源》（发表于1884年，即马克思死后的第二年）一书中，恩格斯试图表明，对女性的家内奴役源自对私有财产需求的进一步扩大。他借助约翰-雅各布·巴霍芬（Johann-Jakob Bachofen）在《母权论》（*Le Droit maternel*）和刘易斯·摩根（Lewis Morgan）在《古代社会》（*Ancient Society*）中提供的论据写道，在"文明"建立的初期，比如新石器时代，一夫一妻制以及财富的不断累积给女性的支配地位画上了句号。被男性夺去权力，这是"女性在历史上的重大失误"，而且所有其他形式的不平等都源于此。恩格斯总结说，在家庭中，"丈夫是资产者，妻子则相当于无产阶级"。所以他认为，资本主义制度的崩溃和废除私有制将换来工人和妇女的集体解放。[4]

我们已经指出，男性的女性主义精神可以源于爱，源于共情，源于利益、效用或策略，但这些都无法排除对正义的追求。事实上，没有任何理由可以让我们忽略这最后一个原因——对人权的尊重。无论是损害女性器官、让她们保持蒙昧无知、令她们屈从丈夫，还是剥夺她们的投票权，这些做法从根本上来说都是不公正且不道德的行径。女性主义是一种伦理。正如在其他领域中一样，在女性主义领域里，男性能够第一个行动起来，这点其实并不奇怪——当然，这并非因为他们垄断了所有的道德感，而是因为他们在现实中垄断了教育、话语权和进入公共领域的机会。所有这些因素汇聚起来，衍生出一群奇怪的人：男性女性主义者。

女英雄、女文人和女先知

在一个性别被紧束在无可变动的角色上的社会当中，废除旧有习俗是转向乌托邦社会的重要一步。像男人一样生活的女人，这个构想成了众多艺术家和作家的灵感来源。三种女性形象完美勾勒了幻想中的解放：女英雄、女文人和女先知。

希腊人曾对亚马孙女战士无比着迷，根据希罗多德的记载，她们是全副武装的女骑士，拒绝一切属于她们性别的工作。阿喀琉斯甚至爱上了被他伤及致死的女王彭忒西勒亚。《圣经》也给出了不少勇敢女性的例子，她们要么是女族长，要么是抵抗者，比如撒拉、黎贝加、拉结及斩下赫罗弗尼斯头颅的朱迪斯。17 世纪初，卡拉瓦乔及其弟子尤其重视朱迪斯，他们将其描绘成坚定、凶狠的样子，五官因实施恶行所需的努力而绷紧。同一时期，大胆勇敢的（有些情况下甚至是危险的）女性形象出现在托马斯·海伍德（Thomas Heywood）的《有关女性各种历史的九本书》（*Gynaikeion*，1624）以及耶稣会神父勒莫恩（Le Moyne）的《女强人画廊》（*La Gallerie des femmes fortes*，1647）中。在中国，有一个传说歌颂了年轻女性木兰的事迹。她女扮男装，代替年迈的父亲作战，立下了巨大功勋。在公元 7 世纪至 8 世纪的中国唐代瓷器上，也出现了不少玩马球或骑马奏乐的女性形象。

自文艺复兴起，人文主义者们开始逐步认可女性获取知识的权利。拉伯雷（Rabelais）构想出了住满女知识分子的泰莱姆（Thélème）修道院，西班牙人胡安·路易斯·比韦斯（Juan Luis Vives）写出了专论《论基督教妇女的教育》（*L'Institution de la femme chrétienne*，1523），还有英国人托马斯·埃利奥特（Thomas Elyot）的《为好女人辩护》（*The Defence of Good Women*，1540），以及捷克人夸美纽斯（Comenius）的《大教学论》（*La Grande Didactique*，1627）。在17世纪70年代的法国，普兰·德拉巴雷（Poullain de La Barre）写下了“智力无关性别”，而费奈隆则主张让女孩接受全面的家庭教育。在18世纪，中国的改革家陈宏谋也曾大力提倡对于女性群体的教育。

最后，女先知向男人揭示他的未来：她传达神明的话语，比如德尔菲的皮提亚，还有通过解读晦涩难懂书籍来转达神示的女预言家。16世纪时，米开朗琪罗在西斯廷教堂的天花板上画下了数位拥有大力神般强壮身躯的女预言家。19世纪20—30年代，在工业革命带来的巨变中，圣西门和他的弟子们宣布“女人”（la Femme）时代到来了，她是“未来的先知”，是整个人类文明之爱，是人类再生的希望。在“女性同伴”（Compagnons de la femme）协会的创始人埃米尔·巴罗（Émile Barrault）看来，未来的女先知有能力让战士的凶残变得柔软，击碎不同社会与民族间的阻隔——“来自女性的预言是永恒的。”[5]圣西门一派的观念极大影响了路易·阿拉贡（Louis Aragon），使后者得出“女人即是男人未来”的见解。

把柏拉图或勒莫恩神父说成是女性主义者将是一个严重的误导。只有真正为女性权益奋斗的男人才配得上这个称呼。和其他先驱者一样，他们的斗争与启蒙运动和18世纪末的一系列革命密不可分。例如，若古（Jaucourt）曾在《百科全书》中提到，妻子在法律上从属于丈夫违反了平等原则，而且，男人并不一定比女性拥有更多的力量和智慧。女性的权利，和所有人权一样，是民主社会发明的一部分。

倡导平等的男性思想家

早在1788年，孔多塞侯爵就在他的《纽黑文一位资产阶级人士致一名弗吉尼亚公民的信》（*Lettres d'un bourgeois de New Haven à un citoyen de Virginie*）中，用大量笔墨探讨了美国革命的理想形态。孔多塞侯爵谴责了拒绝将女性视为有情感、道德以及理性能力之存在的压迫性法令。一个自由的国度理应赋予女性选举权和出任公职的资格。

在《关于接纳妇女享有公民权》（*L'Admission des femmes au droit de cité*，1790）中，孔多塞进一步展开了他的论证，他对一年前刚刚通过的《人权宣言》做出了强有力的修正。在他看来，事实是，将女性排除在法律之外的行为违背了权利平等的基本原则，而这一点体现的是贵族等级遗存带来的不公正，同时还是一种暴政。这一现象有诸多借口，例如：妇女需要怀孕生产；妇女会不时因为月经而身体不适；妇女有许多家务职责；她们对科学、艺术或文学的贡献寥寥无几。但在孔多塞看来，造成这种现象的罪魁祸首是男性的压迫、习惯的力量、教育的不平等。他认为，想要终结这种现象，就需要以女性政治家（比如俄罗斯的叶卡捷琳娜二世）和女性知识分子（比如沙特莱夫人）为榜样，宣扬两性都拥有自然权利，强调所有人类都拥有人类理性和道德特征，追求民主的一致性。

孔多塞在**自由、平等和人权**之间建立起关联关系，这是在观念上与普兰·德拉巴雷的决裂，因为德拉巴雷的平等主义只是带来了一定程度的婚姻改革和对妇女进行的特别教育。孔多塞的目的不在于为女性带来人文主义的权利恢复，而是要让妇女整体获得解放。无论在私生活中还是政治场域中，女性都应该是自己的主人。尽管在1793年发表的《宪法计划》(*Plan de Constitution*)中，他依然将公民权利保留给了男性，但无论如何，即便孔多塞算不上世界上第一位女性主义者，他也至少是世界上最早一批女性主义者中的一员。与同时代的男性或女性改革者相比，他的勇敢不言而喻。除了选举权和被选举资格之外，他还主张对女孩的普及教育，而与他同时代的塔列朗在1791年主张的，仅仅是对于女孩的家庭教育。

孔多塞的想法被国民议会代表皮埃尔·居约马尔(Pierre Guyomar)在《拥护个体间政治平等》("Partisan de l'égalité politique entre les individus")一文中采纳。居约马尔认为应该摒弃"性别偏见"(这与"肤色偏见"一样令人发指)，组建真正的民主制度，反对"男性专制"。同年，另一位名为吉尔伯特·罗姆(Gilbert Romme)的议员也宣称，"每个人，无论性别"，都理应享有一切政治权利。

柯尼斯堡的高级官员西奥多·戈特利布·冯·希佩尔(Thoedor Gottlieb von Hippel)，是当时为数不多的德国男性女性主义人士之一。要说明这点，我们仅需将他的立场与他的友人康德做个比较就足够了。在《论妇女公民权之改善》(*Über die bürgerliche Verbesserung der Weiber*，1792)中，希佩尔呼吁平等和个人自由。不过，他规划的并不是一项解放工作，而是一次公民社会的改革，正如数年前威廉·冯·多姆（Wilhelm von Dohm）在处理“犹太人问题”时做的一样。在希佩尔看来，这一改革涉及的是如何让亲近自然、性情温和、情感生活丰富的人类个体融入社会生活的问题。

当时，德国的各大报刊以及像维兰德（Wieland）、歌德这样的著名人士，都对英国人詹姆斯·劳伦斯（James Lawrence）的观点表示出极大兴趣。他们先是对他于1793年发表在《德国信使报》（*Mercure Allemand*）上的一篇文章做出回应，而后又讨论了他的一部被翻译为数种语言的小说里透露的思想。劳伦斯以印度母系社会纳亚尔（Nayar）为例，提倡取消婚姻制度，废除父亲身份。他认为，这一举措有助于将女性解救出男性统治的桎梏，女性可以通过领取国家支付的酬劳来养育孩童，男性也可以全身心地投入到与思想有关的工作当中。[6]这是不是在捍卫自由恋爱、鼓励性别分工、畅想一个属于女性主义的乌托邦呢？无论如何，詹姆斯·劳伦斯的确是第一批捍卫女性经济独立的思想家之一，他认为女性应当掌握经济大权和亲子关系上的权力，这是远离父权家庭模式并在婚姻之外过上幸福生活的先决条件。女性主义者在她们的小说中也维护了同样的观点，比如玛丽·海斯（Mary Hays）的《埃玛·考特尼传》（*Memoirs of Emma Courtney*，1796），玛丽·沃斯通克拉夫特的《玛丽亚》（1798）。

第一批社会主义者笔下的和谐景象与他们所处的现实社会截然相反。他们憧憬着一个没有压迫的社会，在其中，每个人都可以依照自己的喜好和才能充分地实现自我，不受时间限制。作为一个理想世界的设计师，夏尔·傅立叶在其《关于四种运动和普遍命运的理论》（*Théorie des quatre mouvements et des destinées générales*，1808）中谴责了对女性的奴役行为。傅立叶的这部著作文风强劲、想象丰富，其独创性在于他将历史分析、政治经济学和社会进步论进行了有机结合。在傅立叶看来，女性权利构成了判断社会进步与否的试金石。他明确区分出社会发展的八个时期，人类从伊甸园时期到和谐社会的进步和过渡皆是以"女性逐渐迈向自由之路"作为脉络来展开的。反之，任何社会的衰败总能从女性地位的倒退来做出解释。作为平等理念的热情倡导者，傅立叶还指出，所有归咎于女性的缺陷其实都只是反映了"社会体系自身的弊端"——经济上的剥削、婚姻的束缚和以爱情为名义的压迫。傅立叶甚至想象出一种需要持续一个世纪之久的"第三性"暴政，他觉得这种暴政最终会令男人明白，强者逻辑是多么不公正。

佐埃·德加蒙（Zoé de Gamond）受到了傅立叶女权观念的巨大影响。她是傅立叶思想的热情拥护者（比起圣西门，她更喜欢傅立叶），也是比利时小学里的第一位女督学。此外，在1848年国家确认男性普选权时，傅立叶的弟子维克多·孔西德朗（Victor Considerant）是指出"女性仍被剥夺投票权，而男性仆人和乞丐却都获得投票权"的少数抗议者之一。

在英国，社会主义理论家罗伯特·欧文（Robert Owen）主张性别平等和离婚的权利。威廉·汤普森是一位富有的爱尔兰地主，他与欧文主义者和圣西门主义者都保持了密切联系。汤普森曾发表过一篇女性主义性质的宣言，即《倡议作为一半人类的女性抵制作为另一半人类的男性的号召书》（*Appel de la moitié du genre humain, les femmes, contre les prétentions de l'autre moitié, les hommes*，1825）。他在宣言中指出，女儿的利益与父亲的不同，妻子的利益也与丈夫的不同，她们不能合法地被这些男性所代表，所以女性理应被赋予投票权。婚姻是一种对妻子的暴行，就像是另一个层面上的奴隶制，因为结婚会让女性失去自己的人格、权利和财产，变成一个生育机器。

正是在父亲的教育下，约翰·斯图尔特·密尔获得了同时代人所仰慕的各种文化知识。尽管他的自由主义和功利主义观点是其父辈遗产不可分割的一部分，但他仍不得不与父权传统决裂。事实上，正是为了反驳密尔父亲的立场，威廉·汤普森才写出了《倡议作为一半人类的女性抵制作为另一半人类的男性的号召书》这一宣言。汤普森的思想曾受到女性好友安娜·惠勒（Anna Wheeler）的影响，而约翰·斯图尔特·密尔也常常提及自己的妻子哈莉特·泰勒（Harriet Taylor），说到她对自己著作的影响。1851 年，泰勒在《妇女的选举权》（*The Enfranchisement of Women*）中谴责了将女性看作“多愁善感的圣母”的做法，她认为女性不仅是资产阶级社会鄙视链的受害者，也是工人运动中性别歧视的受害者。泰勒的观点极大启发了乔治·霍利约克（George Holyoake）。霍利约克是一位欧文主义者，也是 19 世纪 50 年代《英国妇女杂志》（*English Woman's Journal*）的发起人。

不过，哈莉特·泰勒的影响主要还是体现在《妇女的屈从地位》（*The Subjection of Women*，1869）一书中，约翰·斯图尔特·密尔在爱妻死后的第 11 年才终于出版了这本书。追随妻子的脚步，他批判了女性遭受的所有不公正待遇：认为女性愚笨的偏见，婚姻的牢笼，被终结的职业生涯，以及被剥夺的公民权利。男人被作为一个群体控诉，他们的专制行为类似于旧制度下的君主专制和美国的奴隶制。然而，君主专制和奴隶制仅会让少数人受益，父权制却是整个性别的人都在滥用权力。在专制主义倒台与奴隶制被废除之后，对女性的奴役构成了旧世界遗留的最后残余——“婚姻制度是被我们法律认可的唯一一个真实的奴役机制。”

然而，尽管斯图尔特·密尔就社会剥夺了女性数不尽的才华这件事感到由衷的遗憾，他并没有从根本上质疑传统的劳动分工，在这种劳动分工中，女性总是要照料孩子。在这一点上，致力于女性智识发展和公民参与的哈莉特·泰勒要坚定和果断得多。

作为下议院的一名议员，约翰·斯图尔特·密尔早在1866年就向国会提交了一份1499名女性活动家的请愿书，主张给予所有受过教育且具备纳税义务的妇女选举权。这是在《妇女的屈从地位》出版的3年前。尽管得到了73位议员的支持，他的修正案还是于次年遭到否决。

密尔的继任者雅各布·布莱特（Jacob Bright）在1869年成功为女性争得了市政选举中的普选权。之后，包括伦纳德·考特尼（Leonard Courtney）、休·梅森（Hugh Mason）和费斯福尔·贝格（Faithfull Begg）在内的一些英国议员相继提交了几十项有利于女性投票权的提案。时间推进到20世纪初，一些男性协会继续跟进这项事务，为争取妇女投票权做出不懈努力，其中包括妇女选举权男性选民联盟（Male Electors' League for Women Suffrage，1897）和女性正义之男性委员会（Men's Committee for Justice to Women，1909），尤其出现了囊括男性知识分子、法学家、教士、医生和工业家的妇女选举权男子联盟（1907）——后来又从此联盟中分出了更加激进的妇女选举权男子政治联盟（Men's Political Union for Women's Suffrage，1910）。弗雷德里克·佩斯克-劳伦斯（Frederick Pethick-Lawrence）是其中的突出代表，他与约翰·斯图尔特·密尔和哈莉特·泰勒一样，也是一位论派①的新教徒。他曾在狱中绝食并因此遭受强制喂食。之后，他又因为赔偿他所支持的妇女参政论者的打砸抢后果而破产。[7]

即使约翰·斯图尔特·密尔严格来说不算社会活动家，他对后人的影响依然不容忽视。他与著名妇女政权论者米莉森特·福塞特一直保持着良好关系，还有继女海伦陪伴着走到生命尽头，并在世界各地激励了一系列的女性主义者——德国的奥古斯特·贝贝尔（August Bebel）、丹麦的乔治·布兰德斯（Georg Brandes）、日本的福泽谕吉，以及部分法兰西第三共和国的自由主义人士。

三位男性女性主义思想家

他们不是都违逆了权利平等原则，通过将妇女排除在公民生活之外而悄无声息地剥夺了整整一半人类参与制定法律的权利吗？三四百位男性因荒谬的偏见而遗弃权利平等的原则，从而遗忘了整整1200万女性，这难道不是人们，甚至是开明男性也在被习惯力量左右的明证吗？[……]要么，任何一个人类都没有真正的权利；要么，每一个人类都拥有同等的权利。所有投票反对他人投票权的人，无论他的宗教、肤色或性别为何，都在这一刻起自

① 一位论派（Unitarianism），又称一神论派、神体一位论派、唯一神论派、独神论派等。此派别否认三位一体，强调上帝只有一位，并不是像传统基督教相信的上帝由三个位格（即圣父、圣子和圣灵）组成。——编者注

动弃绝了自己诉求的权利。

——尼古拉·德·孔多塞，

《关于接纳妇女享有公民权》（1790）

而你们，你们这些性别的压迫者，如若你们受到的也是奴性的教育，要求你们终日像机器人一般服从偏见，在机缘巧合被分配到的主人面前卑躬屈膝，你们真的以为自己可以比女性做得更好吗？[……] 我可以确定地说，女性，在自由的状态下，可以在所有不依赖于体力的身心事务上完全碾压男人。[……] 女人们需要培养的不是女作家，而是解放者，是斯巴达克斯那样的领导者，是能够想出办法使自己的性别免于堕落的高手。文明的希望最终会落在女人的身上，能够打击性别压迫的只有女人。

——夏尔·傅立叶，

《四种运动和普遍命运的理论》（1808）

这种针对女性的性别判决是通过施加在女人身上的法律（或者与法律同样强大的习俗）达成的。在启蒙教育尚未渗透的社会中，肤色、种族、宗教、国籍 [……] 对某些男人来说是什么，性别对所有女人来说就是什么——它把女性排除在几乎所有能够带来荣誉的职业之外，除了那些男人无法胜任或认为不值得从事的职业。这类问题带来的苦难极少引发人们的同情，以至于极少有人意识到，即使在今天，荒废生命的感觉仍在造成巨大的痛苦。

——约翰·斯图尔特·密尔，

《女性的屈从地位》（1869）

男人中的女性主义引发的争议

唯一一位具备如此世界性影响的作家当属挪威的亨利克·易卜生（他也是因为受到了本国女性主义知识分子的影响）。其剧作《玩偶之家》出版于1879年，在1880年就被翻译为英语和德语，而后又于1889年被译为法语，1893年被译为日语，1918年被译为中文。1928年，在阿拉哈巴德一所女子大学的落成典礼上，印度总理尼赫鲁也在演讲中提到了《玩偶之家》。这部剧作在世界各地引起了许多流言蜚语，带来了无数的笔战。它曾在德国被删减，在英国被禁止，1911年在日本东京的帝国剧场上演时也受到了猛烈抨击。很快，日本女性主办的杂志《青鞜》特地出版了一期副刊，献给"新女性"的象征——娜拉。[8]爱伦·凯、西蒙娜·德·波伏娃以及贝蒂·弗里丹（Betty Friedan）也在她们的写作中向娜拉致敬。

萨尔瓦托雷·莫雷利来自意大利南部，其职业生涯完美体现了一位致力于女性权利的男性会面临怎样的重重困难。他是圣西门思想的追随者，曾因反对波旁王朝而遭到监禁。他于1861年出版了一部作品，名为《被认为是解决未来问题的正当手段的妇女与科学》（*La donna e la scienza considerate come soli mezzi atti a risolvere il problema dell'avvenire*）。这部作品在其后几年里被译为法语和英语。莫雷利在1867—1880年出任议会议员，他在此期间向意大利议会提交了一系列法案，内容有关废除婚后对妻子的奴役，父母共享子女的监护权及抚养权，两性享有同等的公民权，离婚权，追踪亲子关系的授权，子女冠母姓的可能性，向女性开放自由职业。可是，不仅这些草案（除1877年女性被允许在法律诉讼中作证之外）未被提上议程，莫雷利的发言还引发了议会的全场哄笑。尽管莫雷利与其他女性主义者，如英国的约翰·斯图尔特·密尔和法国的莱昂·里歇尔都缔结了友谊，但是在1880年，他依然是在众人的冷漠和无视中走完了自己的一生。[9]

在法国，男性参与的女性主义斗争主要集中在为女性争取公民权和教育权方面。莱昂·里歇尔于1869年创办了杂志《妇女权利》（*Le Droit des femmes*），后来又创建了妇女维权会（Association pour le droit des femmes）。随后，他于1878年在巴黎组织了一次有关妇女权利问题的国际研讨会。里歇尔在朱莉-维克图瓦·杜比耶（Julie-Victoire Daubié，第一位拥有学士学位的女性）、玛丽亚·德拉斯摩（Maria Deraismes）和于贝尔蒂娜·奥克莱尔等女性活动家那里受到尊敬，同时又不得不忍受男同胞们的嘲笑，他们讥讽他是“属于女人的男人”。19世纪90年代中期，在一次于拉博迪尼埃剧院（La Bodinière）举办的讲座上，莱奥波德·拉库尔（Léopold Lacour）在选拔出来的观众面前围绕两性平等、女性的政治权利和性权利展开了辩护——拉库尔因为他的人文主义女性主义而被视为怪人。[10]

尽管如此，男性在女性主义领域的政治参与依然是模棱两可的。首先，他们的人数偏少，在19世纪的最后三分之一时间里仅剩下几十人——在妇女维权会内部，男性的参与比例在1875年时下降至总成员的五分之一，而在20世纪头十年的妇女选举权男子联盟中，男性也只占四分之一。其次，女性主义的女活动家经常被迫去邀请男性参与，即便男人们对此显得不冷不热，但毕竟男性能为行动带来资金和受到重视的可能，更别提当时还存在政治类报刊必须由男性领导这种强制规定。最后，男性维护女性权益时使用的说法往往是双刃剑。比如经常去拉博迪尼埃参加讲座和演讲的《吉尔·布拉斯》(*Gil Blas*)杂志编辑朱尔·布瓦(Jules Bois),他会用神秘的语调歌颂"新夏娃"的到来。1872年,小仲马称诋毁他的人为"女性主义者"(这是这个词最早被使用的例子之一)。对于这个奚落,新闻界巨头埃米尔·德·吉拉尔丹(Émile de Girardin)在《男人和女人》(*L'Homme et la Femme*)一书中回应说:"女性主义者!就叫这个吧。我很荣幸能够与像格莱斯顿先生(MM. Gladstone)、雅各布·布莱特先生和斯图尔特·密尔先生这样的男性和思想家同列。"——但这并不妨碍他对家庭主妇的赞扬。

1870年,共和党人朱尔·费里(Jules Ferry)在莫里哀厅发表了关于女孩教育的演讲,其中提到了孔多塞。10年后,违逆了右翼人士和天主教教徒意愿的《卡米尔·塞法案》(Loi Camille Sée)通过,法国开始为年轻女孩开设女子高中(其课程设置与男子高中不同,因为课程的目的是让女孩成长为合格的母亲)。这种以教育为重心的女性主义旨在打击政治女性主义。共和党哲学家亨利·马里恩也提出了"差异平等"的概念,目的是抵制女性主义者们对于财务自主权、工作权和选举权等权利的诉求。[11]

与英国的情况相反,当时的法国政界人物对赋予女性投票权的态度,要么是认为为时过早,要么是觉得这是彻底地荒唐可笑。在数量极少的妇女选举权支持者当中,我们可以看到社会主义者马塞尔·松巴(Marcel Sembat),他将争取妇女在公民权和政治上的平等纳入了自己的议员规划中;还有作为塞纳省议员、以激进闻名的费迪南·比松(Ferdinand Buisson),他是《妇女选举权》(*Le vote des femmes*, 1911)一书的作者,此书对世界范围内的女权征程做了详尽的比较研究。至于勒内·维维亚尼（René Viviani），更是法国在美好年代[①]期间最为忠实的女权事业捍卫者之一：他编辑了《妇女权利》（*Droit des femmes*），从19世纪80年代末就与法国妇女权利联盟（Ligue française pour le droit des femme）来往过从；他积极参与各种与女性权利有关的会议且加入相关协会，毫不惧怕因此连累自己在政府内部的职业生涯。一些由男性女性主义者发出的呼吁也引发了争议，例如在《婚姻》（*Du mariage*，1907）一书中，年轻的莱昂·布鲁姆（Léon Blum）提倡对年轻女孩进行性教育。

在20世纪初的纽约，一批知识分子主张将女性主义作为解放伴侣关系和实现公共生活自由的工具。他们认为女性主义不仅有助于妇女解放，同时也有助于男性的解放。他们反对资本主义，支持节育，主张女性的经济独立和性独立。他们在格林威治村过着大众眼中的"放荡生活"，以他们独特的观念持续震撼着他们的同时代人。在这些激进分子中，有《属于男性的女性主义》（"Le féminisme pour les hommes"，1917）一文的作者弗洛伊德·戴尔（Floyd Dell），还有在1910年以英国经验为基础，在美国参与创建了妇女选举权男子联盟的马克斯·伊斯特曼（Max Eastman）。这一美国的男子联盟在美国各地都有分支机构，拥有数千名会员，其中包括哲学家约翰·杜威（John Dewey）和拉比斯蒂芬·怀斯（Stephen Wise）。在当时，那些参加女权游行的男性社会活动者通常会被称呼为"女帽商""穿衬裙的男人"，又或是被冠上性别叛徒的名义而遭到诋毁。[12]

阿拉伯世界中，在埃及人泰赫塔维（Al-Tahtawi）的影响

① Belle Époque，从19世纪末到1914年"一战"爆发前的一段时期。此时的欧洲处于一个相对和平的时期，随着资本主义及工业革命的发展，科学技术日新月异，欧洲的文化、艺术及生活方式等在此期间日臻成熟。——编者注

之下，提倡“阿拉伯文化复兴”的思想家们开始宣扬女性教育。泰赫塔维是《女孩和男孩教育实用指南》（*Guide honnête pour l'instruction des filles et des garçons*）一书的作者，还是一名法国通。同为埃及人的卡西姆·阿明（Qasim Amin）完成了在埃及和巴黎的求学之路后，也追随了泰赫塔维的步伐。阿明在著作《妇女的解放》（*L'Émancipation de la femme*，1899）中以文明与进步的名义抵制“头巾法”，反对一夫多妻制，反对休妻和强迫婚姻。这本书的出现在埃及被看作丑闻，以至于阿明遭到司法机构的解雇。在突尼斯，思想家兼政治家塔希尔·哈达德在著作《我们的妇女：伊斯兰的立法与社会》（*Notre femme: la législation islamique et la société*，1930）中也走上了相同道路。他的基本出发点是，“在东方，女性依旧活在头巾的束缚之下”。他说，女性本该摆脱这种埋没，她们应该在户外自由进行体育活动，去上学读书，自由选择自己的男性伴侣，自由工作，拥有签订合约和出庭作证的权利。因为这些言论，哈达德受到了来自四面八方的抨击，最终只能在痛苦和孤独中度过自己的后半生。[13]

带来解放的男医生

虽说自希波克拉底以来，医学一直都是男人独霸的领域（在15世纪西方社会对“女巫”进行大范围捕杀之后更是如此），但医学有时还是会考虑到女性患者的需求。在19世纪初，部分医生、卫生学家、精神病学家开始试图了解女性为什么总是处于痛苦状态，尽管他们只是出于监管女性和维护公共秩序的目的。1859年，布里凯（Briquet）医生证明了歇斯底里症并不是一种子宫疾病，而是一种扰乱了整个神经系统的脑部疾病。

那么，如何能让患者好过一点？“我们看到的最普遍的情况是，一些不幸的妇女需要向医生倾诉自己的悲苦，她们会因为获得理解而感到心满意足。”[14] 一道新大门向夏科（Charcot）敞开了，也间接为后来的弗洛伊德敞开了。

1832 年，查尔斯·诺尔顿（Charles Knowlton）在纽约发表了《哲学的果实》（*Fruits of Philosophy*）。他在书中为新婚夫妇提供避孕的建议，还附上了插图。这本书的出版商在 1877 年遭到起诉，此书因此在英国名声大噪。19 世纪 70 年代，保罗·罗宾（Paul Robin）在流亡英国期间接受了新马尔萨斯主义①，并将其引入法国。罗宾是自由派教育家和混合教学法的推动者，他四处宣传鼓励节育的必要性。他的行动与女性主义者奈莉·鲁塞尔及加布丽埃勒·珀蒂的平权行动刚好处于同一时期——鲁塞尔和珀蒂也认为，女性有不做母亲的权利，母亲身份应是一个自由选择。19 世纪末，英国性学家哈夫洛克·埃利斯（Havelock Ellis）指出，与维多利亚时代人们以为的不同，女性群体其实普遍具有性欲望；他还指出，无论对男性还是女性，自慰都是一种正常的行为。他的观点在二战后被美国的阿尔弗雷德·金赛（Alfred Kinsey）和法国的皮埃尔·西蒙（Pierre Simon）继承，这种观点在很大范围内消除了人们因为性欲和自慰行为而产生的负罪感。“正常”女人是有性欲望的。肯定且重塑女人的性欲望，是女性自由解放的重要因素，更是女性幸福的源泉。

法国巴斯德研究所的工作人员则在产科学方面取得了惊人进步。他们普及了无菌原则，完善了牛奶灭菌法，而这些牛奶又在当时法国的第一批育儿机构中用奶瓶分发了出去［19 世纪

① 新马尔萨斯主义是以马尔萨斯人口学说为理论基础，但主张实行避孕，通过节制生育来限制人口增长的人口理论。

90 年代初，一个名为“奶水”（les Gouttes de lait）的组织分别在巴黎和费康（Fécamp）两地开设了工作部]。这些改进是受到当时法国对德国的复仇心态刺激，在人口焦虑的背景下发生的。第一批儿科医生——加斯东·瓦里奥（Gaston Variot）和皮埃尔·比坦（Pierre Butin）——的初衷可能并不是解放妇女，但这些是他们行动的结果：分娩时的死亡率下降，奶瓶喂养婴儿成为可能，而后者消除了女性进入就业市场的主要障碍之一，即母乳喂养。

在美国，当时的一些男性则投身到与女性月经相关的研究里。厄尔·哈斯（Earle Haas）于 1931 年发明了卫生棉条，莱斯特·戈达德（Lester Goddard）于 1932 年申请了月经杯的专利。一些女性把卫生棉条和月经杯商业化，创立了 Tampax 和 Tassette 两大品牌。1919 年，奥地利医生路德维希·哈勃兰特（Ludwig Haberlandt）意识到，也许可以通过短期服用激素来避孕。在瑞希特（Richter）公司的协助下，他于 1930 年研制出一种名为 Infecundin 的激素制剂。然而，他因这一发明遭到大众的攻击，并于两年后自杀。第二次世界大战后，一些化学家和医生成功发明了口服避孕药，他们之中有格雷戈里·平卡斯（Gregory Pincus），他受到了女性主义慈善家、前妇女政权论者凯瑟琳·麦考密克（Katharine McCormick）的资助。麦考密克同时还是节育先驱玛格丽特·桑格的密友。最终，口服避孕药于 1960 年在美国上市并销售，后来又出现在了澳大利亚、联邦德国和英国。[15]

这个例子表明，我们有必要将因为研究成果而**偶然为女性带来福祉**的男医生，与那些致力于扩大妇女权益、**有着明确的女性主义行动目标**的男医生区分开来。后者的目的在于让女性能够更好地主宰自己的身体，让怀孕一事变成一个自由的选择，让妊娠成为一段幸福时光。妇科医师试图将母亲们从古老的诅咒——“你生产儿女必多受苦楚”①——中解脱出来。英国的妇产科医生迪克-雷德（Dick-Read）和苏联医生尼古拉耶夫（Nikolaïev），分别在20世纪30年代和50年代，发明了一种基于放松和呼吸练习的分娩法。费尔南·拉马兹（Fernand Lamaze）从苏联游学归来后，就开始在巴黎的布勒埃诊所施行“无痛”分娩法。直到20世纪80年代，拉马兹的这一方法在法国和美国都非常流行。[16]

在法国，共产党人了接受了这种受苏维埃启发的女性主义，但始终拒绝将堕胎合法化。1956年，记者雅克·德罗吉（Jacques Derogy）出版了一本披露秘密堕胎惨剧的书，当时的法国共产党领导人莫里斯·多列士（Maurice Thorez）在《人道报》（*L'Humanité*）的专栏中冷漠地回应说：“女性的解放之路会通过社会改革实现，会通过社会革命实现，但绝不会通过在诊所中堕胎来实现。”多列士的配偶珍妮特·维米尔施（Jeannette Vermeersch）担心，若引进美国的堕胎合法化和节育措施，劳动妇女会“沾染上资产阶级的恶习”。[17]因此，法国争取堕胎权的斗争是在缺少共产党人的支持时进行的，但获得了自由派右翼人士的强烈支持。

皮埃尔·西蒙在这一历史篇章中发挥了关键作用。作为一名妇科医生、性学家、无痛分娩实践者和避孕权利活动家，他从伦敦带回了大量的避孕隔膜和避孕套，并全部捐献给了计划生育中心，由中心再分发给需要的人。他曾为吕西安·诺伊维尔特（Lucien Neuwirth）提供过医学知识方面的支持，后者最终在1967年成功说服了戴高乐将军，避孕药因此在法国被合法化。

①《圣经·创世纪》中上帝说的一句话。——编者注

同时，他还参与起草了“韦伊法”①，该法案于1974年吉斯卡尔当政时期由男性组成的议会投票通过。在英国，一些以堕胎法改革协会（Abortion Law Reform Association）为平台做斗争的男性也在1964年的大选后坐上了政府部门的重要位置。受艾丽斯·詹金斯（Alice Jenkins）《富人的法律》（*Law For The Rich*）一书的影响，议员戴维·斯蒂尔（David Steel）提出了一项关于医疗终止妊娠的法案，该法案于1967年在男性占比96%的英国下议院被投票通过。[18]

为了在全世界范围内扩大女性的性权利及生殖权利，这些男医生不仅要与习俗和偏见做斗争，也要与他们的同事、法律和教会做斗争，有时还要冒着失去工作甚至丢掉性命的危险。另一方面，他们也获得了不少政界男性，尤其是某些议员的支持。在美国，帮人堕胎的妇科医生不得不面对“反堕胎运动”（pro-life）支持者们的暴力行径：一项分析报告显示，在1978至2015年，统计在案的暴力中，至少有11起谋杀、26起谋杀未遂、185起蓄意纵火、42起炸弹袭击和1500多起洗劫医疗诊所的暴力案件是反对堕胎人士所为。[19]

20世纪30年代以来妇科医生们的斗争

国家	姓名	活动时间	斗争领域	后果和影响
英国	格兰特利·迪克-雷德（Grantly Dick-Read）	20世纪30—50年代	无痛分娩	影响遍及整个西方世界

① 即《自愿终止妊娠法案》，允许女性在特定条件下合法堕胎。这一法案加快了堕胎行为在法国非罪化的进程。

（续表）

国家	姓名	活动时间	斗争领域	后果和影响
苏联	尼古拉耶夫	20 世纪 50 年代	无痛分娩	影响遍及信仰共产主义的国家
法国	费尔南·拉马兹	20 世纪 50 年代	无痛分娩	无痛分娩由社保报销；影响遍及全世界；获得教皇庇护十二世的支持（1956）
	皮埃尔·西蒙	20 世纪 50—80 年代	无痛分娩、计划生育	影响涉及政治及道德层面
	埃米尔·帕皮耶尼克（Émile Papiernik）	20 世纪 60—80 年代	计划生育、堕胎	延长了产假；在“韦伊法”通过后普及了自愿终止妊娠的实践
	331 名医生	1973［发表在《新观察家》（*Le Nouvel Observateur*）上的宣言］	堕胎	引起了关于堕胎合法化的辩论
联邦德国	霍斯特·泰森（Horst Theissen）	20 世纪 70—80 年代	堕胎	梅明根审判（1988）；一审入狱
美国	戴维·冈恩（David Gunn）	20 世纪 80—90 年代	堕胎	1993 年被杀害；保护诊所实行堕胎行为的法律被投票通过（1994）
	约翰·布里顿（John Britton）	20 世纪 60—90 年代	堕胎	1994 年被杀害
	巴尼特·斯莱皮安（Barnett Slepian）	20 世纪 80—90 年代	堕胎	1998 年被杀害
	乔治·蒂勒（George Tiller）	20 世纪 70 年代至 21 世纪第一个十年	堕胎	2009 年被杀害

（续表）

国家	姓名	活动时间	斗争领域	后果和影响
刚果民主共和国	丹尼斯·穆克韦格（Denis Mukwege）	20 世纪 90 年代至 21 世纪第二个十年	对战争期间强奸受害者的帮扶与支持	2012 年遭暗杀未遂；2018 年获诺贝尔和平奖
	希尔多·巴亚蒙古（Gildo Byamungu）	21 世纪第二个十年	产科	2017 年被杀害

女性主义的女人已不多见，男性女性主义者更是少之又少。但是，他们总归是存在的。一些男性不断抵制父权制度，一些女性却对这一制度感觉良好。因此，真正的分界线并非在于男性和女性之间（认为一方是压迫者，另一方是被压迫者），而在于政治斗争层面上的女性主义者和非女性主义者之间。这条分界线把人们划分开来：一边是思想家、法学家、医生和斗争积极分子，男女都有；另一边是一大批充满厌女情结的男性和对此漠不关心的万千群众，正是这些人的存在，现有性别秩序才能够充分维持。19 世纪 60 年代，意大利女性主义的领军人物安娜–玛丽亚·莫佐尼（Anna-Maria Mozzoni）着重赞扬了傅立叶、圣西门、皮埃尔·勒鲁（Pierre Leroux）以及莫雷利在女权事业中作出的贡献。她说："慷慨的男人们，谢谢你们为全人类的自由和解放作出的贡献……也谢谢你们——无论是通过语言、笔头还是著作——为女性权益作出的贡献！"[20] 男性女性主义者虽人数稀少，但功绩显赫。

以上的对峙状况瓦解了一些女性主义中的生物本质论观点，生物本质论认为，任何女人仅仅因为生理为女性就必然是女性主义者。正如女拉比德尔菲娜·奥维勒尔（Delphine Horvilleur）指出的——她知道自己在说什么，女性主义并不是女人根据自身经验给出的叙述，而是一种男女皆可拥有的、反抗异化女性和矮化女性性征的批判性思维。[21]

8

国家女性主义

女性主义既不源于女人，也不源于男人，而是源于女人和男人的共同作为。虽然对不公正的反抗往往决定了个人的政治参与，但如果没有集体（如协会、工会等）的存在，这种反抗将会是苍白无力的。国家就是一个超级集体：它通过立法来确认和实施权利。

在法国，自 1974 年起，人们就设置了一名国务秘书，专门负责改善妇女状况，促进两性平等。在英国，妇女部于 20 世纪 90 年代末创建起来，专司相同政务。国际组织、国家和世界各地的大都市都在积极推进“性别主流化”（gender mainstreaming），即在公共政策的制定中系统地考虑男女平等问题。但是，这种制度化与其说是斗争的起点，不如说是它的一个结果。因为女性主义国家，即“对女性友好的国家”[1]，在 19 世纪其实已经诞生。

国家层面和国际层面的母性主义

如果公民是对集体拥有权利的个人，那么，妇女也应具备这一“公民身份”。第一批社会福利方面的立法是注重妇女利益和儿童利益的，因为当时的人认为，与男性相比，妇女和儿童更加脆弱。就这点来看，法国大革命厥功至伟，它带来的变化有：乞讨管理会和1791年宪法改良了对弃儿的照顾；1793年6月28日颁布了有利于贫苦儿童及单身母亲的法令；1794年巴雷尔的报告提出了对于寡妇和哺乳期妇女的援助行动。当时的社会对这些人的帮助并非出于基督教式慈善（像在旧制度时期那样），而是出于他们对集体的道德要求。被保护也是一种权利。

19世纪的整个欧洲——1874年和1892年的法国、1877年的瑞士、1883年的德国、1885年的奥地利——都下达了不同法令，以减轻对女工的剥削，要么通过减少她们的工作日，要么通过禁止夜间工作。法国女性自1909年开始享受无薪产假，1913年的施特劳斯法令又规定了强制的带薪产假。当然，这些法规在一定程度上掩藏了一些不太可说的动机（比如女人就该受到“保护”、女人就该待在家中这类想法），这也是它们会遭到像玛丽亚·德拉斯摩这样的女性主义者抨击的原因。

国家女性主义方法包括以“保护最弱势群体”这一社会契约理念为基础，为妇女谋求权利。于贝尔蒂娜·奥克莱尔在19世纪80年代规划的措施中就包含了这一想法。她当时提出的措施中有确保“母性国家”对儿童、老人、病患和残障人士施以援助，并为所有的母亲——无论婚否——发放津贴。“母性国家”将成为一个以保护和照料为重心的决策机构，而非由警察和军队所监管的“暴虐之国”。这种社会立法源于一种假定的脆弱性：男人（被认为是自由和独立的）和女人（工人、母亲、寡妇）的不对等构造证实了对自由主义精神的背离。

20世纪，越来越多的超国家组织开始捍卫妇女的权益。签订于1906年的《伯尔尼公约》禁止火柴行业使用白磷，这是伦敦的“火柴女孩”维权抗争的重要结果之一。第一次世界大战后，人们根据《凡尔赛条约》设立了由大会和办事处组成的国际劳工组织。从一开始，其章程就确立了两项与女性主义有关的基本原则：其一是同工同酬，其二是讨论与女性有关的议题时，至少要保证有一名女性顾问在场。1919年，在华盛顿召开的首届国际劳工大会通过了六项协议，其中有两项与改善妇女的权益有关（禁止夜间工作、明确标准产假的定义）。

两次大战期间，“保护主义”立场（产假、禁止夜间工作、禁止使用危险的工业原料、确保移民女性及其子女在船上的物质需求）与“平等主义”立场（与男性同工同酬、两性待遇平等、制定防止失业的相关措施）之间分歧渐显。从“保护主义”立场来看，与男性相比，女性的特殊性主要体现在两个方面，一是女性都是未来的母亲，二是女性对于男性主导的工业领域是新来者。相反，从备受挪威人、英国人和美国人维护的“平等主义”立场来看，女性本就该具备不可剥夺的工作权利，实现与男性权利的全面同等。[2]

此外，国际劳工组织也为女性——例如玛格丽特·邦德菲尔德、弗朗西丝·珀金斯和玛格丽特·蒂贝尔——提供了部分管理岗位。1938年，其女性员工（大多是单身）占比达到了41%。律师兼法国妇女权利联盟会长玛丽亚·维罗纳（Maria Vérone）对国际劳工组织的办事处能够因为章程原因，在具备“女性主义情怀”的主席阿尔伯特·托马斯（Albert Thomas）的领导下，达成“比国际联盟（Société des Nations）拥有更多女性成员”的可喜局面表示了祝贺。[3]

福利国家与女性解放

与国际劳工组织一样，母性主义在早期的社会保障机制中扮演了决定性角色，它协助填补了社会政策在母婴健康层面的巨大空白。但是，随着福利国家在20世纪逐步成形，由于不同国家的背景各异，母性主义导致了非常不同的结果。这些结果正是证明一个国家是否愿意采纳女性主义政策的最好证据。我们可以将英国、爱尔兰和联邦德国作为一种情况，法国和瑞典作为另一种情况，通过比较来更好地理解这种分化。

英国采用了“男性养家糊口”模式，即倡导由男性赚取维系家庭的基本开销，女性待在家里（无薪）照料家内事务。所以，社会保障水平取决于男性的薪资，妇女儿童仅为受抚养者。政府、工会和雇主会酌情将女性安置在“适合女性”的工作岗位上，并会在女性结婚后尽力劝阻其工作。一些行业甚至不接受已婚女性。声势浩大的英国女性主义运动也未能扭转这一局面。20世纪20年代，由艾莉诺·拉斯伯恩（Eleanor Rathbone）发起的、号召为母亲发放津贴的运动最后以失败告终。一旦社会危机来临，女性群体就成了毋庸置疑的受害者，比如1931年出台的《反常法案》（Anomalies Act），它突然剥夺了数十万已婚妇女的失业保险。这种政策倾向在战后的贝弗里奇执政时期依然存在，英国的已婚女性只能继续依靠丈夫来获取社会保险。[4]

爱尔兰社会也做出了同样的选择，主要表现有：女性被鼓励待在家中；禁止女性进入部分岗位；已婚妇女的失业保险数额很低；将女性的薪资转变成零工工资，然后夫妻共同报税。因此，在20世纪期间，爱尔兰的女性就业率在全欧洲来看是最低的。1990年，爱尔兰的工作人口中只有32%为女性，而在已婚女性中，参加工作的妇女仅占四分之一。[5]

联邦德国之所以也被归为这种模式，一是因为当时劳动力市场中女性人数较少，二是因为联邦德国缺乏学龄前教育体系，这导致教育幼儿的任务全部落在了母亲肩上。虽然自20世纪60年代以来，美国和瑞典的女性就业率以惊人的速度增长，但联邦德国女性就业人数却一直萎靡不振。低迷的劳动力市场加上倦怠的社会服务体系，使女性在就业上根本无从发展。因此，联邦德国女性在零工行业有着极高的比例，而男性则几乎垄断了工业领域的岗位。此外，对“集体主义式教育”的恐惧（出于对纳粹主义和民主德国共产主义的双重摒弃）也阻碍了联邦德国家长们将教育子女的任务交付给社会机构。但这些私人责任主要压在了女性肩上，比如，出现了“坏母亲”、“乌鸦妈妈”（Rabenmutter）这类蔑称，人们用它们来指称通过工作来逃避责任、“丢弃”孩子的母亲们。社会以保障儿童利益的名义将家务劳动强加给了妇女，这种奴役行为与第三帝国时期延续下来的“3K”（Kinder, Küche, Kirche，即“子女、厨房、教堂”）保守主义有关。[6]

相比之下，法国和瑞典的模式则显著不同。在法国，政府、企业和天主教社会之间相互妥协，创造出了一种鼓励生育的有效政策。在19世纪的最后几十年中，部分公司在地方上设立了家庭援助机制，以确保劳动力的持续供给。自1932年起，工商行业的雇员若生育两个或更多的子女，便可收到家庭津贴，津贴则来自企业雇主必须加入的补偿基金。这些以补偿形式发放的家庭津贴在20世纪30年代逐步发展起来，直到战后被正式纳入社会保障系统。用苏珊·佩德森（Susan Pedersen）的话来说，“以父母为中心的福利国家”是不会将女性囚禁在母亲的角色中的，因为用于养育子女的补贴发放对象是家庭，而非母亲个人。此外，因为农业和手工业比重逐渐增大，作为劳动力，女工数量迎来了稳步增长。加上托儿行业的日渐成熟（庇护室和幼儿园），这些因素都极大促进了法国女性进入就业市场，无论她们是否已婚。

瑞典起初的社保制度是忠于爱伦·凯的母性主义观念的。1934 年，米达尔（Myrdal）夫妇出版了一本论述瑞典面临的严峻人口危机的专论。为解决人口问题，米达尔夫妇提出了一系列社会改革措施（生育补贴、税收优惠、住房补助、学生食堂），而且并没有因此而质疑自愿生育的原则和女性参与职业活动的权利。米达尔夫妇提出的部分措施得到了采纳，比如，瑞典在 1938 年成功实现了避孕行为的非罪化。不过，要等到 20 世纪 60 年代，社会民主党人才终于实行了能够调和生育主义与再分配需求、母职与女性就业的双重模式——女性终于可以既是母亲，又是具有自主性的雇员了。女性——无论她单身还是已婚，无论是无孩、怀孕还是已为人母——在就业方面受到法律的保护，并同时享受产假制度、幼儿保育服务和单独的税制。以上政策的结果，便是瑞典女性的就业率得到了显著提升，就业女性在 20 世纪末甚至超过了女性总人数的 80%。[7]

福利国家以两种方式使妇女受益，即促进有偿工作和不断创造新的就业机会，这些是通向中产阶级的途径。在瑞典、芬兰、冰岛和法国，因为女性主义视角生育政策的实施，女性群体得以将家庭生活与职业生涯相结合。即便是在那些坚持“男性养家糊口”的国家中，福利国家制度的不断完善也直接促进了女性进入就业市场，新的女性劳动力被卫生、教育和社会服务部门吸纳。在 20 世纪 80 年代的联邦德国、美国和瑞典，65%～75% 受过高等教育的女性受雇于社会服务部门。从这个意义上来说，福利国家赋予了女性群体新的权力来源。[8]

欧洲殖民的影响

19 世纪的欧洲男性当权者并不关心女性的权益，但他们使用了女性权益的论点为自己的殖民行径辩护，他们声称，殖民能“解放”非洲和亚洲的广大妇女。“文明化使命”因此包含了保护妇女的思想，它致力于消灭亚非国家的早婚现象，反对一夫多妻制和休妻制度——但它的实质却是在强调殖民地妇女的隶属地位，美化欧洲女性的优越状况。我们可以从朱利安-约瑟夫·维雷（Julien-Joseph Virey）、皮埃尔·拉鲁斯和其他许多人的言论中看到这种强烈的优越感，他们污蔑非洲人“凶残”、东方人“堕落”，他们将亚非男人说成“野蛮”，将亚非女人全污名化成“被动”。在马格里布，法国人对当地女性被幽禁的状况和公共场所明显的男女区隔表示诧异。在法属西非，殖民当局听取了妇女的抱怨，但最终还是以尊重当地传统的名义，加强了父亲、丈夫和兄弟的权威。[9]

但是，从 19 世纪末开始，源自欧洲的权利话语最终强化了中东和亚洲的女性主义斗争。于贝尔蒂娜·奥克莱尔呼吁让阿尔及利亚的女性接受教育；自 20 世纪第二个十年起，英国妇女参政论者的行动在印度、斯里兰卡和埃及都得到了响应；荷兰女性社会主义人士积极援助了印度尼西亚的女性主义者；在亚洲，罗兰夫人、斯塔埃尔夫人、哈丽叶特·比切·斯托（Harriet Beecher Stowe）和索菲亚·佩罗夫斯卡娅都成了著名的女性人物。在 20 世纪 30 年代，像保护土著妇女组织（Œuvre de protection de la femme indigène）这样的协会在比属刚果大力反对一夫多妻制、童婚和卖淫。在1931年的巴黎殖民地博览会上，女性主义全国会议（États généraux du féminisme）讨论了马格里布和撒哈拉以南非洲地区的产育保护和女性教育问题。1938年，法国女性主义者丹尼斯·莫兰（Denise Moran）撰写了一份关于法属西非女性状况的报告。

非洲和亚洲女权意识的觉醒并不仅仅由于西方的影响，它也是当地教育进步、女性工薪阶层崛起和地方资产阶级萌芽的结果。由此，一个新的功能被赋予女性群体：她应该努力成为一位“体面的”妻子。这位“体面的”妻子不仅要具备基本的文化素养，在社会上树立良好形象，而且还不能丢弃作为家庭监护人的传统角色——总之，就是要成为知书达理，兼具“现代”和“传统”优良品德的新女性。就这样，殖民者摇摆不定的文化传播意图同当地改革者的议程吻合了，后者与资产阶级的愿望是一致的。比如，印度殉夫自焚的“萨蒂”传统就饱受印度教知识分子和东印度公司的谴责。东印度公司于1829年率先禁止了殉夫自焚，随后，大约20位印度王公也在19世纪中叶陆续禁止了这种传统——说到底，女性的权利还是通过男人之间的协商来确立的。[10]

是否存在被殖民国家语境下的女性主义？和在法国本土一样，法国在其殖民地实施的“女性政策”基本局限于教育领域。在法属西非，1903年颁布的一道法令试图实现一种由乡村学校到师范学院的金字塔形公共教育体系。很可惜，这个政策的结果并不理想：在20世纪20年代，非宗教学校招收的4万名儿童中，仅有9%的学生是女孩；在天主教学校招收的6500名儿童之中，仅有三分之一是女孩。在儿童入学率还不到3%的达荷美①，一所女子学校被归入波多诺伏②的非宗教学校集团。在塞内加尔，一些教授家务劳动的女子学校在圣路易、达喀尔、戈雷岛和吕菲斯克开门收生，但遭到了马拉布特③的坚决反对。在1939年，塞内加尔的小学有13500名小学生入学，其中仅有约100名女生（即1%）。[11]在马格里布，效果同样不甚理想，这主要是由于当地年轻女孩过早嫁了人。在突尼斯，1900年创办了一所名为“路易丝-勒内·米勒”（Louise-René Millet，此为法国驻军总司令妻子之名）的穆斯林精英女子学校，女孩们在这里主要学习良好的法式礼仪和如何管理家庭。

女性教育的目的始终在以妇女解放为主和着重女性的工具化用途之间摇摆不定。法国人在中南半岛向女孩们提供了公共教育（在法国殖民之前，那里只有富裕家庭的女儿才有机会接受教育，而且是在私人环境中）。20世纪20年代初，女性在受教育人数中占比为8%。20年后，这一数值迅速上升到了15%，并且在东京④和安南⑤地区上升尤为显著，在交趾支那⑥曾达到29%这个峰值。比如，一所以“紫制服中学”这个名字闻名的学校曾在西贡招收了大量本地女孩，其中一些学生后来成了教师、校长或医生。[12]学校教育体系很大程度上促进了殖民者道德征服事业的开展——殖民者们想要被法国化了的“土著女性”渗透进当地家庭，在家庭中培育和弘扬对法国的爱。

---

① Dahomey，原为西非的一个封建国家，1899年沦为法国殖民地，是法属西非的一部分。——编者注

② Porto-Novo，达荷美境内一个大城市。——编者注

③ marabout，北非对伊斯兰教圣徒及其后裔的通称。——编者注

④ Tonkin，中南半岛的一个历史地名，位于今日越南北部，指红河三角洲流域一带。——编者注

⑤ 中南半岛的一个历史地名，位于今日越南中部，又称中圻。——编者注

⑥ 中南半岛的一个历史地名，位于今日越南南部。越南人称之为南圻。——编者注

在1918年至20世纪50年代的法属西非，教育机构培养了几百名女性社会工作者（助产士和护士）；1938年还有一所女子高等师范学院建立起来。作为“进步的先驱”，这些学校是殖民政权的统治工具。它们不仅被用于维持生育率、控制当地人口，还被用于教育和培养未来的妻子。但事实上，这些受过高等教育的女性、女雇员或女性社会活动者也促进了当地社会性别秩序的重塑，甚至传播了母性主义视角下的女性主义观念。[13]在塞拉利昂，英国人任命女性担任内陆保护国的领袖，希望借此举消灭参与了1898年塞拉利昂反英统治起义的男性。比如，门德部落（Kpa Mende）的领袖尤科女士（Madam Yoko）就因为对英国殖民者的效忠而获得了极高的政治地位。与此同时，塞拉利昂首都弗里敦的资产阶级妇女却连市政选举权都还没有得到。[14]

19世纪末，欧洲国家因经济和军事优势在全世界享有极大的威望，这解释了为什么它们在帝国之外也能不断扩张它们的社会模式。在这一视角下，女性权益似乎就成了一个亟待落实的文明化进程。

在明治时期的日本，文部大臣批判了纳妾制度，鼓励契约式婚姻和女孩教育，并在1871年将一批女学生送到了美国。这一时期的资产阶级女性也开始改头换面，她们剪去长发，丢掉和服，主动穿上维多利亚式长裙。20世纪初，日本女孩的入学率达到了97%（1873年仅有15%），高等教育也向女性敞开大门，此外，大多数妇女还拥有自己的工作。然而，她们依旧被排除在政治生活之外，不能投票，不能集会，也不能当众演讲。根据女性应该遵守的“贤妻良母”准则，她们需要承担管理家庭和教育未来公民的义务。不过，无论如何，与儒家传统相比，日本女性的状况依旧是一种进步。在中国，慈禧太后于 1902 年下达了禁止缠足的懿旨（缠足自 1911 年起被正式取缔）。1917 至 1922 年的山西还掀起过一场“现代化”运动，该运动强烈谴责了缠足这一野蛮做法，并通过罚款和检查制度予以根除。[15]

革命女性主义

民族主义领导人给女性提供了真正的位置（但这并不意味着他们捍卫性别平等）。例如甘地，他虽没有脱离父权社会的传统框架，但还是在部分领域作出了性别平等的表示，主要有：支持女性自我实现，拥护女性的性自主，主张寡妇的再婚权。他尤其尊重参与“非暴力不合作”运动的女性活动者，因为这些女性的和平理念和牺牲精神都为非暴力革命作出了极大贡献——这当然也让她们能够在一定程度上脱离家庭。20 世纪 20 年代中期，一位与甘地关系密切的女性，沙拉金尼·奈都（Sarojini Naidu），担任了印度国民大会主席。至于尼赫鲁，他的个人立场比甘地更加进步。他认可英国妇女参政论者的斗争，并认为婚姻不该成为女性自我实现的绊脚石。

东南亚有一种革命女性主义的传统，该传统可以追溯到公元 1 世纪时，越南征氏姐妹抵抗东汉政权政治和文化控制的斗争。借着反殖民运动的高涨，越南女性主义在 20 世纪初重生了。起初，它是一批文人学者领导的民族主义运动。后来在 20 世纪 20 年代，一群受过西方教育的年轻知识分子接手了这场运动。在这场运动中，性别平等成了一项原则并被广泛接受，它因此不再仅仅是为了动员妇女的政治说辞。对贤妻良母宿命的拒绝和对个人自由的渴望促使大量的女中学生、女大学生和农妇加入这项运动。另一方面，各种宣传手段将年轻的女民兵塑造成了勇气和奉献的象征。[16]

在中国，妇女积极参加了武装斗争，比如主张重新分配土地、男女平等、妇女享有科举权和领导权的太平天国起义（1851 年至 1864 年）。在世纪之交的义和团运动之后，秋瑾继续进行着革命斗争。与甘地和尼赫鲁一样，毛泽东也为女性表现出的抗争潜质感到震动。在 20 世纪 10—20 年代，毛泽东发表了大量反对强迫婚姻、捍卫平等权利的文章。他抵制男性霸权，并自觉地站在受害者一边，说："无耻的男子，无赖的男子，拿着我们做玩具，教我们对他长期卖淫。" 1927 年，他揭露了农村妇女受到压迫的事实，指出农村男性承受着三种统治体系的压迫（政治、宗族、宗教），而农村妇女承受的则是四种压迫（前三种再加上男性的暴政）——这四条绳索牢牢地束缚着广大中国妇女。20 世纪 30 年代初，毛泽东领导的江西省苏维埃政府彻底改变了中国妇女的地位。在那里，妇女获得了经济独立，享有受教育权和参加政治运动的权利，婚姻自由，可以离婚；同时，政府还积极抵制女性缠足和杀害女婴的恶习。[17]

同中国女性一样，越南女性也积极参与了革命运动，这些运动也确实为她们带来了解放。因此，亚洲社会的确存在一种内生型女性主义。在 20 世纪，这种内生型女性主义主要是由亚洲的革命和反殖民斗争促发的。

一旦掌权，一些民族主义领导人便开始落实国家女性主义。在 20 世纪 20 年代的阿富汗，阿曼努拉·汗（Amanullah Khan）的一系列改革方案（禁止童婚、废除头巾制度、废除一夫多妻制、赋予女性投票权）为女性的权利腾出了空间，这些措施更直接引起了正统派穆斯林的愤怒，引发了部落武装起义。在同一时期，土耳其在穆斯塔法·凯末尔（Mustafa Kemal）的推动下施行了类似的改革方案。1926 年，新的民法典规定禁止一夫多妻制，并在离婚、财产和继承上赋予了女性更多权利。土耳其女性于 1934 年成为合法选民并有资格出席国民议会（比法国女性早了 10 年），次年，国际妇女选举权联盟的大会在伊斯坦布尔召开。与此同时，凯末尔还推行了世俗化和男女混校的教育制度。而从德国留学归来的首位土耳其女医生萨菲耶·阿里（Safiya Ali）则于 1923 年在伊斯坦布尔开设了一间母婴诊所。

在这一时期的前法国殖民地国家，我们可以看到一波国家女性主义的实践浪潮。突尼斯独立后，政治家布尔吉巴（Bourguiba）便开始致力于突尼斯妇女的解放事业。备受哈达德论文启发的《个人身份法》（1956）宣布了性别平等，准许离婚，废除一夫多妻制、休妻制和强迫婚姻。从此，女性可以接受高等教育，进入劳动力市场，一些女性甚至成为律师和医生。在几内亚的科纳克里，女性在民族解放的斗争中发挥了重要作用，比如，她们曾为非洲民主联盟（Rassemblement démocratique africain）提供了大力支持，孕妇姆巴利亚·卡马拉（M'Balia Camara）也在 1955 年因民族解放事业而牺牲。几内亚于 1958 年独立后，塞古·杜尔（Sékou Touré）在几内亚民主党（其口号为“妇女支持党，党解放妇女”）的帮助下推出了妇女解放的政治方针。所以说，尽管几内亚的父权制结构尚存，但几内亚妇女切实获得了多项权利：在家庭内部和法庭上的男女平等，管理个人财产的自由，被休妻时的赔偿，可以离婚，以及可以反对丈夫一夫多妻。1968 年，几内亚的国民议会中有四分之一的席位被女性占据。[18]

对女性的背叛

尽管女性已取得诸多成就，但库马里·贾亚瓦德纳（Kumari Jayawardena）得出的结论却依旧晦暗，他认为，女性主义的诉求已然被民族解放的紧迫性和优越性盖过——尽管没有女性活动家和女战士的参与，民族解放根本无从谈起。建立“现代”国家的愿望并未削弱男性的统治。

在斯里兰卡（1946年起）、印度、马格里布地区和撒哈拉以南非洲，独立后的国家又纷纷恢复了父权秩序。公民平等的原则并未妨碍女性继续为男人服务，也没有妨碍女性继续成为家庭主妇、挑水工，继续担任宗教传统和民族特质的守护者。即使是在突尼斯，布尔吉巴和本·阿里（Ben Ali）的独裁统治也引发了长达几十年的警察暴力，尤其是针对妇女群体，无论她们是（左翼政党、工会、伊斯兰组织的）积极分子，还是反对者的亲属。无数次对女性的强奸和虐待彻底消解了突尼斯《个人身份法》带来的性别成果。

在美国，非裔美国女性，无论是女大学生还是家庭主妇，都在民权运动中扮演了关键角色，比如发生在1955年的蒙哥马利巴士抵制运动和1963年的华盛顿大游行。然而，她们往往被限制在传统的女性职能之内，比如烹饪、教会颂歌领唱、挨家挨户地推广宣传、从事社会工作和慈善活动。就政治策略层面而言，她们仍然被留在幕后。这种以男性为导向的斗争模式在黑豹党中就彻底堕落为一种充满男子气概的尚武氛围。[19] 因此，公民平等其实并未包含性别平等。

在欧洲，19世纪和20世纪期间，社会主义人士依然固守与过去相同的性别等级秩序。他们并非鄙夷女性，只是觉得女性的角色和诉求都是次要的。1870 年前后，在第一国际内部，“家庭薪资”制度与“男人养家糊口”模式异曲同工，女性被赶回家中。德国的社会民主主义思想家爱德华·伯恩斯坦（Eduard Bernstein）反对针对妇女的法律歧视（依据 1891 年的《爱尔福特纲领》），但他还是宣称：“对社会主义和工人阶级来说，妇女选举权的问题是排在很后面的。”[20] 同样地，在奥匈帝国，社会民主党人声称支持两性平等，却用开玩笑的戏谑态度和对权威的论证成功限制了女性的社会影响力。内莱塔尼亚地区唯一的女代表安娜·阿尔特曼（Anna Altmann）和在《女工报》（*Journal des ouvrières*）担任了四十年主编的阿德尔海德·波普（Adelheid Popp）首当其冲遭受到这种结构性厌女症的冲击。在奥托·鲍威尔（Otto Bauer）这位奥地利马克思主义理论家看来，令丈夫舒适才是妻子的使命。[21]

在苏联，国家在很大程度上解放了女性：她们可以工作，可以成为社会活动家，可以未婚同居，可以自由离婚和堕胎——总之，她们可以逃脱女性功用。然而，斯大林在 1935 年经历了政治上的大转变，他的想法很快由《消息报》（*Izvestia*）传达：“我们的妇女是世界上最自由国度的正式公民，她们的母亲身份是大自然的馈赠。愿她们珍惜这份能力，为世界孕育出更多的苏维埃英雄！堕胎这种泯灭生命的行为，在我们国家是不被接受的。”结果，家庭获得了尊崇，堕胎被禁止（堕胎在斯大林死后才被重新合法化）。

1949 年颁布的《德意志民主共和国宪法》基本保障了男女平等。一年后，民主德国又出台了一项新的法律，规定婚姻的缔结不能在任何程度上削弱妇女的权益，主要内容是：夫妇居住地问题和子女教育的问题应由夫妻二人共同抉择，妻子有权参加工作和接受教育，即使这会导致夫妻二人短暂分居。在20世纪50年代的民主德国，妇女可以接受高等教育和职业培训，堕胎合法，男女薪资平等也受到法律保护。此外，为了让女性能够协调工作和家庭生活，自20世纪60年代起，每个儿童都可以注册进入托儿所。因此，到了冷战末期，民主德国女性参加工作的比例高达89%，而当时的联邦德国仅为56%。

但是，正如诸多证据显示的那样，民主德国妇女依旧承担了绝大部分的家务劳动。她们还被排除在某些职业之外，尤其是技术领域的岗位，而且没有任何一个公有企业（VEB）是由女性领导的。在克拉拉·蔡特金的监督下，人民议院有了不少女性席位，但这并不是真实的女性参政，只是障眼法。1950年，女性在德国统一社会党（SED）的中央委员会中比例仅为15%（1986年甚至降至10%）。中央委员会的政治局将男性共产主义专政体现得尤为明显，因为这里才是核心权力中心，而从未有女性被纳入其中。[22]

在苏联和民主德国，女性虽被排除在权力之外，但她们总归在一定程度上获益了。然而，在伊朗，对女性的背叛是彻底的。数以百万计的妇女曾经参与到1978—1979年伊玛目霍梅尼（Khomeiny）号召举行的游行中。在霍梅尼返回德黑兰的几周后，伊朗妇女还在1979年3月8日首次庆祝了国际妇女节。但是，取得胜利的新政权却要求她们在上班期间头戴面纱且保持素颜，理由是“穆斯林女性绝不能成为男人的玩物”。部分职业禁止女性进入。伊斯兰教法“沙里亚”又开始支配家庭，它成功取代了1967年颁布的法律——该法律禁止早婚，并在离婚和亲权方面赋予女性一定的权利。在1979年3月22日的巴黎，刚刚被伊朗驱逐的美国女性主义者凯特·米利特出席了一次会议。在这次会议上，西蒙娜·德·波伏娃表示，希望“这次革命是个特例”，因为，如果女性的权利没能被尊重，那么新政权“也将是个暴政”。[23]

最终，伊朗的伊斯兰革命催生出一个本质上厌女的国家，这个国家以伊斯兰的名义持续压迫着广大女性。在随后的几十年里，男人变成了宗教、政治和家庭方面的“天然”掌权者，而女性只能默默承受着装限制，接受男性的法定监护，忍受财产继承不平等、职业禁令和狱内强奸。

从沙特阿拉伯到冰岛

自18世纪以来，女性、男性和国家都为女性主义斗争作出了贡献。我们很难知道这三方中究竟是哪一方扮演了最关键的角色，即便大多数斗争的确都是由女性发起的。当然，我们也不该忘了那些由男女共同组成的协会、工会、企业或市政机构发挥的重要作用。无论怎么看，国家都绝不仅仅是传声筒。我们能看到，民主的福利国家和革命的社会主义国家扩大了妇女的权利，而被殖民国家和神权政治国家则限制了它们。换句话说，女性的集体诉求会经由国家政体而被转化为（或不被转化为）相应的法律安排；女性主义性质的社会动员会被国家层面的女性主义政治方案接替（或不接替）。

国家对卖淫行为的管制就是一个典型例子。19世纪60年代，意大利政府在“淫秽产业”方面投入了不小的预算。在殖民时代的马格里布地区，妓院行业极其发达，向妓女们征收的卫生税每年都会为政府带来巨额财政收入——比如在阿尔及尔，每年可以因此征收3万法郎，在突尼斯是9万法郎，在卡萨布兰卡是 18.8 万法郎。原则上，这笔钱应该用于改善行业卫生状况和防治性病，但这并不能得到保证，因此，市政当局总能附在妓女身上吸取血汗钱。[24] 在 20 世纪的欧洲，福利国家制度稳步发展，人民生活水平逐步提高，政府开始大规模根除作为 19 世纪社会之典型特征的卖淫行为，从工厂女工到歌剧院舞女，各阶层的卖淫行为都在其列。在玛尔特·理查（Marthe Richard）的发动下，法国政府于 1946 年开始大范围关闭妓院，这标志着法国不再是一个为卖淫牵线的国家。

国家的作用是如此巨大，以至它轻易就能成就或挫败女性主义的任何斗争。在英国，备受社会代表们青睐的“男人养家糊口”模式为男性群体提供了抵制女工、女工会成员和妇女政权论者的有力武器。在德国，自 19 世纪以来，社会民主主义人士里一直有女性主义者。不过，比起民主德国，联邦德国对这一女性主义遗产更不在意。在柏林墙倒塌几十年之后，原本属于民主德国的州和部分东欧国家的教育体系还一直留存着国家女性主义的痕迹，因为我们可以看到，这些国家的男孩和女孩在数学方面的成绩差异与斯堪的纳维亚国家的一样小。[25] 同样，直到 2014 年时，原本属于苏联的国家（东欧和中亚）还在为女性提供时间最长的产假 —— 18 周或更长。这个数字远高于国际劳工组织建议的最短 14 周的产假，也高于在西欧各国可以观察到的产假时长平均数。[26]

在法国，鼓励生育的家庭主义的普及和幼儿服务体系的完善为法国女性提供了一定的自主性，这既弥补了法国 19 世纪女性主义的弱项，又在一定程度上抵消了共和主义的性别歧视问题和蒲鲁东主义者厌女态度带来的消极影响。妇女们从国家那里获得了她们未能在历次革命中获得的东西。除了 1789 年革命外，所有发生在法国的重大革命——无论是1792年革命、1830年革命、1848年大革命，还是巴黎公社起义［即便有像路易斯·米歇尔（Louise Michel）这样的女英雄参与其中］——都未能给女性带来多少真正的利益。1968—1972年，男性起义者通通开始公开遵循父权制信仰。信奉马克思列宁主义、托洛茨基主义或毛主义的团体在一切问题上争论不休，除了男性统治的原则。男性活动分子为革命做准备，女性活动分子则留在家中照顾孩子：正如克里斯蒂娜·德尔菲观察到的那样，男性左翼分子捍卫的只是“男人自身的利益”。[27]事实上，许多投身于极左翼运动的女性后来都变成了活跃于20世纪70年代的女性主义者，她们在女性主义这一标签下继续着女性的战斗。

从妇女解放的角度来看，民主的福利国家和革命的社会主义国家的确给女性带来了一定程度的自由。然而，革命的社会主义国家由于发展阶段的局限性，最终还是限制了妇女的权利。我们由此可以得出结论：**与社会保障相关的言论自由权**有利于国家女性主义的总体效果。实际上，言论自由加上社会保障才是最能将女性主义诉求转化为具体成效的两大因素。在20世纪，民主一直是女性的最佳盟友。

女性主义者的斗争，男性的支持，国家的参与：这些集体行动的成果凝聚在《性别差距报告》（*Gender Gap Report*）中，并获得了具体的呈现。这本报告就女性的社会地位对全世界所有国家进行了调研并排出了顺序，调研搜集的分析要素囊括了各个方面，包括女性的健康、受教育环境、政治参与程度和经济状况等。[28]即便基于异构数据而建立世界排名这种研究方法并非无懈可击，这项研究结果的中肯性和可借鉴性依然不容置疑。

首先，女性的解放并非直接与国家富裕程度相关。一味将

“南方”与“北方”、西方国家与发展中国家做对比是徒劳的。例如，卢旺达的性别状况排名世界第 4，这个排名不仅超过大部分欧洲国家，更是远超排在第 49 位的美国。我们或许可以怀疑纳米比亚（第 13 位）的女性状况是否真的优于丹麦（第 14 位），但夹在墨西哥和缅甸之间、排名第 82 的意大利，其女性稀少的参政机会和薄弱的经济状况是有目共睹的。

这个排名表尤其证明了国家在女性解放中的确发挥着重要作用。我们可以由此推论存在一种北欧模式，因为北欧国家中的冰岛、挪威、芬兰和瑞典都名列前五。西欧国家的表现良好：法国、德国和英国分别名列第 11 位、第 12 位和第 15 位。冰岛的女性状况在 144 个国家中排名第一，这直接反映出国家在政治和社会上选择民主制度会为女性权益带来多么巨大的成效。“冰岛奇迹”不仅是因为女孩们学业上的成功，还因为在冰岛，有大量女性参加工作且担任要职。冰岛实现了男女同工同酬，而且其女性主义运动也硕果累累——比如 1975 年 10 月 24 日女性主义大罢工获得胜利，又比如 1980 年总统选举胜出的是第一位女总统维格迪丝·芬博阿多蒂尔（Vigdis Finnbogadottir）。关于冰岛的女性地位，1965 年出生在雷克雅未克的女歌手比约克（Björk）这样说道：

> 我很幸运能在这样一个国家长大。当我开始认识冰岛以外其他国家的状况时，我完全震惊了。突然间，我成了一个女人，需要在由可笑性别秩序统治的世界其他地方，被人理所当然地当作女人对待。[……] 直到 27 岁，我都是作为一个与男人平等的人活着。直到我开始生活在冰岛之外的地方，我才发现，世界其他地方的女性并非如此。[29]

与冰岛相反，作为地球上最富有国家之一的沙特阿拉伯，其女性状况在144个国家中仅仅排名第138位。财富排名和妇女地位排名的巨大不协调并非由于它是一个伊斯兰国家，而是因为，沙特阿拉伯从1932年开始就将瓦哈比教义作为民族身份的重要组成部分。在其他阿拉伯国家中，民族计划不仅是在妇女的参与下完成的，并且还表现出积极抵抗殖民势力的趋势。但是，沙特阿拉伯的妇女却无辜地被牺牲在了宗教民族主义的祭坛上，目的是让沙特阿拉伯成为世界上最为“虔诚”的伊斯兰国家，成为一个“毫无瑕疵的”伊斯兰典范。由此而来的是对女性的无情奴役，是对女性生活各个层面的监管，是父权家庭法，是学校和工作场所森严的性别区隔，还有强制佩戴面纱、穿罩袍的规定，以及无处不在的宗教警察。沙特阿拉伯的女性是被男性独裁绑架的人质，她们拥有的权利远远少于世界上其他国家的穆斯林妇女。[30] 2001年“9·11”事件后，为了在国际舞台上恢复良好形象，沙特阿拉伯突然将女性推向媒体和企业——它将女人作为“橱窗里的展示模特”使用，表面上表明她们很“重要”，实际上却是在掩埋她们的痛苦。

沙特阿拉伯或曰国家厌女症

时间	事件
1932年	受瓦哈比教派影响的宗教民族主义诞生
1962年	废除奴隶制；第一批女子学校设立，这引起保守派人士的强烈不满
1971年	乌里玛高级委员会的父权制改革
20世纪70年代	石油逐利和“男性养家糊口”模式带来了对女性群体的隔离和边缘化女性群体的措施；瓦哈比主义国际化

（续表）

时间	事件
2001 年	美国发生“9·11”恐怖袭击事件
2006 年	在工作场合允许男女一同工作
2010—2012 年	“阿拉伯之春”
2011 年	女性获得市政选举投票权
2018 年	女性有权获得驾驶执照；在监狱中虐待女性主义活动分子

父权环形系统的扩展

在人类几千年的历史长河中，整个20世纪就像是一个例外，一次断裂。它的遗产激发了无声的敬佩，因为自智人出现以来，女性第一次真正享受到各种形式的权利和自由。这场革命，加上一些技术上的进步（产科、奶瓶、家用电器、避孕药），使全球亿万妇女的生活品质得到了改善。我们仅需回头看看自己的家庭和生活状态就能够确认这一点。女性主义革命的果实的确已经渗透进每个人的生活中——女人的生活已经深受影响，这毫无疑问，但男人的生活也同样被改变，因为他们总会有祖母、母亲、姐妹、妻子或女儿。

不过，我们同时也能清晰地感受到，我们还有太长的路要走：如果性别不平等已经被打倒，如果它在西欧和北美真的被消除了，那么为什么我们还能看到如此大量的性别歧视残余？为什么权利革命自始至终都未能摧毁从新石器时代继承下来的父权结构？

这些妇女解放是通过父权环形系统的不断扩展实现的。这一系统让女性可以脱离家庭，但同时也总是让她们背负着女性功用的烙印。19 世纪，母性女性主义强调了作为女性应该获得的权利；20 世纪，福利国家制度的发展延展了母亲-妻子理应具备的技能。这就是被乔恩·埃温·科尔伯格（Jon Eivind Kolberg）用“家庭的成了公共的”来描述的现象：那些曾经仅能在家庭内部看到的东西，如今在卫生、教育和社会事务等女性化的公共部门中也能看到。私营部门中也出现了同样的现象。

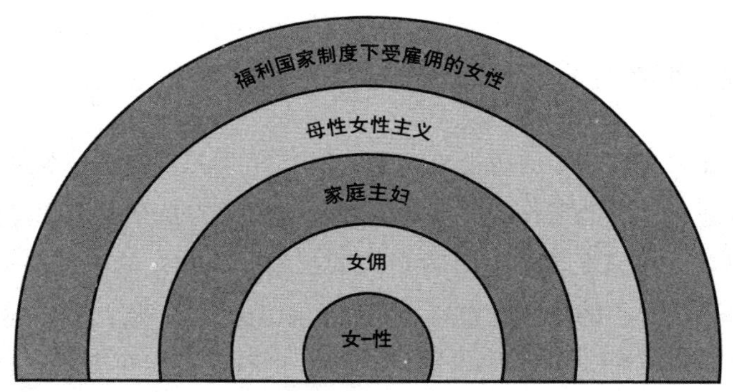

图 11 父权环形系统的扩展。

这样的后果就是，在瑞典，妇女的就业机会被大量局限在与福利国家制度相关的社会教育部门。即便她们成功进入男性把持的工业堡垒，她们担任技术岗位的可能性依然小之又小（8%），而进入管理层的女性更是屈指可数（1%）。在法国，担任秘书这一职位的人中，女性比例高达 98%，家庭护工中的女性比例为 97%，护理人员中的女性比例是 90%，售货员里是 73%，清洁工里是 70%，教师里是 66%。即便是在国家权力的最高层也建立了一个等级制度：在学历相同的情况下，女性倾向于选择高度女性化的“社会”部门（社会事务部、卫生部、劳工部），而男性则在高声望和高薪资的驱使下，更多在掌握实权的政府部门（财政部、内政部、外交部）工作。[31]

无论是雅典以生育为目的的母亲、罗马的已婚妇女、文艺复兴时期的意大利女仆，还是旧制度下的沙龙女主人、维多利亚时代的家中天使、堪萨斯城的家庭主妇、20世纪中叶的女秘书，又或是今天的女护士、女教师，她们都在不停地为个人和集体的福祉奉献一生。女人为家庭和社会提供着母亲般的关怀和呵护，而且往往需要同时提供。

新型父权制社会为两个性别重新分配了责任：一方面是将女性功用职业化，另一方面则是在职场、政治和宗教领域将男性权力神圣化。这便解释了为什么女性的解放与维护制度性性别歧视并存——这是对男性的最终保护。因此，要最终瓦解父权制，需要的不仅仅是持续扩大妇女的权益，还有对男性本身进行改造。这项工程虽然浩大，但也并非不切实际。民主是一张王牌，国家可为盟友，而且并非所有男性气质都是压迫性的，毕竟还是有不少男人站在了女性一边，在为女性主义持续奋斗。

第三部分

男性的缺陷

9

异化中的男人

我们越来越多地从报纸上看到，男性已进入危机。多么惊奇，多么让人怀疑。男人含着金汤匙出生，享受着社会优待，习惯于男性独享的人际关系和资源，还可以诉诸暴力解决问题——一个享受着如此多特权的群体，怎么可能遭遇危机呢？这种鳄鱼的眼泪是不是一个阴谋诡计，试图让我们同情他们而不是反抗他们？实际上，这个问题源于对男性的错误定义，即将男性与其父权制内核错误地画上了等号。并非所有男人都是暴君，男性气质的表现形式也并非只有支配性的男性气质。不仅是一些男人施加的暴力会伤害另一些男人，男性定义里的权威崇拜也时常令男性这一性别整体陷入巨大的性别焦虑中。此外，面对女性解放运动，男性固有的内在疏离感进一步加剧，有时甚至演变到了极其严重的地步。

因此，我们必须严肃看待男性危机（以及“危机感”），因为这是解决问题的关键突破口。重建总是始于对脆弱之处的诊断。所以，我们不仅要指出，更要放大审视男性的缺陷，深挖他们的忧虑，甚至对与男性定义最不协调的男性个体予以支持，借此打破铁板一块的局面。

男性自带的焦虑

印欧神话里的英雄人物——比如印度的因陀罗（Indra）、罗马的塔奎尼乌斯（Tarquin）或凯尔特神话里的格温（Gwynn），其诚实正直都因为他们的违背律法（谋杀）、违背荣誉（不忠）、违背道德（强奸）这三宗罪而受到损害。[1]与其说英雄主义总会面临失败的风险，不如说英雄总是被证明是个泥足巨人，他们也是普通人，也会犯错，这反倒使他们的形象更有威望。《伊利亚特》会以阿喀琉斯的愤怒开篇并非偶然，因为他是一个会嫉妒、会痛苦、会哭泣的男人，是一个因母亲未将他的脚跟浸入斯提克斯河而并不无懈可击的战士。

这名战士的不幸遭遇体现了支配性男性气质的一个特征：男人必须不断证明他是男人。男人总在担心，害怕自己配不上自己的性别。脆弱是刻在骨子里的，他总是在自我怀疑，唯恐自己达不到应有的高度，所以他才去寻衅滋事，四处卖弄，以牺牲为荣；所有“壮美的死亡”都是这种焦虑带来的过度反应。

男性危机在古代就已出现，而且它是**完全独立于女性的诉求存在的**。不仅如此，男人还必须学会不被女性沾染，以防自降身价。希腊-拉丁文学中充斥着描述男性气质如何遭受女性气质威胁的桥段，例如：阿里斯托芬（Aristophane）嘲讽与他同时代的阴柔男性，说他们只知道讲闲言碎语；汉尼拔因沉迷于“卡普阿城的享乐”而遭到鄙视；加图抨击了希腊化时期的懒倦风气和社会腐败；穆米乌斯（Mummius）和辛辛纳图斯（Cincinnatus）因他们节俭的美德而广受赞扬，帝国末期的罗马人则被说成“颓唐堕落”。阿兰·沙尔捷（Aalin Chartier）在百年战争期间写下了《四重奏》（*Le Quadrilogue invectif*，1422），他猛烈批判法国骑士对华丽服饰的热衷，并将其视为阿金库尔战役惨败的主要原因。18 世纪中叶，卢梭批判沙龙文化会萎靡心智，认为在沙龙里，每个女人身边都围着“比她们还要女人的男人组成的后宫”。在绘画领域，18 世纪 80 年代的新古典主义讲究严谨，这既是对布歇（Boucher）轻佻的洛可可风格的回应，也是对它的矫正。

在 20 世纪上半叶，法西斯主义和纳粹主义可以看作对去男子气概化焦虑情绪的直接回应。在法国，墨索里尼和希特勒的追随者们长期因民族衰落问题备受困扰，这进一步加重了他们作为男人的无力感。德里厄·拉罗谢勒（Drieu La Rochelle）将女性（被动且刻薄的知识分子、被阉割者）与男性（行动者）对立起来，认为追求力量才是日益衰退的古老资产阶级社会的最佳解药。与阿里斯托芬一样，德里厄对男人女性化的恐惧中藏着对民主的敌意；在他们看来，只有“真”男人才能拯救文明。在所谓的衰落之后是一种反弹，是男子气概的反扑，它为这场男性气质的内部危机画上了句号。

男性气质危机与男子气概的反扑

时期	中心地点	所谓的原因	男子气概的反扑
公元前 2 世纪	罗马	奢靡腐败之风	加图的道德主义
15 世纪	法国	阿金库尔战役惨败（1415）	沙尔捷的小册子（1422）
18 世纪	法国	路易十五统治下的道德堕落	“共和派”兴起（狄德罗、卢梭、大卫）
法国大革命	法国	弑君频发，丈夫–父亲的地位降低	1804 年《民法典》

（续表）

时期	中心地点	所谓的原因	男子气概的反扑
1830—1930	西欧	城市危机与青少年犯罪	流放农业殖民地
1880—1918	西欧	和平带来的思想软化；纨绔风气［于斯曼（Huysmans）］	帝国主义与军国主义；第一次世界大战
两次世界大战战间期	德国	1918 年战败；魏玛共和国	纳粹主义崛起
20 世纪末	欧洲、美国	女性主义的胜利	男权主义的反攻
21 世纪第二个十年	欧洲	伊斯兰教势力增长	民粹主义，教会重振男子气概

男性的战争

只需看一部西部片就可以知道，男性气质的种类何其丰富。在霍华德·霍克斯（Howard Hawks）的电影《赤胆屠龙》（*Rio Bravo*，1959）里，至少有七种类型的男性在互动：警长约翰·钱斯（John Chance，约翰·韦恩饰演），酗酒成性的副警长杜德（Dude），身有残疾且脾气暴躁的施通皮（Stumpy），年轻人科罗拉多（Colorado），科罗拉多的老板，墨西哥旅店的店主，还有匪徒头子。片中有正邪对立的年长男性，有即将成长为男人的青年科罗拉多，还有日渐衰弱的老人施通皮。不说便知，警长是这群男人的头领。他是一个白人男性，富有智慧，见多识广。他是权威的代言人，最终也是他“赢得”了美丽女旅伴的芳心。

其他的经典西部片里经常会有两个存在对立性的男性组成双人搭档，作为整部电影的副线剧情——一个理想主义的“纯洁”青年往往不得不与一个富有男子气概（嗜酒、有胡须、有性魅力、富裕）的年长男性搭档。《魔笛》中的塔米诺（Tamino）和帕帕基诺（Papageno），《丁丁历险记》中的丁丁和阿道克船长，《星球大战》三部曲中的卢克·天行者和韩·索罗，他们都属于这种二元关系。在男性群体内部，女里女气的处男总是和满身缺点但却懂得享受生活的成熟男人同行，并时常因为差异而闹出令人啼笑皆非的误会。在费里尼（Fellini）的《大路》（*La Strada*，1954）中，江湖艺人一拳打死了走钢丝的“傻瓜”，前者驾驶篷车、穿皮衣、挂铁链、做派粗鲁，后者则诗意而俏皮。

可见，男性之间喜剧性的碰撞与他们之间的悲剧性战争是一体两面——双方都在进行争取合法性的斗争，但最终结果总是不够资格成为男人的男人受到排挤，甚至被杀死。男性时刻警惕着出现在男性内部的腐化因子，这些男人就像水果里的蛀虫，是理应被消灭的内奸。有四种男人被认为具备威胁性：穷困潦倒的男人、犹太人、黑人和同性恋。

穷困潦倒的男人没有男子气概，因为他们没能达成支配性男性气质四种类型里的任何一种。他们怯弱、哀怨，一副弱不禁风的书生样，挂着眼镜，甚至还一瘸一拐；他们没胆量、没力气、缺乏性吸引力。他们的存在让整个男性群体蒙羞，所以遭到“真”男人们的强烈鄙视。同样，无法（或不想）作战的男人也会被驱逐出男性群体，被认为没有当男人的资格，比如《唐·乔万尼》（*Don Giovanni*）中的莱波雷洛（Leporello）、西部片中的墨西哥人和中国人、《第22条军规》中的约塞连（Yossarian）以及保守派眼中的嬉皮士，都是如此。军队同样承认这种分级方式：在以色列国防军中，男战士的地位既高于“蓝领工人”（厨子、机修工、司机），也高于女战士（女教官），以至

图12 夏尔洛或曰男性的缺陷（20世纪20年代）。查理·卓别林在20世纪初塑造的这个电影形象是全球最著名的反英雄角色。夏尔洛（Charlot）是一个身无分文的流浪汉，衣着邋遢，行为笨拙可笑，但他总能令人感动。他以挑战支配性男性气质为乐，曾面对过流氓、猎人、工厂主、富翁、警察……

在复员后，一名前歼击机飞行员会比后勤部队的前卡车司机更有“价值”，待遇更好。[2]

贫困的男性同样会被剔除出合法男性的范畴，比如 1791 年宪法中因为贫困而只能当“消极公民”的男性，又比如 1850 年法国的“贫贱人口”（vile multitude）、阿什肯纳兹犹太文化里的“乞丐”（schnorrer）、拉丁美洲的无土地农民，以及美国的“白垃圾”（white trash），他们因为粗鄙、落后而被看作对白人男性气质的侮辱。

排犹主义和种族主义将犹太人和黑人置于阳刚男人的反面。他们的女性气质被视作病态。犹太人热爱学习，喜欢博学多才的讨论，因此他们的男性气质被认为过于感性，这构成了鄙视他们的理由之一。20 世纪 30 年代，媒体将法国社会党领袖莱昂·布鲁姆描绘成“交际花”和“歇斯底里的大嘴巴”。《事业报》（*L'Œuvre*）认为他穿得像个“神经质处女——衣着暴露，胳膊赤裸，嘴唇油亮，还除了毛、化了妆、喷了香水”。[3] 对黑人的仇视与对犹太人的异曲同工，他们不但被认为不够阳刚，还不被完全看作人。黑人被认为具有兽性，他们缺乏责任感、懒惰、没有道德感，他们在暴力和毒品中自甘堕落——既是野蛮人，又是寄生虫。从棉花种植园到超级监狱（Supermax），种族主义使非裔美国人承受了大量的骇人遭遇。

男同性恋具有双重威胁性，他们不仅性欲“反常”，而且还能在自己的性别范围内引诱他人。这让所有以异性恋为荣誉基础的男性感到恐慌。与排犹主义和种族主义一样，同性恋恐惧症也会导致暴力：男同性恋会被孤立；学校或更衣室里上演着对男同性恋的诋毁、辱骂、骚扰、攻击或监禁；在部分国家里，甚至还存在屠杀同性恋的行为。自 1871 年起，德国刑法就开始惩处男性同性恋行为。在埃及，电影《雅各大厦沉沦记》（*L'Immeuble Yacoubian*，2006）部分场次的放映现场上，观众甚至会因剧中男同性恋记者被杀害而集体鼓掌。[4]葡萄牙教会于2017年开始筛查申请进入神学院的学生的履历，以便排查潜在的同性恋和恋童癖。

社会学家雷温·康奈尔和历史学家乔治·摩斯（George Mosse）的一项研究说明了男性气质是如何在对比中获得定义的。男性气质不但需要被羞辱的女性作为反面，还需要知识分子、同性恋、残疾人、穷人、移民、犹太人和黑人等从属群体或边缘群体作为反面——为了稳固性别秩序，男性气质必须系统性地贬低某些男人。所以，支配性男性气质是通过讥讽甚至摧毁其他形式的男性气质，来不断重申自身合法性的。

因此，男性战争比性别战争起源更早，也更加暴力。这个战争必须以“真”男人对次等男人取得压倒性胜利而告终，因为次等男人身上的反男性气质特征被认为会导致整个民族的堕落。为了应对这一危机，部分革命者缔造了一种“新男性”，他是阳刚的英雄，未来的使者。法国大革命期间，世人对路易十六诟病颇多，其中一项就是他是性无能。当时很多的宣传册和版画都画着他躺在床上，头戴睡帽，露着肚皮，性器疲软——“陛下太软了……用什么方法都无法令君主制的命根子重振雄风。”相反，革命党人则凭借“精子”的力量和“阴茎”的权利，轻松射出了他寻求公民身份的子弹。[5]

如果说在这里，男公民的男性气魄宣告了共和国的胜利，那么他处，超级男人的坚硬就为极权主义罪行提供了借口。塑造关于新男性的神话，这是斯大林主义、法西斯主义和纳粹主义的一个显著的共同点。20世纪30年代，为了重振国家，这些政权均大力宣传符合阳刚气概的男性形象，具体表现有：拥有神明般完美身材的运动员、胸肌坚不可摧的士兵、望向远方的斯达汉诺夫（Stakhanov）、阿尔诺·布雷克尔（Arno Breker）凿成的“裸体纳粹”雕像。而敌人们——无论他是犹太人、资本家还是共产主义者——都用拖泥带水的女性气质威胁着整个文明的进程。与1918年后的德国自由军团一样，纳粹突击队也将注意力放在了打击病弱者、颓靡风气、放荡享乐和梅毒似的犹太人上。法西斯美学钟爱武器，并将其与军帽、皮带和靴子关联起来。士兵就是这样化身为钢铁猛兽的。[6]

男性战争在充斥着仇恨的氛围中进行，以至于连战争的受害者都受到鼓动，纷纷将自己塑造成与刻板印象相反的人物。马克斯·诺道（Max Nordau）笔下的“肌肉型犹太人”——一名在基布兹的以色列土地上自豪地劳作的士兵兼农夫——替代了弯腰驼背、畏首畏尾的“隔都中的犹太人”；男同性恋者纷纷远离“疯癫娘娘腔”的形象，变身成大男子主义十足、穿夹克、蓄髭须的肌肉男——就像芬兰艺术家芬兰汤姆（Tom of Finland）20世纪50年代以来的画作里呈现的一样。这样一来，他们就既可以当犹太人和同性恋，又不会扰乱性别秩序了。

教养与痛苦

支配性男性气质通过碾压其他男性气质来建立统治；但是，支配性男性气质的胜利却是整个男性性别的失败。社会为男性设下诸多陷阱，它要求男人展示力量、富有进攻性、扮演指定的角色；它鼓励男性追求英雄壮举，成功对他们来说成了义务。那些有能力抵抗这一点的人则会被送上男性气质的审判庭。最终，强制性的男子气概构成了一个沉重负担，统治者终会被自身统治所奴役。男孩、青年、士兵、情人、父亲——所有这些男性异化的受害者都承受着这一使命的重压。[7]

孩子尤其容易受到大男子主义文化的影响。无论是成年礼，还是“带有教育意味”的暴力和父亲的专横，这些全是为了让男孩的社会性别与他的生理性别一致，因为男孩子需要隐藏脆弱的一面，需要否认自身的情感，他们的行事和说话都要有“男人的样子”。在许多文化里，家长都禁止儿子哭得“像个姑娘”。在尼日利亚，人们会将男孩当作未来领袖来培养，他们用“做个男子汉！”这类话语来鼓励孩子。[8]然而，人们越是想让一个男人硬气起来，他的自我就会越脆弱。意图以羞辱的方式达成教育的目的，只能让小男孩认为做男人就必须去羞辱他人。

珍妮弗·西贝·纽瑟姆（Jennifer Siebel Newsom）在纪录片《面具之内》（*The Mask You Live In*，2015）中分析了美国男孩的男性气质，他们在男子气概的独裁霸权中长大，被要求事事争强好胜。为什么要勒令他们抑制情绪？为什么要禁止他们向他人求助？为什么他们小小年纪就已经丧失了情感表达能力？片子里有这样的场景：老师向八个（黑人）男孩提问，问他们的“面具之下”是什么。男孩们羞怯地在纸片上写下了“愤怒”“痛苦”“悲伤”“恐惧”“眼泪”，所有这些情绪都被深藏于心，因为他们无权表露出来。

男孩承受的粗粝教养方式和强硬社会环境最终都会转化成暴力——对自己的暴力，对他人的暴力。然而，目前只有后者引起了社会的注意。自法国大革命以来，国家机构就执着于对“需要法律管束的孩子们”，即私生子、弃儿、少年犯和徘徊于社会边缘的年轻人进行监管。并非所有人都会被送进监管所接受改造，但他们都会被家人和街坊视为堕落和败坏的人。人们认为，他们的男性气质已经失控且会带来危险，所以必须通过健康的男子气概教育将野孩子们变成公民。20世纪下半叶，法国开始使用这种思路下的社会融合模式去管理住在城郊低收入住宅区的马格里布青年，美国则将它用在了贫民窟的黑人身上，这些无法适应社会的“坏小子”恰恰印证了他们民族文化的“劣根性”。结果是，法国陷入了暴动和镇压循环的模式，而美国则迎来了对黑人男性的大规模逮捕和监禁。

走入歧途的年轻人往往荒废学业、混迹街头并犯下罪行。社会对此恐惧之至，甚至到了把男性气质当成社会问题的程度。处于读书年纪的男孩更容易被视作扰乱秩序的始作俑者。在美国，被诊断为“过度活跃”的男孩是女孩的2倍，在高中生里甚至占到了这一代人总数的20%。在法国和瑞士，医生给超过3%的男孩开过哌甲酯①一类的药物，而被开过这种药物的女孩仅为1%。[9]男孩真的比女孩更加好动吗？还是说体制和家长们对男孩的这方面缺乏包容？无论如何，社会漏掉了男孩身上的一些东西，男性气质的狭隘定义压抑了他们的人性。强调男子气概的教养让男孩们痛苦且狂躁，而社会对此的回应却是进一步将其病理化。

“男人养家糊口”模式曾在19世纪受到雇主和工人阶级的坚决拥护，后来，这种观念又被一些福利国家采纳。它要求男性必须经得住体力考验，扛起专属于男性的重担：辛苦工作、赚钱养家、在任何情况下都承担起男性要肩负的那些责任。显然，女性工人也饱尝工业劳作的艰辛。1840年前后，在苏格兰

① 别名利他林，一种中枢神经系统兴奋剂，常被用于治疗注意缺陷多动障碍等。——编者注

的煤矿里，甚至怀孕的女人都要在卫生条件极差的分拣场工作，她们都站在过膝的脏水里。男性则更多受到呼吸道疾病的影响，因为男性在井下的时间更长。身体的病痛或残缺不仅会影响男人的工作能力，还会影响他们的社会地位，因为他们是家庭的经济支柱。[10] 在整个 19 世纪，英国与法国增强了对女煤矿工人的保护，女性渐渐不再被允许下矿开采。1906 年的库里耶尔矿难导致了超过 1000 名男矿工的死亡。

这就是父权环形系统针对男性的运行逻辑。当然，男性可以选择逃脱。不过，同想逃脱的女性一样，逃离的代价十分巨大：他们会遭受鄙视，失去地位，承受接连不断的指责。所有这些都揭露了男人面临的另一重危机。因为全世界都在告诉他应该挺住，最终他的身体或精神将不堪重负——无论是突发的工作事故，还是早衰、压力大、过劳死或是因没能陪伴孩子成长而产生的愧疚感，这些都会让他垮掉。

缺席的父亲

自法国大革命以来，总有一些思想家带有或多或少的反动思想，他们担心父亲的角色会被抹除，因为这预示着社会将陷入群龙无首的失序状态。弗雷德里克·勒普雷认为，1793 年（处死路易十六数周后）取消遗嘱自由的做法是一项“可怕的革新”。多位精神分析学家也表现出类似的担忧，例如，保罗·费德恩（Paul Federn）写下了《革命心理学：无父的社会》（*Zur Psychologie der Revolution: die Vaterlose Gesellschaft*，1919），拉康则在 20 世纪 30 年代提出了“父亲意象的衰落”，亚历山大·米切利希（Alexander Mitscherlich）也出版了《通向没有父亲的社会》(*Vers la societe sans peres*, 1963)。他们认为，革命与战争（以及更普遍地说，社会变革）在象征层面杀死了父亲和尊长，这会摧毁权威。男孩们不再在田间或作坊里跟着父亲学习，而是要去学校被女人教育。

另外一种情况，则是男性因自身能力不足而无法承担父职。父亲的缺席是几重灾难造成的结果，包括工业开发、殖民社会和奴隶制度。19 世纪，严峻的工作环境影响到了男性在生活中的角色，比如社会改革家喜欢评论的“男工人把工钱都挥霍在酒馆里”的现象。与此同时，殖民帝国里有越来越多的混血儿出生，他们的父亲将他们和他们的母亲一同抛弃，自己则远走他乡。士兵攻占了土地，征服了女人，然后就人间蒸发了。这种情况在中南半岛和智利均有发生。以日本为背景的歌剧《蝴蝶夫人》(*Madame Butterfly*) 就表现了这种现象。

在美国，有大量描述非裔美国人在履行父职上是多么无能的文学作品。社会学家丹尼尔·帕特里克·莫伊尼汉（Daniel Patrick Moynihan）在其备受争议的著作《黑人家庭》(*The Negro Family*, 1965) 中，将非裔美国人核心家庭的解体与根深蒂固的种族不平等联系在了一起。在 1880 年至 1960 年，失去父母一方的黑人小孩是白人小孩的 2～3 倍。这种父母缺位现象到了 20 世纪下半叶变得更加严重。从 1960 年到 1980 年，失去父母一方的黑人小孩的比例从 32% 升至 53%，而这一比例在白人小孩那里仅从 9% 变为了 16%。[11] 1990 年时，有 46% 的黑人家庭是由女性主导的，而这一比例在 20 年前仅为 28%。由于长期被污名化为缺席的父亲或不成熟的父亲，黑人父亲在 1995 年纷纷加入“百万男人游行”（Million Man March）的运动，试图确保自己的孩子免受贫民区毒品和暴力问题的侵害。也存在许多指导黑人男性如何当爸爸的指南书，比如《黑人父亲：男性家长指南》（*Black Fatherhood: The Guide to Male Parenting*，1992）或《成为爸爸：黑人男性的父职之旅》（*Becoming Dad: Black Men and the Journey to Fatherhood*，2006）。

有学者对数据解读中蕴含的种族主义倾向感到不满。他们的研究表明，不是黑人父亲本身无能，而是持续数个世纪的奴隶制压垮了黑人父亲，是没有尽头的失业令他们失去尊严，是大规模监禁和英年早逝使他们不能履行父职。另一方面，继父、叔叔、表亲、朋友或神父等其他成年人完全可以替代父亲履行职责。毕竟，真正重要的是，让孩子身边有一个“积极正面的黑人男性形象”在陪伴和指导他。[12]

在加勒比地区，特别是在法属安的列斯，也存在父亲角色被消解的现象，尽管由此产生的以母亲为首的家庭结构与美国的“单亲妈妈”有所不同。[13] 同样地，贫困、社会羞辱、饮酒过量也摧毁了美国南部与新英格兰地区白人贫民阶层中父亲们的尊严。罗素·班克斯（Russell Banks）的所有作品，尤其是《苦难》（*Affliction*，1989），都在说明父亲的失势必会导致儿子无能的观念。

撇开对个人的责难——比如某人缺乏责任心、喜欢逃避，父亲缺席的问题依然存在，这与资本主义、奴隶制和殖民化的暴力有关。是整个社会在造就特定男性的衰弱和无能，包括工人、士兵、黑人和非裔加勒比人，自 19 世纪以来就是如此。

男性死亡之时

无论是和平还是战争时期，男性都比女性死得更早、更突然。自19世纪末以来，这个现象在各个地方、各个年龄段都能观察到。在许多国家里，男性在35岁至65岁之间死亡的风险比女性高出1倍。就预期寿命而言，在20世纪80年代，英国和瑞典女性的预期寿命比男性高出6岁，美国和意大利的女性比男性高出7岁，在法国则是8岁。日本和俄罗斯男女预期寿命差别也在逐年拉大，到21世纪初，日本女性的预期寿命已比男性高出7岁，俄罗斯女性甚至已高出了13岁。[14]

男性死亡率过高不仅源于吸烟、酗酒、不良饮食习惯（上述行为均会引发癌症和心血管疾病），还源于工作事故、职业病、暴力袭击、危险举动以及拒绝寻医问诊或接受心理援助。一名新几内亚女性曾对一位人类学家讲述她是怎样失去她的三任丈夫的：第一任是被抢劫犯杀死的，第二任死在了情敌手上，然后她和情敌结了婚，而最后这位丈夫最终还是死在了他杀死的那个人的兄弟手上。[15]在美国，据国家犯罪受害者中心（National Center for Victims of Crime）统计，2013年时，杀人犯中大约有90%是男性，而77%的受害者也是男性。在美国和英国，死于交通事故的男性是女性的2倍，在瑞典则是3倍。在法国，因为交通事故受伤或死亡的人中有四分之三为男性；男性占死亡机动车司机的79%，死亡摩托驾驶者的96%。80%以上的致死性交通事故都是由男性造成的，尽管驾驶机动车的男性人数并不比女性多多少。[16]

在世界范围内，男性自杀者是女性的3～4倍。在年轻人中，根据国家的不同，男性自杀者可达到女性的3～7倍。在美国，白人男性的自杀率最高，排在后面的是黑人男性与拉丁裔男性，紧接着是白人女性。总体上看，美国男性自杀者是女性的4倍（老年男性自杀者是老年女性的10倍，超过65岁的自杀者中有

83% 是男性）。白人男性占自杀总人数的 72%，占使用枪支自杀人数的 79%。[17]

20 世纪时，两性在入学、职业培训和就业方面的差距逐渐缩小，但自杀率之差却毫无缩减的趋势。1970 年至 1990 年期间，美国、加拿大、日本和许多欧洲国家的男女自杀率差距甚至还有所拉大，而且所有年龄段都是如此。男性更容易受到不稳定经济形势的影响。失业和就业困难严重打击了很多需要成为家庭支柱和建立社会权威的男性，加之他们对家庭事务的投入本就更少，他们对生活的期待因此更容易破灭。生活失去了意义。他们因不能养家而感到羞愧和焦虑，最终变成了“去自杀的养家者”。[18] 男性自杀率高还有其他方面的原因，比如年轻的男同性恋自杀的风险更高，老年男性则更难面对分离、独居和抑郁的打击。

同时，男性自杀的方式也往往更暴力（枪支或自缢），自杀成功率也明显高于女性。可见，连死亡方式也体现出某种男性气质，包含着社会指派给男性的诸多品质：力量、决策力、理性、勇气。[19] 正因如此，即便男人已经面临满盘皆输的困境，他依然会拒绝公开承认自己已经失去了地位。他会以另一种方式胜出，重塑自己的权力，而根据牺牲型男性气质的逻辑，死亡能够让逝者重新获得最后的尊严。

这就是男性的集体疏离导致的恶果：他们不仅对他人施暴，还对自己施暴。说到底，男性的高死亡率揭示的依然是他们从童年时期就不断内化的社会指令——他们必须展现男子气概，他们给出的表现必须高于实际要求，必须超负荷工作，拒绝抱怨，必须寡言少语，不善情感表达。这就是父权社会中所有男性的命运：他们为家人的幸福奔波辛劳，然后先于家人死亡。

男人不仅是脆弱的，而且他们自己甚至整个社会还都否认这个事实。男性的苦难源于性别的不平等，否认这种苦难的存在是最大的不公。没有人想看到男子气概在塑造了男性之后又将他们一一摧毁。支配性男性气质能给男人带来好处，但它也需要代价。代价就是男性自我的不安全感和幼稚的虚荣心，还有失去阅读兴趣、不关心精神生活、内心世界逐渐萎缩，他们对社会事物的观念也愈加狭隘（直接体现之一就是男性倾向于选择显得“男人”的职业，此外，他们还可能具有厌女和恐同等愚蠢思维）；最后但并非最不重要的是，他们的预期寿命不断缩短。男性更易死亡的事实不仅是个人和家庭的悲剧，还对集体和社会生活造成了影响。例如，男性的高死亡率涉及养老金问题，因为男性缴纳同等比例的养老金，收到的回报却更低。

公权力似乎并未投入太多精力去改变这一充满性别色彩的苦难。2018 年，美国心理学会（American Psychological Association）发布了一份报告，提醒我们应对父权男性气质造成的生理伤害与心理伤害保持警惕，因为没有任何男性可从中幸免。20 世纪末出现在澳大利亚的“十一胡子月”组织（Movember）是极少数关注男性健康的组织之一。我们何时见过提升公众对男性英年早逝问题认识的社会活动？又何时见过“爸爸，你的生命很重要”或“男人，我们需要你们”这类标语？

家庭、宗教与社会为男孩提供的男性气质范本过于贫瘠，在没有更好范本的情况下，孩子们不得不对此照单全收。性别的真正牢笼就是这种平庸，而且是用耐力和强度才能换来的平庸。无论男人怎样证明自己，他的阳刚气概永远都不会够，因为生为男人，就必须一直做个男人，而且还需要变得越来越男人。这种盲目的执念令男性危机来得如此之快，这些危机或已显现，或在潜伏，或是个人层面的，或是集体层面的。例如，前列腺癌一直是笼罩在男人头上的阴云，威胁着那些已经面临年老考验的男性的男子气概。治疗这种病症会对男性自恋造成毁灭性打击，这足以促使部分患者拒绝治疗——其中不乏年纪轻者（不到 60 岁的男性），似乎他们宁可硬着死，也不肯软着生。相比死亡，前列腺癌患者更害怕丧失勃起的能力，而存活率相当（存活 5 年的概率基本为 100%）的肾癌患者则更担心能否生存下去。[20]

支配性男性气质构成了三重暴力——对女性的暴力、对不够男人的男性的暴力以及对男孩的暴力。具有支配性男性气质的男人是失衡的、有受虐倾向的，也是饱受痛苦的，他们往往缺乏自信。这种男性气质本身就是一种危机：男人永远无法确保自己拥有霸权，他永远不会满意，永远都被困在对女人和“劣等”男人的不断攻击中。以上种种都构成了父权制的不稳定因素。从属性的男性气质和不合法的男性气质受到了压制，但支配性男性气质同样遭到了异化——掌权的男人是他自身性别的奴隶。得益于 20 世纪女性主义的胜利，女性逐渐把自身从奴役和刻板印象中解放出来。由此，我们或许也可以想象一个男性解放的前景：男人可以从强制性男子气概的模式中解脱出来，而不会受到羞辱或嘲笑。

10

男性的病态

2007年，卡门·塔尔顿（Carmen Tarleton）在她位于佛蒙特州的家中被已经分居的丈夫袭击。这名男性趁夜潜入卡门·塔尔顿家中，用棒球棍殴打她，然后将工业洗涤剂泼在她身上。洗涤剂造成卡门·塔尔顿全身80%面积被烧伤，她的面部被烧成浆状，双目几乎失明。几年后，她接受了面部移植手术。在美国，四分之一女性受过来自配偶的严重暴力伤害，七分之一女性受过现任或前任配偶的骚扰。[1]

这些犯罪事实明确显示，男性这一性别已经从内部腐坏。尽管这些野蛮行径确系个人所为，但这揭示出的是男性集体的厌女意识。**厌女症，是以女性更加低劣的观念为基础，通过暴力、歧视和制造刻板印象的手段，持续构建并维系女性从属地位的一种意识形态**。暴力、歧视和制造刻板印象是三种矮化女性的方式，它们分别对应着三种性别暴力：犯罪型男性气质、耽于特权的男性气质和有毒的男性气质。厌女症可能贯穿于男性的悠久历史中，但它不是男性气质的本质，而是男性气质误入歧途的一种表现。

犯罪型男性气质

一说到男性暴力，我们就会想到很多原因，但我们很难说清这究竟是哪一点造成的。究竟是荷尔蒙或生物进化的原因决定了男人天生具有进攻性，还是因为男人力气更大？又或是因为教育和社会环境的影响？是因为男性的自我过于脆弱而导致暴力，还是说，因为男人被贫困和酒精压垮了？我们不得而知。可以确定的是，对男性而言，向女性施暴是维系男性单边权利的重要表现，这些权利包括他们的生命权、身体完整权、性消费权以及对不可控欲望的满足等。诚然，厌女性质的犯罪也可以是集体行为，涉及男性和女性，比如女性割礼和堕女胎，但这些行为本身始终是为了巩固父权秩序。此外，男性同样可能对男性犯下此类罪行，正如女性对男性、女性对女性也可能施暴一样。历史上，针对女性的犯罪大多是由女性投毒者、鸨母、女囚监以及处在异性或同性伴侣关系中的女性犯下的，还有就是杀害子女或把子女交给猎杀者的母亲。非人道行为没有获胜者。

古罗马和中世纪的律法规定，丈夫有权“管教”他的妻子，不论是信仰基督教还是伊斯兰教的地区都有此规定。法律认为，管教妻子是丈夫分内之事，因为跟小孩一样，女人需要被教化，必要时可以使用暴力。20世纪初，在意大利阿尔卑斯山脉的一个村庄里，女性频繁遭受着男性（父亲、公公或丈夫）的殴打——一名女性被鞭子抽，另一名女性被一桶冰水砸破了头。[2]在一个世纪后的北美和西欧，依然有15%至30%的女性是配偶暴力的受害者；在法国，每三天就有一名女性被现任或前任配偶杀害。东欧的情况更为严重：匈牙利和乌克兰至今没有签署2011年发布的、以打击家庭暴力为目的的《伊斯坦布尔公约》，俄罗斯干脆通过了一项“近亲”暴力无罪化的法律。拉丁美洲和加勒比地区已经成为暴力特别盛行的地方。在墨西哥，43% 的女性遭受过伴侣的施暴，而且真实情况很可能高于这个数字。[3]

有关强奸的数据很难进行比较分析，因为每个国家对强奸的定义都不同，而且，有可能对强奸行为起诉越多，说明的是受害者个人的斗争意识越强——这或许正是瑞典强奸发生率为欧洲最高的原因。2006 年，“法国性状况研究”（Contexte de la sexualité en France）的调研结果显示，7% 的女性受到过性侵害，9% 的女性遭遇过性侵未遂（即 6 名女性中就有 1 名曾遭受性侵害或性侵未遂），其中，未成年人和女同性恋更易遭受性侵。性暴力是世界上大多数地区的顽疾，尤以拉丁美洲和印度次大陆为甚。2014 年，印度平均每天约有 100 名女性遭到强奸；从城市来看，德里为全国之最，其次是孟买、斋浦尔和浦那。[4] 在非洲的马拉维，有人会付钱让男人强奸幼女和寡妇；这种旨在“净化”女性的习俗直至 2013 年才被正式废除。

“杀女”（féminicide）一词特指因为一个人的女性身份而杀害她。这包括欧洲 15—17 世纪猎杀女巫的集体行动，亚洲杀害女婴的习俗，杀害女性通奸者，盛行于南欧、中东和印度次大陆的“荣誉犯罪”，以及自 19 世纪开始出现的连环杀女案。墨西哥的华雷斯城地区和加拿大的美洲印第安人聚居地曾发生过大批年轻女性失踪，在 1980 年至 2012 年，这些地区约有 1200 名女性遭到谋杀（占所有女性被杀案件的 16%，要知道女性原住民只占这些地区女性总人口的 4%）。[5]

此外，“杀女”还常伴有虐待行为。比如 1946 年洛杉矶的伊丽莎白·肖特（Elizabeth Short）、1997 年和 1998 年佩皮尼昂的莫克塔利亚·夏伊布（Mokhtaria Chaïb）和玛丽-埃莱娜·冈萨雷斯（Marie-Hélène Gonzalez）、2016年阿根廷的露西娅·佩雷斯（Lucía Pérez）都遭受过残暴虐待。这些犯罪表明，性化了的极端暴力是父权恐怖主义的一种形式。凶手不只是在杀害一名女性，还在通过杀一个人来摧毁所有女性。所以，厌女的野蛮行径也可被看作一种对女性解放的复仇。“性犯罪的时代”开启于1888年的开膛手杰克，那正是英国女性获得离婚权、地方选举权和平等受教育权之后不久。[6]一些“杀女”行为还包含着政治层面的原因：1960年，反对多米尼加共和国独裁政府的女性主义民主人士米拉瓦尔三姐妹（les sœurs Mirabal）遭到谋杀；1989年，蒙特利尔工程学院的14名女学生被屠杀；2014年，一名男子因再也不想忍受女性的拒绝而犯下了伊斯拉维斯塔枪击案；2018年，多伦多汽车袭击案的犯罪者也是一名“非自愿独身者”（incel，来自英语 involuntary celibate）。

最广为人知的大规模性暴力应是战争时期（第二次世界大战期间，在前南斯拉夫、刚果民主共和国）的强奸和卖淫。就国际层面来说，每年因性贩卖而受害的人高达80万，其中80%是女性；尼日利亚、俄罗斯和其他一些曾经属于苏联的国家的情况最令人担忧。尼泊尔的贫困、教育体系薄弱和缺少发展机会都深深加重了女性的恶劣处境：在加德满都，2万名女性在从事性工作；每年都有1.2万名女性被送往印度和海湾国家遭受性剥削；在东南亚和中东，还有30万名尼泊尔女性在半奴隶制状态下工作和生活。[7]

相较而言，堕女胎现象更少受到关注，但这个问题在印度等国非常严重。这些地方素有杀女婴和遗弃女婴的传统。这种性别灭绝（gendercide）更是随着20世纪70年代的超声检查而走向了“现代化”。超声波技术甚至使得并无类似传统的韩国和高加索地区国家也开始出现堕女胎现象。女婴之所以在降生前就遭到杀害，原因之一是人们认为，抚养女儿的付出远远大于回报。堕胎这一女性解放自我的手段，最终被反过来用于阻止更多的女孩获得生命。印度政府很重视堕女胎的问题且在努力加以遏制，但往往收效甚微；人们的思维方式的确正在逐渐改变，但依然远远不够。多份研究显示，亚洲缺少 1 亿至 1.5 亿名女性，这使得今天的亚洲成了“世上最男性化的大陆”。缺少女性导致的恶果不容小觑，包括人力资本匮乏、出现买妻市场、强奸和性贩卖增多等。此外，未来的军事局势也会更加紧张，这是内部高压需要得到释放的必然结果。[8]

杀妻、杀女、性别灭绝，所有这些行径都源于男人们认为女性过分自由了，又或是嫌弃女性带来的收益太少了。于是，男性就用犯罪的方式进行校正，就好像女性真是犯下了过错而罪该万死。如果说性贩卖是为了充分剥削女性的身体，那么谋杀就标志着父权制血淋淋的失败，而父权制通常迫使女性屈从于女性功用。这就是为什么厌女暴力长期以来一直被容忍，甚至能被合理化：人们大肆传播“夫权”观念，指责或污蔑强奸受害者，认为男人发泄“原始”冲动合乎情理，等等。

犯罪者就这样得到了原谅。我们常在教会、军队和知识界这类极度男性化的机构和群体中观察到男人之间的相互包庇。1980 年，当著名的马克思主义哲学家路易·阿尔都塞（Louis Althusser）扼死自己的妻子埃莱娜·里特曼（Hélène Rytmann）后，他的一众好友和曾经的学生们皆挺身而出，为其脱罪。他们认为这只是“一桩悲剧”，是“重度抑郁”导致的结果，甚至还有人认为阿尔都塞是在协助妻子“自杀”。最终，杀人犯变成了受害者。[9]这种父权制度下的兄弟情谊在21世纪第二个十年初期依然得见，比如被指控强奸的社会党领袖多米尼克·斯特劳斯-卡恩（Dominique Strauss-Kahn）就得到了大量的袒护。媒体对男性和女性政客私生活的态度截然不同，在性暴力的报道上也往往偏袒男性。例如，20世纪90年代，蒙特利尔的日报在报道杀妻案件时一直采用这样一种角度：他们会在陈述案件时，着眼于夸张刺激的元素，极力将其描述为个别事件，一方面模糊受害者的面目，另一方面力图将施害人的责任降至最低。[10]

从脏衣篓到精神负担

连环杀手并不常见，但因男性气质得到好处的男人却比比皆是。所以，特权问题比暴力问题更加棘手，因为特权带来的好处越多，男人就越不愿承认拥有特权。男性特权可以看作男人因性别而获得的好处和优待之总和，只要男性在很大程度上没有意识到这些优待，他们就会毫无节制、毫不自省地沉溺其中。因此，任何一名拥有权力（无论何种权力）的男性都该时常扪心自问，自己为何会拥有这些权力。由于受到“男性养家糊口”模式的支持，男人可能会说，这是来自他的工作和才能。然而这种说法忽略了以下三个因素：第一，男性处于特权阶层，这是事实；第二，家庭对女性实施了长期剥削；第三，就业市场和职场对女性施加了结构性歧视。

耽于特权的男性气质赋予了男人声望和权威。打开电视，翻开报纸，看看企业组织结构图：他们无处不在。虽说执行委员会或大学以现有成员提名的方式选举新成员这种行为本身并不构成问题——许多男人就是这样当选的，但问题在于，这种选举方式让权力保持了向男性倾斜。在日常生活中，做饭、裁衣和照顾病弱都是女人的事，而“非凡”的天才却总是属于男性大厨、男性时装设计师和男性医学教授。不仅如此，即便是在“女性化”职业（护士、小学教师、社工）中，那为数不多的男性也总能搭乘“玻璃扶梯”，有机会踏上加速的职业发展轨迹。助产士学校是法国高等教育系统中女性比例最高的地方之一（达到95%），在这里，人们也会期待男人们继续享受他们的性别特权——他们只需要做些轻松的体力活，就更容易被选为班级的代表，也更容易在国家助产士理事会里获得席位。[11]由此可以看出，父权制并非阴谋论，而是一套完整的体系。

很明显，性别分工是从旧石器时代开始的，从那时起，男人就不再参与照料和养育的工作，因为这是女人的分内事。可以说自古以来这点就没多大变化，难道不是吗？毕竟，现在依然有很多男人认为女性的人类学命运就是保证冰箱里总有吃的，衣物总是干净整洁：这些从根本上讲就是**她们**的事。在漫长的历史中，这种观念看似无从辩驳，以至于就连女人都差点对此认命了——如果我们不做的话，“就没人做了啊”！为何洗衣服总是女人的事，即便在年轻情侣中也是如此？“因为过去一直是这样的啊！”在日常生活的惯性下，在人们的习而不察中，男人以主动承认自己不会或就是不做来回应这些问题。[12]

然而，20世纪以来，情况发生了根本转折：女性进入了以第三产业为主的劳动力市场。这让她们开始受困于“双重工作日”——她们在家外从事着带薪工作，还在家庭内部进行无薪劳动。1869年，约翰·斯图尔特·密尔解释了为什么即便职业生涯的大门已向女性敞开，她们也依然迟疑保守。因为操持家务已经耗费了她们大部分时间和精力。差不多同一时期，于贝尔蒂娜·奥克莱尔也指出了家务劳动上的不公正：与女人不同，男人即便扫地、清洁、做饭或洗碗也都是有工资的，而有工资就能被称为“工作”。一个世纪后，克里斯蒂娜·德尔菲也在提醒我们，女人在“工作之外”被规定必须完成的劳动其实也是工作，不过全都是无薪的。因此从20世纪开始，女性就开始受到双重剥削——在外受到资本主义的剥削，在内受到父权制度的剥削。

于是，女人必须采取“超级妈妈策略”，同时挑起两份工作，一边当职场员工，一边当家中的母亲。在20世纪末的美国和法国，“第二份工作”令女性每周的工作时间比男性多出约15小时。只有20%的伴侣实现了工作时间均等，但在所有情况下，都是女性承担大部分日常重复性劳动（做饭、打扫卫生、照顾孩子），并且需要同时兼顾；而男人只需要在他们有空的时候做一下养护车子或修理类的工作，并且一次只做一件事。这样的劳动分配会导致女性疲惫、紧张、沮丧，患病的概率更高，并且性欲降低，它让女人变成了“凶恶的人”，而事实上她们才是受害者。[13]

父权环形系统构成了一个陷阱。男人“不擅长”家务，这种说辞是出于精心算计下的冷漠；而所谓的女人“擅长”家务则是出于习惯和责任。在夜里，母亲会被婴儿的哭声吵醒，男人却“不巧”还在酣睡。为快速解决问题，幼儿园老师总是先给妈妈打电话。在工人阶级那里，甚至生活必需品的消费经济也主要是女性在参与，她们负责购买日用品、寻找折扣和清仓活动、填写福利申请表、操持家务、维系家庭和朋友关系。然而在丈夫眼里，她们什么都没做。“我没有一分钟是自己的，但他根本看不到，他总是不在家。他永远不明白为什么我很累。”[14]

女人不仅要兼顾双重工作，还必须时刻“惦记家里”。她们负责安排家庭的一切日常活动，从采购、注册、预约、预订到规划出行，从疫苗接种到生日派对，从柔道课程到期末汇报表演。这些构成了一种巨大的精神负担，却没有任何数据将其统计在内。母亲要同时管理几个不同的时间表：工作的、孩子的、家庭的，以及她们自己的——如果她们还有空闲时间的话。她们自己与大夫、牙医、理发师等的预约总要排在所有事情之后。因此，只有当男人除了家务之外，还开始分担这种精神负担时，真正的革命才会发生。

职场歧视

女性因沉重的家庭奴役而本就不佳的处境，因为职场对女性的歧视变得更加糟糕。正如阿莉·霍克希尔德（Arlie Hochschild）指出的那样，职场环境是由家中有女人操持的一群男人设计的，并且也是为了这样一群人设计的。除了不愿投入家庭劳动的男人，女人还是企业文化的受害者，尤其当企业总在早八点和晚七点组织会议时。性别惯例和工作需要令男人免于承担家庭事务，比如在晚间接替保姆照看孩子，或是在白天离开岗位照顾生病的孩子。如此这般，男性雇员的大脑便永远不会被父职所侵蚀。

男人对工作的过度投入导致了他们的伴侣往往要在事业上做出潜在或明确的牺牲。于是，低娶高嫁的经典婚嫁模式应运而生，即男人会选择与一个工作比他轻松、收入比他低的女性一起生活。在有些婚姻里，双方一开始的职业状况就是不对等的（比如一名男性高管配一名女性教师）；有些则属于配偶双方的职业差距逐渐拉大，比如女人在生孩子后放弃了职业抱负，暂停自己的职业发展，跟随丈夫的职务变动东奔西跑。于是，夫妻双方“自然而然地”做出取舍，女人跟随男人搬到国外后变成了家庭主妇，高官的妻子成了丈夫的后勤，换来的是她在政府部委工作的丈夫的履历变得越来越有竞争力。

然而，女人的职业生涯关键期往往正出现在她们必须照顾年幼的孩童时。在经合组织国家中，母亲的就业率（平均为65%）比女性总体的就业率低 5 到 15 个百分点。两个数字差异最大的地区是日本、英国、德国和中欧。在任何地方，只要孩子处于 0 到 5 岁，母亲的就业率就会降低甚至暴跌（美国的情况是从 79% 下滑至 65%）。在除北欧之外的国家中，第三个孩子的出生会造成进一步的断崖式下跌：母亲就业率会直降 20 到 60 个百分点。实际上，只有在那些有意识实行了产假和育儿假政策的国家中，女性、母亲和孩子尚幼的母亲这三类人群的就业率才能基本保持相同——均处于 80% 左右。[15]

如果说 19 世纪的主流观念是认为女人属于家庭，并让女性通常只能以挣小钱来贴补家用，那么时至今日，男女薪酬不平等的原因已经变得复杂多样。女人经常会主动或被动地从事不稳定工作或兼职工作。男女收入不均的另一个原因是行业的性别隔离：女性多被集中在薪资水平较低的岗位（从保洁、个人服务到教育、出版和行政），而报酬丰厚的行业（信息技术、航空、石油、银行和金融）则罕见女性的身影。这就是美国自 20 世纪末以来的后工业时代发展路径：总体而言，女人和黑人都被局限于次要工种，白人男性则统领了管理岗位和法律、建筑、医疗等专业领域。

当然，造成男女收入不平等的原因还有很多，例如：因生育而造成的职业生涯中断，在谈判薪资时开价过于保守，内化了女人不该有野心的观念，申请岗位时自我压抑，冒名顶替综合征①作祟，等等。在领英（LinkedIn）平台上，相比男性，女性更少突出自己的能力和价值，更少提供自己的教育经历与职业成就，她们的联系人网络也往往不如男性的广泛。[16]总之，男女两性的总体薪资差异高达26%。这个差异在全职工作中缩减为16%，而在相同岗位上，性别薪资差为12%。同工不同酬，显然是“怎么也说不过去”的歧视行径。[17]

而且女性还会在职场中面临“玻璃天花板”现象，这令她们几乎无法担任要职。我们只需瞟一眼企业管理层的人员构成就能发现这一点。19世纪时，圣戈班（Saint-Gobain）玻璃厂的所有运营环节都掌控在男人手中：玻璃生产、化工制造、工厂运营、市场销售、服务管理以及董事会。要等到两次世界大战期间才会出现第一位女性工程师，她毕业于中央理工学校（École Centrale），是被专利部门聘用的。21世纪第二个十年末期，圣戈班的管理团队中仅有3名女性经理，而男性经理则有14名，女性占比18%（她们分别负责人力资源、公共关系和战略发展）。[18]2011年，法国女性在管理层占比34%，这一数据在二十年前为23%。一般来说，男性与女性在职业生涯初期的岗位与职责相差不大，但自35岁开始逐渐拉大。在职业发展过程中，30%的男性管理层人员能够跻身领导层，实现相同跃升的女性则仅占14%。[19]

在美国，管理层中女性的比例迅速增长（从1972年的18%

---

① 冒名顶替综合征是一种心理现象，指个体从客观评价标准来看已经取得了成就，但其本人认为这是不可能的，对自身能力有怀疑，认为自己的成功均来自外界因素，比如运气或巧合。——编者注

图 13《世界报》的一次编辑部会议（1970）。20世纪下半叶，法国极具参考性的重要报刊，《世界报》(*Monde*)，依然是清一色由男性领导的。图中从左至右依次是副主编、信息统筹负责人、海外业务负责人、经济事务负责人以及另一位副主编。

增长至 2000 年的 45%），但企业领导层的女性仍然很少，且每当一名女性任职董事长兼总经理的职位时——尤其当这名女性是从外部空降该职位时，这家公司的股价就会跳水。在“最高领导层”（C-suite，包括董事长兼总经理、总经理、财务总监、运营总监和市场总监）中，唯一一个出现过女性多于男性的职位是人力资源总监。在标准普尔 500 指数包含的 500 家企业中，女性董事长兼总经理的比例不足 5%。在《财富》评选出的 500 强企业中，女性在最高领导层人员中占比 15%，但在董事长兼总经理中的比例仅为 1%。[20]

玻璃天花板还会阻碍女性在公共部门的最高层、高级行政管理部门、医院或大学担任要职。2018 年，由日本的文部科学省提供的数据显示，四分之三的大学教员为男性（国立大学中这一比例高达 83%）。在法国，巴黎一家大型医院的教授执业医师（法国医疗系统中级别最高人群）中女性占比仅为 15%，即便女性与男性的学术成就基本相同。[21] 在西班牙的大学中，职务等级越高，女性人数就越少，即便女性的学习成绩普遍比男性更加优异，研究能力也与男性基本等同。女性的转折点通常出现在 34 岁，即她们的孩子出生时。女性在大学教授中的占比一般不超过 20%，而在坎塔布里亚大学中女教授占比仅为 12%，卡塔赫纳理工大学的女教授比例为 11%，加泰罗尼亚理工大学为 8%，韦尔瓦大学则为 7%。与这种垂直层级不平等对应的是水平方向的领域不平等，女性往往更多集中在文学、法律和健康等领域。[22]

造成这一情况的原因，不仅有男性之间的性别扶持、女性榜样的缺失，更有针对职业女性的敌视，这些敌意和困难有可能会让女性主动放弃事业追求，甚至在丈夫养家能力卓越时自愿回归家庭。面对种种困难，女性为了升职必须比男性付出更多辛劳，这导致她们不得不牺牲自己的私生活或者被迫与其他女人激烈竞争。虽然各大企业、政府和欧盟都在为改善现状努力，但体制与家庭的变迁终究缓慢，耽于特权的男性气质的好日子依然看不到头。

性别刻板印象

所谓“有毒的男性气质”会四处败坏女性的形象。自古以来，以负面言论污蔑女性的书汗牛充栋，从潘多拉和夏娃的神话故事到顾拜旦（Pierre de Coubertin）反对女性参加运动会，再到17世纪的许多专论，比如《我们这个时代女性的矫揉造作》（*Les Singeries des femmes de ce temps*，1623）①或《女名流骗术风情画》（*Le Tableau des piperies des femmes mondaines*，1685）。现在让我们看看这些蠢话吧。

第一种女性形象：容貌美艳的傻子。有一系列词用来形容这样的女性，比如“花瓶”“哑巴傻妞”“性感小玩意儿”“金发尤物”。拉布吕耶尔（La Bruyère）、尼采、拉鲁斯和很多其他男人都将女性描绘成酷爱卖弄风情的白痴。女性主义者们已经充分论证了女人是如何被塑造成兔女郎或糊涂蛋的，这些形象意味着必须有人指导她们，否则她们就会犯迷糊。[23] 这种假定女人愚蠢的傲慢态度解释了为什么20世纪女性科学家们的研究成果会频频被男性同事篡夺，荣誉也由男人独霸。遭此对待的女性有：首次证明恒星由氢组成的塞西莉亚·佩恩（Cecilia Payne），DNA结构的共同发现者罗莎琳德·富兰克林（Rosalind Franklin），以及发现21-三体综合征病因的玛尔特·戈蒂耶（Marthe Gautier）。

第二种女性形象：贪婪的婊子。她们被称为“女恶魔”“魅魔”②“犹太美人”③，是会令男人因性而死的致命诱惑者，是靠同男人上床上位的野心家。无论怎样的男子都既垂涎她又仇恨她，仿佛他们就注定等着被她腐蚀似的。这种女人中有妲己，商朝君主那个残忍邪恶的宠妃；有弗朗索瓦·德·罗塞（François de

---

① 法语中“singerie”为猴子“singe”一词的变体，意为“虚伪的、装腔作势的态度”或“笨拙可笑的模仿”。

② succube，一种人们认为会和熟睡男人性交的女魔。——编者注

③ 法国与欧洲文化中对于犹太女性的一种想象，法国历史学家埃里克·富尼耶（Éric Fournier）在其2011年出版的著作《“犹太美人”：从〈艾凡赫〉到犹太人大屠杀》（*La “Belle Juive”, d’Ivanhoé à la Shoah*）中分析了这一形象的建构与传播。

Rosset)《我们这个时代令人难忘的悲剧故事集》(*Les Histoires mémorables et tragiques de nostre temps*)中“以贵族小姐形象出现的恶魔”；有济慈诗中驯服了骑士的“无情妖女”；有梅里美(Mérimée)笔下的卡门，梅里美在他的小说开篇写道，女人有“两个完美时刻，一个是在床上，一个是在死后”；有城郊住宅区和贫民窟里某个公认的“妓女”，那个来者不拒的下贱女孩。在美国经济学家时常光顾的一个网络论坛里，人们在提到女同事时，最频繁使用的词汇是“辣妹”“女同性恋”“奶头”“肛门”和“妓女”。[24]

第三种女性形象：解放了的女知识分子。她们普遍拥有男性般的雄心抱负，是放弃了自己性别的人；她们也是无法驯服的悍妇，是惹人讨厌的人，只配让人揶揄着问“你是来月经了吗?”。她们太过自由，太过出色，不像是真的女人。人们往往会用污蔑言辞中伤那些在知识领域或职业发展上成功挑战了男性垄断地位的女人，称她们为“女学究”“蓝袜子”①，在企业里不计一切向上爬的“杀手”。作为一位女作家、女雕塑家、女剑术家、女决斗者、变装者和女双性恋者，吉塞勒·戴斯托克(1845—1894)占据了所有这些刻板形象。

但是，性别歧视并不仅仅体现在刻板印象上，它还存在于家庭内部、教育系统，甚至是爱情关系中。如果让家长描述一下他们的新生儿，男孩的家长会说他们生了一个强壮结实的大宝宝，而女孩的家长则会说他们的宝宝多么纤细精致，即便婴

① 蓝袜社(Blue Stockings Society)是18世纪中期一个英国贵族妇女举办的文化沙龙，主要是在女性间探讨文学艺术和教育的意义。随着此沙龙在文化圈里声名鹊起，英国主流学者纷纷对它嗤之以鼻，却又对此沙龙高朋满座的盛况无可奈何。此后，“blue stocking”就成了一些文化人士嘲笑调侃非传统、非主流的知识分子女性的代名词。——编者注

儿本身根本不存在此类差别。女孩的父亲经常对孩子唱歌、微笑，使用与身体或情感相关的词汇与其交流；男孩的父亲则多用进攻性的肢体冲撞与孩子互动，言语间也总会显露期待孩子出人头地的愿望。[25]在墨西哥城的圣多明各区，人们常说“这个男孩真高大”，“瞧他的样子多聪明”；而谈到女孩则会说“她有一双美丽的眼睛”，“她的腿可真漂亮”。母亲节时，人们喜欢把四五岁的孩子打扮得漂漂亮亮的，并让他们上场走秀——人们总是给女孩穿上性感的超短裙和渔网袜，给男孩穿上白衬衫、背带和黑西裤。[26]

波伏娃在《第二性》中详细阐述过孩子是如何因不同的教养方式而习得自身性别的：人们将女孩子扔到一边玩布娃娃，却在男孩身上大量花费时间和精力。人们提供给女孩的是甜言蜜语和漂亮裙子，提供给男孩的是对冒险和探索精神的激励与鼓舞。女孩在玩耍中慢慢学着成为一个洋娃娃，男孩在幼年就开始畅想未来的无限可能。自19世纪开始，随着广告名册和营销学的出现，玩具制造商开始按照孩子的性别细分市场。他们为男孩打造出一个充斥着战争、车辆、科学和技术的世界，向他们灌输速度崇拜和英雄主义的相关概念；在给女孩打造的世界中，则全是有关母职的、时尚的或家庭中情感安全的玩具，她们习得的词汇皆关乎童话、仙境与美。出版商还针对男孩推出了以探索和征服为主题的丛书［比如20世纪50—60年代兰登书屋（Random House）出版的“里程碑系列丛书”（Landmark Books）］。

社会活动的组织也是围绕性别来开展的。无论是在欧洲还是在马格里布，男孩出行自由而女孩总是受到监视，两者形成了鲜明对比。在20世纪50年代的法国农村，男孩们可以四处散步、捉蛇、捕鸟，他们的姐妹们却只能留在家里缝缝补补——“她缝衣来他撒欢。”[27] 21世纪初，在科特迪瓦、几内亚、马里、尼日尔、塞内加尔和多哥等国家，10%～30%的女孩每周需要做超过28小时的家务，而处于相同情况的男孩仅占3%～10%。[28]在同一时期的法国，男孩参加体育运动的时间远多于女孩。舞蹈班、马术班和滑冰班的成员中有85%为女性，而在橄榄球或足球班中，女性成员的比例仅有5%。这究竟是孩子的选择还是家长的选择？抑或是整个社会在帮忙暗中操控？

并且，这种性别分野贯穿了女性的一生——从她的婴儿期、儿童期、少年期到她的高中和大学，再从她入职一直到建立家庭或为人母。她们将永远被当作女人对待，直到她们的生理性别与社会性别完全重合。每个社会都为女性定下了理想行事标准：就座时不可叉开双腿，不能大声说话，保持漂亮，应该为自己的体貌缺陷感到羞愧，在感情中永不主动，尽量抑制自己的职场野心。在漫长且无声的教育完成时，女人最终变成了一个为他人而活的物种，她们善解人意地默默奉献，时常痛苦却又只能自怨自艾，无法享受男人因为男性定义而享受到的与生俱来的合法性。此外，就连语言也包含着大量的性别分化引导：在美国，女性更习惯使用保护性语句（“我觉得”“有点儿”“似乎”）、疑问句（“是不是?”）和情感强烈的语句（“多么”“真的”“我的天啊”），这让她们的话听起来上不得台面并且缺乏权威。[29]

性别歧视与大众文化

从性别的角度来看，流行文化——广告、影视、电子游

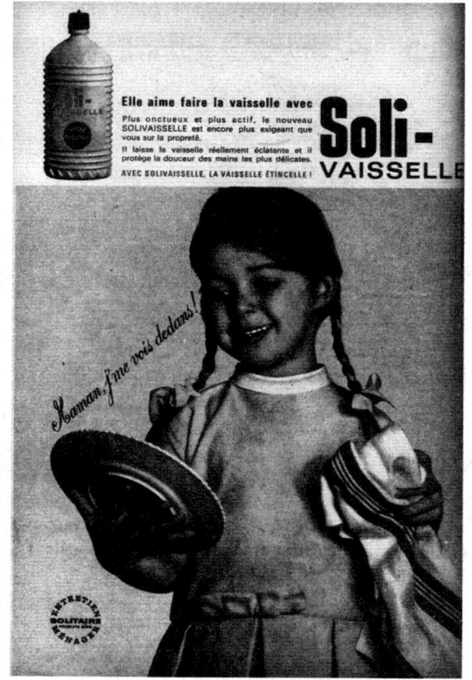

图14 两个充满性别歧视的广告：北极牌冰箱（1954）和Soli-Vaisselle牌洗涤剂（1966）。第一个广告：像妻子喂养丈夫那样乐于为您效劳，为您随时待命。第二个广告：像一个正在洗碗的小女孩一样快乐而专注。

戏——就像是一个充满性别歧视的大浴场，所有人都浸泡其中。在整个20世纪，广告都在遵循传统方式对女性功用大加赞美：妻子为丈夫买来他最爱喝的啤酒，忠诚地帮丈夫拿拖鞋，微笑着擦拭洗手池，等等。反之，被推销的商品也会被比喻成女人，即一件值得拥有的物品。在20世纪60年代，一条宣传沃尔沃144系列汽车的广告说道："一些女人能够同时做到美丽、令人愉悦和提供安全感，她们正是我们应该迎娶的对象。沃尔沃144就像那些女人一样，[……]沃尔沃永远不会因被拳打脚踢而提出离婚。"接下来是最精彩的部分："一位可以由您自由改变曲线的瑞典美人。"[30]

在20世纪的最后三分之一时间里，一种新营销模板出现了，即各行各业都绞尽脑汁为客户展现美丽的雌性生物。通过她们的姿态和微笑，女性气质被等同于温柔、顺从和性方面的可用性。将女性色情化的趋势被用于推销各种各样的玩意儿，包括啤酒、洗衣粉、香水、汽车和订阅。作为欲望的对象和纯粹的物品，女人由此成为成功男性的附属品。

21世纪初，信息技术的进步使得任意使用女性的身体形象成为可能。第三阶段的性别歧视广告是以大量使用更加瘦削、年轻的模特开始的，通过后期修饰，她们达到了厌食者似的"完美"体型，成了一种零脂肪、零毛孔的克隆人。总之，广告向女性展示的是她应该归属的两种命运：要么是身着短裙的妖艳荡妇，要么是忙于家务的黄脸婆。

在电影院里，一部部电影就像一部部伟大史诗，呈现了男女之间等级互补的各种不同形式。男人外出探险，女人居家等待，无论是被从恶棍手中救出的少女，还是被当作对英雄的最终奖赏的女人（抑或两者都是），从剧中角色和观众的角度来看，她们都处于被动位置。这就是从《奥德赛》、《侠盗列那狐》（*Le Roman de Renart*）到《阿马迪斯·德·高拉》（*Amadis de Gaule*）的所有骑士小说，从《培尔·金特》（*Peer Gynt*）、《金刚》（*King Kong*）、“詹姆斯·邦德”系列再到其他几十部好莱坞电影的基本架构。如果一位（美丽）女人参与到了情节中，那必然因为她最终需要把自己献给英雄。一个真正的男人必须具备力量和侵略性，男性诱惑者在冲向他的欲望对象时无须获得任何形式的许可，女人的反抗不过是她的口是心非和欲拒还迎。[31] 无论是在西部片还是在《夺宝奇兵》（*Indiana Jones*）系列电影中，英雄的性行为都遵循着这些公理。

电子游戏的世界也完美承袭了以上模式。起初，计算机行业看似同其他女性化行业一样，是一个第三产业中典型的坐班制工种。然而，20 世纪 80 年代家用微型计算机的出现改变了人们的观念，经过办公室培训的女秘书逐渐让位给了男计算机程序员（之后很快又让位给了男黑客）——这些男性懂得将自己从现实世界里抽离出去，生活在由他掌控的平行宇宙中。在法国，从工程师学校获得计算机科学学位的女性比例在 20 世纪 80 年代初达到了 20%，但到了 20 世纪 90 年代和 21 世纪头十年却回落且停滞在了 10% 左右。[32]

自电子游戏问世起，它就明显受到了性别刻板印象的侵蚀——一个肌肉发达、极具男子气概的男性角色在一群极度性感的女人中升级进化，由于女性服饰通常被设计得极其暴露，她们的性感肉体近乎一览无遗。正如极客（geek）文化那样，游戏世界也是极度男性中心主义的，因为游戏中大部分角色都是男性（根据研究所用的语料库，男性比例约为 70%～85%）。日本的美少女游戏（bishōjo）涉及引诱性感的年轻女孩，游戏背景通常为高中或餐馆。这种十分畅销的游戏类型有时包含色情内容。在任天堂工作室开发的《银河战士》(*Metroid*, 1986)中，首次出现了女性游戏主角萨姆斯·阿兰。在游戏剧情中，阿兰是一名赏金猎人，一心要为被杀害的父母报仇。在街机游戏《街头霸王 2》(*Street Fighter II*)中，春丽是一名好战的格斗家，她的倒立旋风腿能击倒最为强大的对手。《古墓丽影》(*Tomb Raider*, 1996)的领衔角色劳拉·克劳馥催生了一种被称为“劳拉现象”的风潮，在这类场景中，女冒险家在形象设计上一如既往地被性化，但以其性感与暴力的完美结合占据了主导地位。[33] 2009 年发售的动作游戏《猎天使魔女》(*Bayonetta*)的女主角贝优妮塔是一名配有四把手枪的魔女，能对人进行残忍攻击。她在游戏中浑身赤裸，用自己乌黑秀丽的长发包裹全身。在新一代游戏中，真正变化的并非女性的形象，而是男性玩家对女性的幻想。

从 20 世纪末开始，为了抵制这种有毒的男性气质，人们开始采取措施。一些存在比较久的机构，比如英国的广告标准管理局和法国的高等视听委员会，都开始减少广告中存在的性别歧视元素。影视作品也越来越多地为女性角色赋予人格层面的复杂性，展现女性的智慧、自主和勇气，例如《沉默的羔羊》(1991)中的克拉丽斯·史达琳，《末路狂花》(1991)中的两个女逃犯，《吸血鬼猎人巴菲》(1997)中的巴菲·萨默斯，或是《永不妥协》(2000)中的女性吹哨人。就连在迪士尼工作室这个守护性别传统的堡垒，也出现了乐佩公主这个角色，即《魔发奇缘》中虽然鲁莽但却决定探索世界的金发公主。在法国，电视剧《朱丽·莱斯科特》(*Julie Lescaut*, 1992)的女主角是一名离异母亲，也是一名带领警探和助理破案的警察局长。所有这些作品，尤其是容易深入家庭的电视连续剧，无疑会被来自各行各业的人群看到。

同样地，电子游戏领域也开始创造出一些性格更加复杂且背离传统性别秩序的女性角色。比如《神秘海域》（2007）的女主角是女记者兼考古学家伊莲娜·费雪（Elena Fisher）、女冒险家克洛伊·弗雷泽（Chloe Frazer）和民兵领袖纳丁·罗斯（Nadine Ross）（后两个角色都可通过下载添加）。在2013年由PlayStation发布的《最后生还者》中，14岁的孤儿艾莉能够折断绑匪的手指并用砍刀杀死袭击她的人。她性格顽强，语言里充满了“shit”“fuck”等脏词。这个小女孩形象最终比作为他父亲的男性年长背包客形象更加受到玩家的认可。21世纪第二个十年以来，很多发行者选择了将电子游戏女性化，这让更多女孩子开始玩游戏，她们有朝一日或许能够同男玩家的数目持平。

女“帮凶”？

厌女的男性往往借着蔑视女性和实施暴力达成他们的目的。有时候，遭受家暴的女性会选择撤诉，还有一些家庭主妇真心觉得丈夫比自己更优越。刻板印象起作用了，但到底是什么作用呢？权力是如何影响我们的？更广泛地说，我们需要考虑一下，女性在多大程度上甘愿接受自己的被统治地位。

色情作品广泛承载着一幅幅贬低女性的图像，女性被简化为一个个等待填满的洞。不过迄今为止，我们还没有证据证明某色情视频网站的数百万用户就是性捕食者，也不能证明强奸犯是因为受到色情产业的影响才犯案的。在卖淫行业中，许多男性会付钱体验成为被动的一方，有些人甚至付钱来换取他人的虐待——明码标价的性交易使他们得以摆脱男性异性恋的传统。一项针对3000名男性的性幻想研究表明，大部分男性渴望的是施虐兼受虐，只有个别人会渴望专对女性实施暴力。[34] 男性确实比女性更加频繁地浏览色情网站和寻求性交易，但他们的性并不一定更具攻击性。

一些女性会选择消费“软”色情。在那里，情况与色情片如出一辙，女性主体依然是在父权框架下沦为了欲望对象。浪漫言情小说往往具有下面这个结构特征：一个富裕男人掌控着一个平民出身的女性，而且双方都对此感到心满意足。在凯瑟琳·伍迪威斯（Kathleen Woodiwiss）和塞莱斯特·德·布拉西斯（Celeste De Blasis）的言情小说中，都有男主角因为“误会”女主角是一名妓女而强奸她的情节。最终，女主角把自己完全献给了他，但是通过与男主角结婚的方式，也就是说，故事抹去了女人寻求性爱的负罪感。就这样，言情小说舒缓了女读者们的内心，让她们安于支配性的伴侣关系。这些作品的女主人公总是在男人那里先被虐待再受保护，像是在告诉我们，最初的暴力行为是真爱的象征。

这些作品给出的信息相当明确，即女人应该学习信任男人，哪怕这些男人并不值得信任。言情小说承认了男性权力的必然性，同时也承认了女性的机警和手段。因为女主角总能成功地让男主角爱上自己，让男人忘了他之前不带爱情地享用过的其他女人。女主角的漫长等待最终获得了回报，不仅是自己的性欲得到了满足，更是收获了忠贞不渝的美满姻缘。言情小说通过一种既不拘谨保守又非女权反抗的方式，将女性的从属地位情色化，让女性读者将女性在婚姻和母职上的付出浪漫化。就这样，阳具的力量不再具有威胁性，而是突然变得魅力四射。[35]

凭此成功的作品比比皆是。照片小说（roman-photo）在1947年于意大利被发明出来，它在欧洲和巴西等地都取得了巨大成功，一部分原因也是因为起用了当地的明星。自20世纪70年代以来，禾林出版公司（Harlequin）每月都会在自己的“浪漫”书系和“劲爆”书系里出版12部新小说，这些小说成功赢得了数亿女性读者的芳心。E. L. 詹姆斯（E. L. James）的情色小说《五十度灰》（*Fifty Shades of Grey*，2012）在全球售出了1.5亿册。禾林出版作品的女读者自己也承认，阅读此类小说是为了逃离日常、摆脱烦恼、享受属于自己的时光。对于《五十度灰》的粉丝来说（她们通常是年轻女性，有孩子和伴侣，从事低层次和不那么专业化的工作），阅读此类小说可以帮助她们抵制来自外界的肆意评判（她们通常因此感到困扰和沮丧），并在性别和阶级的限制下为自己开拓自由空间。[36]因此，无论是色情剧集还是言情小说，性别刻板印象都在体现父权制在男性和女性身上留下的烙印，人们也从中获得了具备主动性的愉悦感。

珍妮丝·拉德维（Janice Radway）的分析结果与格尔达·勒纳的见解相同，她们都认为，部分女性确实接纳了社会中的父权视角，默认了女性的从属地位。17世纪的普兰·德拉巴雷对此十分悲观。他认为，由于父权制度的不断渗透，女性同样也会开始厌女。这不仅因为偏见的力量，还因为这样能为女性带来收益。因为与父权社会恭维温顺女性的套路如出一辙，保守派母性主义也为育有男孩的母亲保留了特殊的地位。在马格里布地区，育有男孩的妇女不仅对自己的儿子，还对整个家庭拥有无可置疑的权力。她们因此成了女性屈从地位的忠实守护者，并从中汲取着个人利益。[37]在东南亚，当三代人共同住在一个屋檐下时，有时会出现婆婆虐待儿媳的情况（这也是电视连续剧乐此不疲的主题)。在中国，紫禁城中侍奉慈禧(1835—1908)的宫女们必须遵守非常严格的规章制度。她们头扎发辫，涂抹白色脂粉，嘴上点一记口红，不露双脚，绝不说话，甚至不能窃窃私语，夜晚则须侧卧睡眠，白天需要节制进食。[38]通过操控男孩和女孩的生活，这些妇女在一个自己遭受排挤的社会中获得了一定的优势和权力。

在整个20世纪，女性群体里的反女性主义(antiféminisme)除了表现出对变化的恐惧，也表现出了对赋予女性的旧特权的依恋。在美好年代期间，女性小说家科莱特·伊韦尔(Colette Yver)谴责了在男人堆里工作/学习的“好脑筋女孩”和各种“科学女强人”，伊达·塞(Ida Sée)则在《母亲的责任》(*Le Devoir maternel*，1911)中对女性在社会中可以发挥的作用做了大幅缩减。在英国，全国妇女反选举权联盟(Women's National Anti-Suffrage League)反对妇女在议会选举中投票，她们的论点是：每个性别都有自身的使命，社会和教育领域属于女性，而政治和经济领域则应留给男性，两性之间的良性互补比性别平等更加重要。如今，一些家庭主妇也是“家庭安宁”的热切倡导者。[39]

在商界，男性的主导规范——领导力、竞争意识、坚忍不拔——随着女性职位的升高而被强加给了她们。因此，女负责人和女老板就成了父权制的“女帮凶”，而父权制会为她们留出一个位置。比如，在一家线上销售公司里，一名32岁的女性项目经理被一名男同事骚扰了，于是她将此事上报给了人力资源部门(人力资源部门的一些女性也受到过这名被举报男性的骚扰)。“但是，我的女上司压下了这件事。她向我解释说，我之所以被骚扰是因为我对男同事的态度过于友好，而且我的着装风格也很有问题。总之，我被性骚扰完全是自找的。她最主要的理由是：‘在我的职业生涯中，从未发生过这种情况。’”[40]还有一些女性报告说，她们的女性上级对她们进行骚扰和精神虐待（例如，一个女收银员被迫在晚上九点在自己上司面前核实，为什么会出现10欧元的现金差额）。父权价值观的渗透、对父亲形象的依附、母女关系的退化，这些都使女性自己身上也存在一定程度的、对自己性别的歧视。[41]而且，我们还可以将女性自身的厌女症理解为一种女性特有的防御策略，一种为了对抗更广泛存在的男性厌女症的手段。

这些女人都皈依了父权制信仰。她们可能是在亚洲帮助实施性别灭绝的女助产士，可能是在非洲为女孩施行割礼的母亲或祖母，是在印度颂扬殉夫自焚传统的拉杰普特贵族妇女，也可能是在美国反对堕胎的女性活动人士，又或是数以百万计给特朗普投票的女性，是有着同性恋女儿的恐同母亲。她们的存在都在表明一件事：刻板印象已经殖民了女性群体。这是自愿的选择还是被异化的结果？彰显的是个人的自由还是性别的命运？我们完全可以认为，这些顺从的女性也同样是她们所宣扬的从属地位的受害者。她们的被动性已成为她们唯一的能动性。

犯罪型男性气质、耽于特权的男性气质、有毒的男性气质就像是令人厌恶的三大触手，男人借此抓住女人，为的是摧毁、歧视和贬低女人。他们的手段是如此强大，以至于大量的女性除了顺从之外，别无选择。这些暴力形式彻底摧毁了女性的完整性、荣誉感和自尊心。因为这个原因，它们构建了一种与妇女权利，也即与人权相违背的暴政。必须切除男性定义滋生的病态赘生物，就像我们必须为一棵树砍去腐坏的树枝一样。与此同时，每个男人也应该扪心自问，自己在这些暴力中扮演了怎样的角色。如果一个男人觉得自己与这些暴力毫不相关——与任何暴力都无关——的话，那么，他就有责任挺身而出，去与这些暴力斗争到底。

11

男子气概的衰落

在 20 世纪，伴随着女性主义的兴起，作为社会价值的男子气概逐渐衰落。不过，这一剪刀状曲线反映的不是男人被时代淘汰；它更多体现了男性气质和当下社会之间的不协调。实际上，在整个男性群体受到战争和危机打击的同时，部分男性气质遭到了废弃。

备受摧残的士兵和前途黯淡的工人

男人一个接一个地死于战争，幸存者也皆伤痕累累。巴黎荣军院登记的战损情况很好地揭示了 18 世纪军旅生活造成的创伤：83% 的伤口是由枪支或冷兵器造成的。不少人因此肢体残疾（手、胳膊、大腿、小腿、脚），更别提那些从此被迫忍受消化道疾病或眼部疾病的伤员了，他们只能去继续壮大“退役”男性的数量。[1]

第一次世界大战期间，7400 万的参战男性中有 900 万阵亡。对于欧洲大陆的交战方（德国、奥匈帝国、法国、意大利、俄国）而言，损失占士兵总数的 13% 到 17%。例如，法国 800 万参战男性中，有超过 130 万人死亡。大量士兵受伤、残废或遭受了严重的精神创伤。1921 年，两位退伍军人在巴黎成立了“毁容伤员联盟”（l'Union des blessés de la face），这是“伤疤脸们”的俱乐部。这场工业化的战争让医生们发现了“炮弹休克”现象（在今天被称为“创伤后应激障碍”），这一疾病会使一些老兵陷入疯癫状态。这些老兵既是爆炸和恐怖时刻的受害者，也是他们被灌输的男子气概的受害者。

“浪人”是日本封建时代无主的武士，兰佩杜萨小说中的“豹”亲眼见证了贵族价值观的破灭，他们都以各自的方式成了堕落的战士。但是，一战老兵的身体和心灵都遭到了极大损害，对他们来说，在 1918 年之后，回归正常的生活是不可能完成的任务。作为大屠杀和被毁灭的世界的双重幸存者，他们难以在社会中重新找到自己的位置，尤其是面对正在变得愈加独立的女性。在法国，两次世界大战的战间期发生的事情很好地反映了士兵的焦虑。在这一阶段，复员工作进展缓慢，1919 年选举产生了主要由退伍军人组成的国民议会（Chambre bleu horizon）①，女性投票权遭到排斥，各种极右翼联盟崛起。牺牲型男性气质根本就是一场骗局。

在美国，1947 年发生的霍利斯特动乱正是老兵们借玩摩托发泄情绪、疗愈其战后心理创伤而引发的。一代人之后，新的退伍军人从越南归来，他们带着战败的耻辱，遭受着被背叛的苦痛。他们是战争的受害者、（越南）共产党的仇敌、不公平征兵制度的受害者、优柔寡断的政府的受害者、和平主义宣传的受害者、忘恩负义群众的迫害对象，他们最终成了失权男性气质的标志。当他们在世界另一端冒着生命危险战斗时，女性主

① 第三共和国由此政治右转。

义和民权运动改造了美国社会。他们的地位被剥夺了，他们必须开始跟女人和黑人竞争。[2]

在20世纪的后半叶，冷战带来的长期和平在很大程度上弱化了西方社会中士兵的作用。几个世纪以来，兵团和军队都是打磨男性气质的熔炉，现在却分别作为男子气概的承载体和社会化机构逐步瓦解。无论是在德国还是拉丁美洲，士兵形象都因出现独裁统治而不再令人信赖。在法国，实施了两个世纪的义务兵役制度于1997年被终止了。

紧跟士兵步伐的是男性工人，他们的地位也逐渐走向衰落。19世纪时，无论是马克思的哲学，还是门采尔（Menzel）的绘画，又或是左拉的小说，这些都在极力颂扬男矿工和男轧钢工人拥有的改天换地的力量。然而，贫困开始打击这些男人，正如1884年昂赞（Anzin）大罢工的领导人描述的那样，他们"矮小、虚弱、走路摇摇晃晃、脾气暴躁，尽会出些馊主意"，是众多营养不良且体弱多病的可怜人中的一员。[3]美国20世纪30年代的经济大萧条严重损害了无产阶级男子气概的尊严，成群结队的男性失业者在失业局和施粥所前排起长队。巨人竟然变成了流浪汉。

在经历过战后几十年的巅峰时期后，20世纪70—80年代的一系列经济危机沉重打击了欧美各国的工业中心：美国的"锈带"，兰开夏郡、格拉斯哥和纽卡斯尔的工人聚居区，法国东北部的采矿和炼钢区，以及位于比利时的桑布尔和默兹（Sambre-et-Meuse）采煤基地。造船厂衰落、工厂倒闭、企业搬迁、大规模失业，所有这些都导致平民男性气质遭受危机。在家庭层面，丈夫被长期失业打垮，移民家庭的父亲因为工地上的工作而健康受损。工人的男子气概则因为工业岗位的第三产业化

图15 芝加哥的失业男性（1931）。大萧条期间，男人们在黑帮商人阿尔·卡彭（Al Capone）开设的施粥所前排长队等候。

受到强烈影响。操作员岗位和屏幕控制技术的兴起，追求“技能”和“质量标准”的新文化，这些都使肌肉力量黯然失色。无论是在欧洲还是在北美，男工人们的前途都黯淡无光。

当然，男工人本身并未消失。在目前的法国，男性工人占就业总人口的20%（20世纪70年代为40%），大批工人依旧忍受着地狱般的劳动强度，还有过高的噪声、刺鼻的气味和难以忍耐的高温。那些在19世纪至今仅剩的工业部门里工作的男工人们（例如下水道工和屠宰场工），看起来就像是被粪便和血液污染了的废物男人。比如，有位污水处理站员工这么说：“当我回到家时，我的侄女对我说：‘叔叔，你好臭。’［……］其实我当时是在出汗，那天我根本没去污水处理站。”当对男性的厌恶是从女人或儿童口中说出时，羞辱性更重。除此之外，还存在一些“50 岁的未老先衰者”，他们拖着因为重体力劳动、重复性劳动或严重职业病侵袭而虚弱的身躯，苟延残喘。[4]

然而，事情依然继续变糟，接下来的历史事件持续降低着工人群体的社会可见性：苏联解体，法国共产党和法国总工会失去影响力，一些大型工厂（例如比扬库尔的雷诺工厂）关闭，工作机会向农村地区扩散。在美国，地位衰落的男工人们发展出了一种建立在道德和家庭观上的男性气质——正直、公正、自律、责任感和职业道德。他们的“尊严”已成为“美国梦”的替代品。这些男人薪水越低，越不愿自己的妻子出门工作（这与正常经济逻辑相反）——通过确保自己才是家中唯一的收入来源，他们企图在私人生活中保住在职场中丢失的权力和威望。于是，钢铁工人的没落反倒促使了“男人养家糊口”模式的回归，只是后者以愈加导致贫困的方式在发生。[5]

越轨与救赎

在郊区，经济危机与城市危机助长了被压制的其他男性气质的反抗。出身于平民阶层的低学历年轻男子徘徊于已经衰落的父权模式和无望的未来之间，他们往往借助三种男子气概的救赎方式来维系自己的身份认同：运动、宗教和音乐。

拳击馆（其主要的客人是马格里布裔、非洲裔和安的列斯裔男性）是一个这些男性用来重新获得接纳、获取合理化身份的空间。拳击运动对男女都开放，比起力量，它更加注重技巧，这有助于将“大男子主义”的炫耀型男性气质转变为“值得尊敬的”自控型男性气质。[6]类似的动机也可以在那些甘愿皈依了戒律更加严格的伊斯兰教派的人身上找到——宗教是他们最后的希望。在20世纪90年代的巴黎，一位学业失利的年轻人走进一座清真寺，“这个羽翼尚未发育完全的娃娃因感受到自己的造物主而震撼”。[7]

说唱音乐借助暴力的歌词、切分的节奏和自我暴露来升华挫败感。视频里的歌手们戴着珠宝首饰、开着跑车，在歌颂消费社会的同时，试图驱散种族和社会阶层带来的诅咒。数目庞大的说唱歌曲里都是陈词滥调：卡拉什尼科夫冲锋枪，塞满美元的手提箱，开着水上摩托艇的大哥，威风凛凛的“蛋蛋”，享受“阴部”的乐趣，“哥们儿”之间团结一心，对“基佬”的憎恨，等等。美国黑人文化和“白垃圾”文化都滋养了这个领域。在这里，诗意化的狂怒与最下流的厌女携手并行。

在法国，说唱歌手奥雷尔桑（Orelsan，生于1982年）的歌曲《臭婊子》（“Sale pute”）曾引发巨大争议。这首歌的主题借鉴了埃米纳姆（Eminem）的歌曲《金》（“Kim”）。在这首歌中，一个因女友出轨而震怒的年轻男人在释放自己对她的仇恨。歌曲的表达不仅充斥了侮辱性词汇（“傻逼”“臭婊子”“母猪”），还不乏威胁恐吓（“他会让她的下巴脱臼，折断她的胳膊，把她搞怀孕再用刀子给她堕胎”）。这种对女性身体层面的损害否定了她的所有社会用途，因为她完全沦落为给男人“口交”或让男人“插肛门”的工具。最后，她被安排在暴力下死亡，就像是在火焰中挣扎的恶魔，或是在屠宰场任人宰割的畜生。在同类型歌曲数次出现之后，一些女性主义协会于2009年提起了针对奥雷尔桑的诉讼，指控其鼓吹性别仇恨，煽动性别暴力。奥雷尔桑在一审中被判有罪，但在2016年上诉后又被无罪释放。法庭裁决认为，这位说唱歌手描绘的是“一个理想破灭的年轻人，不被大人所理解，整日忧心忡忡，因为未来的不确定而倍感焦虑”。奥雷尔桑描绘的形象表达了“失去了方向的整整一代人的痛苦，尤其是他们在男女关系上的痛苦”。

通过霸占公共空间、惹是生非、轻度犯罪、吵架斗殴、制造动乱，男子气概用比说唱里更加具有侵略性的方式表达出来。用雷温·康奈尔的话来说，这种“抗议型男性气质”其实是男性因为社会无力感而催生出的性别展演。这种男性气质极易与反犹主义、同性恋恐惧症和厌女症沆瀣一气，利用这三种仇恨来重申自己男子气概的荣耀。在法国，一些低收入住宅区的年轻人会在“荡妇”和“好女孩”之间做出区分——好女孩是绝不能独居的，她们不该独立，也不能展现自身的性欲。[8]

流氓行为让抗议型男性气质倒向了血腥暴力。与那些只为自己的球队而活的极端球迷不同，足球流氓们单纯只是寻衅滋事、打架斗殴。这种现象20世纪60年代开始在英国出现，它是青年帮派、青少年亚文化和竞技对抗的结合体。足球流氓现象在1982年的世界杯和1985年最终发生海瑟尔惨案（由英国球迷在利物浦足球俱乐部和都灵尤文图斯足球俱乐部之间的比赛中挑起）的那几年时间里达到顶峰，而后又在意大利、塞尔维亚、乌克兰和巴西站稳了脚跟。去工业化、大规模失业和撒切尔主义导致了工人阶级的垮台，面对这种状况，足球流氓们通过暴力让自己被看见，并以此谋求生存空间。此外，流氓行为也从工人文化中借鉴了不少规矩，比如讲究集体纪律、有组织意识、身体力行和男人间的团结一致。[9]事实上，上面的分析也可以用于解读其他极端仇恨他人的人，例如欧洲的新纳粹光头党和美国的白人至上主义者等。

源于平民阶层的男性气质在社会中都处于被统治状态，或许说唱除外，因为它能够敲开演艺圈的大门。出于维护公共秩序的需要，公共权力对这些平民阶层的男性气质控制得格外严格。一项由法国轻罪法院进行的研究表明，被要求立即出庭受审的男性往往受到更加严厉的判决，而处于相同情况的女性则会因为对法庭态度更加恭敬或具备母亲身份而被轻判——毕竟，犯轻罪的女人是因为出了问题，而犯轻罪的男人本身就是问题。[10]在20世纪90年代，因为球赛票价上涨、筛选观赛球迷、体育场安装摄像头，足球流氓行为走到了尽头。足球流氓输掉了自己为抗议工人阶级贬值所做的绝望斗争。

在另一个领域，公共卫生和道路安全政策对平民阶层的男性气质带来了致命打击。宣传酗酒造成的危害、禁止在公共场所吸烟、谴责油腻饮食或食肉过量、监管狩猎活动，这些明显能为民众带来福祉的政策都是以牺牲传统的男性身份认同方式为代价的。一些男人发出“我们已无权做任何事情”的哀叹，这可以被理解为一种表达不满的呐喊，并且也是绝望的呐喊。同样地，法国在道路安全方面取得了巨大进步：1973 年起强制要求开车系上安全带，1992 年出现了积分制驾驶证，2002 年起开始广泛安装雷达测速仪，2018 年起国道限速 80 千米 / 小时。所有这些都给男性对速度和无限力量的崇拜带来了巨大打击。

在一个环境问题变得愈发重要的世界中，崇尚皮卡和 4×4 汽车的潮流会成为对所有人的威胁。炫耀型男性气质给自己和他人都造成破坏，它是否已经变得与当代社会格格不入？无论怎么说，雄性的傲慢的确有可能为我们的世界招致健康和生态层面的大灾难。

女性的适应

当然，平民阶层的男性气质本身并不比知识分子男性气质和政治人物男性气质更加厌女。然而，去工业化进程因为赋予了同样阶层的两性不同社会命运而加深了工人阶级的男女之间的鸿沟。我们可以在教育领域观察到这种失衡。

19 世纪初，在世界各地，女性的文盲率皆高于男性。两个世纪之后，女孩的在校成绩却往往优于男孩。在阅读方面，男孩和女孩间的成绩差是巨大的。国际学生评估项目（PISA）于 2012 年做过一项调查，结果显示，女孩阅读成绩平均高出男孩 38 分，相当于多出了一个学年的学分。在数学方面的情况则相反，男孩的表现普遍更好，但是两性的成绩差异不算大（总体而言男孩仅高出女孩 9 分）。在美国、波兰和法国这几个国家，两性差异更是微不足道。在芬兰和冰岛，女孩在各个科目中的表现都优于男孩。[11]

自 20 世纪 90 年代以来，英国、美国、澳大利亚和中国男孩都表现出了能力下滑，这主要是因为他们成绩平庸且常有行为问题。在美国的高中里，70% 的 D 或 F 等级（这是最差的两个等级）都出现在男孩的成绩单上，他们更容易被开除，在升学考试中也更少名列前茅。在法国，15 岁以上女孩比男孩的在校率更高，因为 15 岁以后的男孩更容易辍学或离开学校去当学徒；男女的在校率差距会在 18 岁时到达顶峰，并在之后的年纪里维持这个水平。无论何种学科，女孩在高考时的成绩都比男孩更加优异。[12]

这一趋势在大学中得到延续。在法国大学里，女生的数目往往多于男生，而且这种数量失衡在硕士生阶段达到顶峰。很多名校的女生也多于男生，例如巴黎政治大学（2017 年时女生数量超过 60%）或法国国立法官学校（女生数量超过了 80%）。在美国，40% 的女性获得了学士学位，而拥有学士学位的男性仅为 31%。2017 年，很多学校在新生入学时就已经出现性别比失衡的现象，例如耶鲁大学（52% 的女生）、怀俄明大学（53% 的女生）、得克萨斯州的西南大学（54%）、西肯塔基大学（58%）、加州大学戴维斯分校（59%）和波士顿大学（62%）。我们是否可以因此认为，男生已成为大学中的“新一代少数群体”？[13] 实际上，来自美国农村地区的年轻白人男性对此的不满情绪最甚，因为各个大学总在努力吸引更多的女性或少数族裔学生入学。

即便如此，在大部分精英大学及学院，男生依旧占主体，比如法国的国家行政学院和美国的哈佛商学院。STIM 学科（科学、技术、工程、数学）中也总是男生人数更多。部分教育机构甚至对女孩能力的增强持打压态度。在中国，北京大学的外语系录取男生的最低分数线更低，吉林大学的外语系曾找借口拒绝女性报考者。贯穿 21 世纪第二个十年，东京医科大学都在以提高男生入学考试分数的办法吸引更多男性入学，直到将女生的入学比例降低到 20%（2010 年女生比例为 40%）。[14] 这些欺诈行为不但不具合法性，令人咋舌，而且十分可悲——它们的存在本身就承认了两性之间在成就方面存在明显差异。如果男生们，如果这些蹩脚的阅读者、平庸的学生和电子游戏上瘾者可以用来迎战世界的武器越来越少，这可如何是好呢？

在 20 世纪，经济衰退经常也是“男性衰退”，毕竟遭受损失的部门中皆以男性为主。在 30 年代的大萧条时期，建筑业、工业和金融业均受重创，四分之三的失业者都是男性。其次，自 70 年代以来，发展持续减缓的行业——采矿、钢铁、冶金、汽车——也皆为男性主导的行业。在 2008 年的危机之后，美国的房地产和金融领域也出现了同样的现象。工业自动化进一步加剧了这种危机。一些行业的从业者，如钣金工、井架操作员、机电技术员、卡车司机和火车司机，都或多或少在短期内被迫丢掉了工作。[15] 与之相反的是，女性在不断扩张的第三产业中成了大多数。究其原因，一是因为她们自 19 世纪以来就已经涉足第三产业，二是因为去工业化进程摧毁了纺织业等高度女性化的部门，第三也是因为，女性是工业领域裁员的第一批受害者。

男性工人的衰落与女性在后工业时代的成功构成了鲜明对比。在新的全球化经济中，女性手握多张王牌，包括更高的教育水平和传统上的“女性”品质（比如沟通、合作的能力）等。在美国的一些城市，工厂倒闭和城中显要家族的败落给某种“新型母权制”留出了空间。在中产阶级内部，一些女人成了家庭的经济支柱，由她们挣钱偿还信贷，轮到她们在冰箱上给丈夫留便条。社会的女性化进程催生出一种新式夫妇：一边是持有文凭、工作极具前景且充满野心的“塑料女人”（Plastic Woman）；另一边是被剥夺了一家之主位置、彻底瘫痪在陈旧古老男性气质中的“纸壳男人”（Carton Man）。[16]

女性崛起在平民阶层中表现得更加强劲。缺乏文凭的年轻男性很难找到工作。要知道直到 20 世纪 70 年代，男人都处于只需具备一定体力就能被工业部门雇用的情况。而现在，炫耀型男性气质——炫耀男子气概、表露攻击性、文身文化——甚至变成了服务业和接待岗位的禁忌。这种变化尤其对少数族裔出身的年轻男性造成了冲击。与此相反，女性则可以较好地将她们在家中习得的“女性”技能（温顺、有同理心、体恤他人、乐于助人）转化为职业技能。正是这种性别特征的符合程度使得她们在餐饮、销售或个人服务等行业更易受到聘用。

对于来自英国平民阶级的年轻女性来说，“照料”（care）成了一种社会资本，它建立在母职知识和技能之上。这种资本在围绕老弱病残的需求建立的那部分就业市场上逐渐受到重视。有鉴于此，女性开始“投资”自身的女性气质。平民阶级的内部团结以及因身为女性而受青睐的良好感觉，都在一定程度上解释了为什么存在大量女工反对女性主义，以及为什么她们会对兄弟和男友如此纵容：

> 女性主义真正困扰我的是［……］，她们极端抵制男人。说实话，所有那些说男人都是可怕压迫者的话都是愚蠢的，根本没有意义。当我望着凯文［她的前男友］，又或者当我望着我的父亲或兄弟时，感觉都一样。我会想：他们究竟还拥有什么呢？他们连未来都没有。他们没有工作，他们过得不幸福，他们也不知道该拿自己怎么办。

这段话里提到的凯文在失业五年后自杀了。[17]

这些平民阶层的男性既没受过职业培训也没有文凭，还要面对社会身份日益遭受威胁，他们的前途一片黯淡。这种没落感也与当今社会民粹主义的兴起有着千丝万缕的联系。在美国，唐纳德·特朗普就是“愤怒”白人男性的代言人，他们想要寻求新的骄傲。

“被阉割的”男人

法国大革命时期，一些恐惧女性新诉求的男性思想家和艺术家都在试图重振男性光辉，其中有：写作《反思法国大革命》（*Réflexions sur la Révolution de France*，1790）的伯克；写出《魔笛》（1791）的席卡内德（Schikaneder）；为海顿（Haydn）《创世纪》（*La Création*，1798）提供脚本的范斯维滕男爵（baron van Swieten）（尤其是在《创世纪》的结尾部分）；以及编纂《民法典》的法律顾问们，这部法典的影响遍及整个欧洲。此外，还有通过油画和浪漫主义文学广为散播的拿破仑的传奇故事，它也可以被解读为一场对男子气概的骄傲炫耀。

19世纪末，女性开始逐步踏入有威望的职业，这一事实严重挫伤了上层阶级男性的自尊心。由于无力阻止变化的势头，男人们决定延缓它的进程。随着女性越来越接近“男性圣土”，抗击变得愈加暴力。你说要开办女子高中？“她们在那里就什么都学了，包括反叛家庭、败坏德行。”[18]你说要赋予女性投票权？“女人要是有了投票权，整个选举将变得荒唐，变得血腥。”[19]你说要为女性开放更多职业选择？“她们可是跟我们说要去当法官、医生、药剂师、警察局长、行政长官，鬼知道她们还想成为什么！或许她们还想当宪兵？或者龙骑兵？”[20]你说要准许乔治·桑进入法兰西学术院？“那就轮到我们男人去准备饭桌上的果酱和酸黄瓜了！”[21]

反女性主义并非一群老头的低声抱怨，而是一种能够调动各种论据来抵制平等思想的思维范式。正因如此，它时常会与同源的其他仇恨结盟。奥托·魏宁格（Otto Weininger）的《性别与性格》（*Sexe et Caractère*，1903）一书曾让维也纳的书商

图16 一张抵制女性主义的讽刺漫画（20世纪10年代）。“一名妇女参政论者的起源与发展：15岁——小可爱；20岁——卖弄风情的女人；40岁——未婚剩女；50岁——妇女参政论者！”

们大赚特赚，作者在书里谴责说女性和犹太人都是性堕落的魔鬼，并且天资匮乏，是文明进程中纯粹的消极存在——这种关联方式我们在尼采和叔本华的思想中也能看到。

第三次大规模反女性主义热潮爆发于20世纪70年代的美国，当时性解放运动如火如荼，而美国又在越南战争中彻底败北。比起诋毁女性本身，男人们开始将自己呈现为受害者。他们认为，自己被那些有野心的女人害得一无所有，被狐狸精阉割，被女性主义制度信奉者们排挤，被厌男氛围迫害。在这些反女性主义人士看来，所谓的男性权力和压迫女性根本已经消失。成为男人已不可能，甚至是个危险之举。所有都是男人的错。他们无论走到哪儿、遇见谁，都会遭受批判。他们会被人不假思索地指责和歧视。男人成了新的社会公敌，被世界的进步戏耍和欺骗。男人并非压迫者，而是被压迫者。男人被剥夺了一切：权威、工作、尊严、性魅力。说到底，就是丧失了做男人的权利。经过了数十年疯狂的女性主义，“第一性”已经不复存在。[22]

从约翰·厄普代克（John Updike）到米歇尔·维勒贝克（Michel Houellebecq），很多男性小说家都在哀叹白人男性地位的衰落；与此同时，女性作为社会变革的赢家，还在接连不断地奔向成功。让失败者感到羞耻的，还有他们情感受挫的经历和性方面的无能——他们因为被获得成就的漂亮女性严词拒绝而感到双重挫败，双倍感到自己不再是个男人。正如阿里斯托芬所言，一个堕落的社会从这种逆转中诞生了：当女人推动棋子时，男人就变成了无能的废物，女战士从此统领了不幸的男人们。

即便是在夫妻之间，角色也被倒置了：一个“挣脱束缚的”女人可以养活自己，会换轮胎，会组装家具，也知道如何让自己获得高潮。她还需要男人吗？一家之父的权威走向了终结。女性独立如果可以解释男性在性方面的受挫，那是否也能解释他们自少年时起就开始大量消费色情作品的行为呢？一位四十来岁、参与过五月风暴的男人带着辛酸的语气讲述道：

> 我们这代人普遍很难适应女性的阉割角色。我们的上一代还是男人统治社会，当时是男人阻止女人获得性自由和取得社会层面的发展；而到我们这一代，却变成了女人阻止男人获得性自由和取得社会层面的发展了。[23]

上述言论清楚地表明，20 世纪的女性主义革命在何种程度上动摇了作为父权制根基的性别等级互补机制。男人被剥夺了传统权力，他们自觉无用。反女性主义者最后一次规劝造反人士："别再坚持与我们平起平坐了！你们让我们的日子很不幸福。"但显而易见的是，女性已经走得太远。是时候让男人重新为自己找个位置了。

男权主义的反击

在欧洲、亚洲和美洲，存在无数的书籍专门讲述男人的"衰落"。这些书籍认为男性已经成为急需保护的物种，否则社会和民族将失去灵魂。这一老套的剧情分四幕展开。

第一幕：捍卫男性利益。有些人对女性主义的"巫术"忧心忡忡，声称这个社会已经成为"女本位"社会。这些人认为男孩的教育将被女人控制，因为男孩在家要听母亲教导，在学校要受女老师管束。中国教育家孙云晓在《拯救男孩》（2010）

一书中表示，现有教育系统对女孩更有利，忽视了男孩的天赋，男孩们因此饱受折磨。加拿大心理学家乔丹·彼得森（Jordan Peterson）也认为，现在的校园愈加厌男，而且出于打压西方男性的目的，连马克思主义都被重新解读。在法国，男性衰落的论调团结了一批爱说教的中年人，他们终日喋喋不休，坚信一切都要完蛋了。在他们眼里，就像新几内亚和火地岛的传说里描述的那样，女性掌权必将引发全面混乱［彼得森的畅销书《人生十二法则》（*12 Rules for Life*）就称自己为“解决混乱的灵药”］。

自 21 世纪第二个十年以来，社交网络变成了男权主义发泄怨愤的出口。看看美国网站 Reddit 上、法国论坛“18—25 岁的碎碎念”①里和全球网络用户在推特上如何对女记者和女游戏开发人员进行网络霸凌，就能知晓一二。2014 年的“玩家门”事件②是又一个电子游戏领域网络霸凌的案例。网络霸凌也是对男性权力本身的声明。在 21 世纪第一个十年临近结束的那段时间里，许多参与“Ligue du LOL”（大笑联盟）脸书组群的年轻法国记者在脸书和推特上发布侮辱性言论和淫秽合成图片，他们以这种方式迫害女博主、女记者和女性主义活动者。这类言语暴力——包括从话语侮辱到强奸威胁的各种形式——正是白人男性请来的“复仇女神”，也是暴徒的集结号。男权主义根本不

① “18—25 岁的碎碎念”（Blabla 18-25 ans）是法国电子游戏媒体 www.jeuxvideo.com 上用户最活跃的论坛，为“惩罚”诋毁 www.jeuxvideo.com 网站的“外人”，该论坛的使用者时常在论坛中发起“突袭”（raid），挂出他们的个人信息，并对其进行辱骂、骚扰。

② “玩家门”是一场以“GamerGate”为主题标签的论战。2014 年 8 月，独立游戏开发者佐伊·奎恩（Zoë Quinn）的前男友埃伦·焦尼（Eron Gjoni）在博客上发表文章，指责奎恩在与自己交往期间有不忠行为，由此引发了一系列相关事件。

需要费心组织任何清晰有力的论证，他们只需用讽刺和仇恨便可令女人噤声。

第二幕：重建男性荣光。男人们成立了众多服务于男性的论坛和互助小组，试图确立男性的权利、重申他们为之骄傲的男性特质并捍卫自己。沃伦·法雷尔（Warren Farrell）在《男权的神话》（*The Myth of Male Power*，1993）一书中断言：男人已经成为“可有可无的性别”。自2009年以来，法雷尔的追随者保罗·伊莱姆（Paul Elam）就在网上组建并维持着一个名为“男性之声”① 的平台。该平台在Reddit上有一个取名为“红药丸”② 的子论坛，上面贴出了很多维护男性身份的策略，包括“唤醒你心中的阿尔法”（Réveiller l’alpha qui est en toi）、“尽情自大吧”（Investir dans l’ego）等。

男性还将这些不知所谓的口号用于制造泡妞秘籍，想借此夺回属于他们的权力。他们全然不顾女人的感受，实践着所谓的“爱情密码”，为的是把女人更好地“骗上床”——当然，这早就不是什么新鲜事了。在20世纪80年代的希腊，存在一种叫“kamaki”的骗术，专门用来“钓”西方女性游客。只需几句英语和廉价的浪漫，男人就能享用到新鲜的当季“女人”，用完便可像妓女一样丢掉。“kamaki”诚然是为了性，但因为当时的希腊被欧洲视为“落后”国家，所以“kamaki”的征服游戏还笼罩着一层社会报复的色彩：男人不仅可借女性游客发泄报复，还似乎因此实现了等级跃升。[24]

① “男性之声”（A Voice for Men）是保罗·伊莱姆成立的以探讨男性议题、反对女性主义为目标的网站，它有自己的广播节目和论坛。

② 论坛名称“红药丸”（red pill）来自1999年电影《黑客帝国》中的著名桥段，“红药丸”与“蓝药丸”分别代表一种选择，前者代表愿意冒着生活被完全颠覆的风险获悉真相，而后者则代表选择保持无知，并维持平和满足的生活。

21 世纪第二个十年，约会专家们的看法开始转向。他们认为，男人时常沦为女人的玩物。由于受到女人的蛊惑，男人会去请女人看电影或吃饭，但他们没法确定能否真的睡到这个女人。她有可能只是在利用他。许多网站都在教授男人如何提高他们的“性市场价值”（Sexual Market Value），它们教男人如何修饰肌肉线条，如何注意服饰穿搭，如何展现魅力和权力，如何做到对自己有信心。在这些课上，教授“PUA”（pick up artists）的教练们会指导男人如何夺回控制权。引诱是一门艺术，男人必须是“游戏的主导”，他要“夺回属于他们的领地”，因此他需要既傲慢又幽默，批评和恭维两不误，从而让自己显得与众不同。[25] 成功实施勾引本身就是对男性溃败的反击，是男性骄傲的胜利。它能惠及整个男性群体。

第三幕：男人归来！被羞辱、被嘲笑、看似被战胜的男人们，以比以往更强大的姿态回归了。他们要让所有人看清楚他们是谁。在大银幕上，《第一滴血》（*First Blood*，1982）和其他兰博（Rambo）系列的电影，以及像《越战先锋》（*Missing in Action*，1984）这样的电影，背后均是一样的叙事逻辑：一个从越南战场归来且饱受创伤的老兵在经历了可怕的磨难后，重新获得了男子气概。这位刚刚重生的战士装备齐全，一样不缺：肌肉、武器、勇气，还有牺牲精神、不苟言笑。

罗伯特·布莱（Robert Bly）在他的畅销书《上帝之肋：男人的真实旅程》（*Iron John: A Book About Men*，1990）中表述的思想就隐晦多了。他的基本观点是，男人的男子气概被剥夺了。近两个世纪的工业化令男人远离了大自然，加上受到 20 世纪 60 年代女性主义和和平主义的影响，男人丧失了父系榜样，失去了阳刚力量的源泉。男人离开了深山密林和淬火钢铁，他们太过认同他们"内心的女人"了。就像"铁约翰"(Iron John)故事里的孩子一样，男人们不应该畏惧追随野蛮人，因为那才是他们男子气概的引路人。只有抱着全新的情感回归自然，寻回与自己身体的联结，他们"内心深处的男人"才能重新显现。

女性解放后，该轮到男性解放了。时下广受欢迎的成人礼有助于解放当代男子气概。为了解决传统大男子主义的刻板僵化问题，男人们开始宣扬说，自己将会跟随自己的原始本能。20 世纪 90 年代，"神话诗学运动"(le mouvement mytho-poétique)兴起，它将男子气概的觉醒与生活指导、自我发展等元素结合在一起，希望男人重新拥抱他们的本来模样。

在这股"男性觉醒"的浪潮中，涌现了很多相关的互助小组、训练营、兄弟会，这一浪潮还扩散到了体育俱乐部和音乐会。硬核朋克和重金属音乐节令人感受到极端性音乐带有的身体性——在震耳欲聋的音乐里，在剧烈摇摆的人群中，男人们证明着自己可以"经受考验"。21 世纪第二个十年末期，富商们只要花上几千美金就能参加"勇士周"(Warrior Week)的强化培训。在太平洋的海滩上，他们经历各种考验(被蒙住眼睛丢进海里或被浸入满是冰水的容器)，同时在对《不可征服》(*Invictus*)和各种中世纪传说的阅读中思考男子气概的意义。"勇士周"的创始人这么说："我们要教他们怎么做男人。男人内心本来拥有一种最原始的本性，但它现在却被阉割了。"[26]

教会也借用了这套新男子气概话语，用以重振教会的权力并打击社会的女性化趋势。男人们被鼓励从耶稣的神力中汲取力量，他们要学会为事业奋斗，与兄弟友好共处，重视父子传承。这正是约翰·艾杰奇(John Eldredge)在《我心狂野：男人就要活出男人的样子》(*Wild at Heart: Discovering the Secret of a Man's Soul*)一书中，也是那些组织“做最好的自己”(camp Optimum)或“男人心”(Au cœur des hommes)等静修营的法国天主教社群想要传达的信息。他们打着灵性修行的幌子，实则在说：男人必须夺回权力，女人就该待在家里。每个人都应回归自己的“本性”。

改造男人？

最后一幕：既然野蛮的大男子主义已成过去，不如用全新的标准来定义男性身份。为此，他们借助了新吉卜林主义式的道德标准——规矩、节制、优雅，即自控型男性气质的基本要素，与粗鲁且引人担忧的炫耀型男性气质截然相反。依据拉丁语词根“vir”的意思，做一个有男子气概(viril)的男人就是要培养良好的私德。诱惑者的阶级品位令缺乏教养、无能无用的野蛮男人形象黯然失色。女性主义者的批评被贵族式的挥手一笔带过——“我不可能是大男子主义者，因为我是绅士啊。”只要有钱，只消掌握一套享乐主义的生活艺术，粗鲁莽汉也能立马改头换面。穿上一件羊绒套衫，装修翻新一下自己的住处，懂点爵士乐和威士忌，在做爱上讲求一下方法和技巧——一种异性恋性质且讲究精致的内在型男子气概立刻获得了存在合法性。

虽然一些男人会任由“内心深处的男子气概”尽情显露，但也有男人不惮揭露来自男性的性别歧视和强奸罪行。这些支持女性主义的男人自20世纪70年代末就开始采取各种行动：在美国，人们成立了男性反性别歧视全国组织(National Organization for Men Against Sexism）、“男人可以阻止强奸”（Men Can Stop Rape）组织，学者迈克尔·基梅尔（Michael Kimmel）也对男性气质进行了一系列研究；加拿大的迈克尔·考夫曼（Michael Kaufman）于1991年与同伴共同发起了白丝带运动（White Ribbon Campaign）；在澳大利亚，人们成立了男性反性侵犯组织（Men Against Sexual Assault）；在英国，人们发行了杂志《阿喀琉斯之踵》（*Achilles Heel*，1978），并举办了以“男性反性别歧视”为主题的研讨会；挪威则有“男人也柔软”（Myke menn）运动。20年后，由于“混合都市”组织（Mix-Cité，1997）[①]的成立，以及欧盟范围内成立的“欧洲女性主义男性”组织（EuroPROFEM），相关倡议也在法国出现；在2011年，这些思想又带来了“零大男子主义”网络（Zéromacho）。

尽管他们的初衷可能是善意的，但这些由支持女性主义的男性发起的运动并未达到预期的效果。这些运动以反性暴力为核心，但组织内部却因意见不合而内耗严重，运动最终都未能取得实质性的进展。即便是在这些运动的鼎盛时期，他们的支持者也非常有限。“混合都市”组织虽是少有的、将对父权制的反思与切实的行动（例如抵制模特行业和带有性别歧视的玩具）结合的组织之一，但由于男性在管理层的权势越来越大，原本的男女混合制理想最终破灭。正是由于这个具体历史背景，法国妇女解放运动的女性主义人士才会将男性拒于门外。沃伦·法雷尔作为“男性解放”（men's lib）的理论家之一，曾在20世

① 组织名称“Mix-Cité”是法语单词“mixité”的谐音双关语。“mixité”基本含义为“混合体”，与“non-mixité”相对，后者的基本含义为“非混合”。后者是一种存在于法国社会的集会形式，一个“非混合”会议仅限一个或几个通常被认为是被压迫的或被歧视的社会团体参与，而禁止通常被认定为压迫者或歧视者的人员参加，以防在会议内部复制社会中既有的权力关系。

图 17 休·海夫纳和两个兔女郎（2003）。休·海夫纳（Hugh Hefner）于1953年创办了广受欢迎的杂志《花花公子》(*Playboy*)，杂志刊载政治、文化和体育等专题章，这些章节中无一例外地穿插着裸体女人照片以飨男性读者。卡米尔·帕格利亚（Camille Paglia）在其悼词中写道："海夫纳将美国男性重塑为欧式的生活艺术家，这样的男人懂得品味生活中的各种乐趣，也包括性。"[27]我们可以将这段话反过来理解，即海夫纳实际上强化了被美人儿围绕的白人男性形象，唐纳德·特朗普正是这种男性形象的继承者之一。

纪 70 年代与全国妇女组织和格洛丽亚·斯泰纳姆关系很近，但他最终还是转向了男权运动，开始抨击他口中"带有歧视的"女性主义。

更重要的是，所有这些男性运动全都是从心理层面出发来探讨问题的，其目的是让男人意识到应该善待女性，施暴和嫖娼是可耻的。在澳大利亚的布里斯班，男性反性侵犯组织会为被判家庭暴力罪的原住民男性组织为期八周的培训课程。本着同样的态度，《男性的女性主义》（*Feminism with Men*）的作者们提出，男性的誓言要包含六项原则：放弃男性特权，在个人生活中积极实践女性主义，优先考虑消除对女性的压迫，敦促社会变革，实践非等级制沟通，尊重女性。[28]

但是，仅仅谴责性别歧视并不足以将其清除。在成为一种心理状态之前，父权制首先是一种社会制度。仅仅依靠善意，即使是社会组织的善意，还远不足以遏制一个完备且绵延了数个世纪的统治机制。此外，男人中的女性主义支持者们，其本身的社会身份往往也很特殊：他们通常来自中上阶层，受过高等教育，在社会运动方面具备一定经验，往往跟着本身就是女性主义者的母亲长大或者与父亲鲜有往来。[29] 这些就足以让他们成为少数人中的少数了。

直面性别平等的男性

一边是显得荒谬的男权主义式奋起反扑，另一边是不切实际的抗争活动，如何摆脱这种非此即彼的困境？首先，必须根据精准论证来调整行动方案。如果说反对女性主义的男人们多少都会装出一副友善的样子，那么真正的男性女性主义者也并非只活跃于左翼组织之内。富有女性主义意识的男性数量虽不多，但是他们分布于社会各处。因此，他们最能发挥作用的地方并不在协会中，而是在进行斗争时，比如在办公桌前、在议会中、在公司里、在医院或律师事务所，斗争有时采用集体方式，有时也可以是以个人的方式。男性的女性主义并不来自庄严的承诺，而是首先来自反抗，并需要以实现新治理和结构改革为目的的亲身投入。因此，公权力——国家或集体——需要为斗争掠阵，私营部门也需要积极参与，这些都十分重要。

其次，以清醒的头脑去分析男性危机同为当务之急。来自男性的不满源于诸多原因：支配性男性气质的大量灌输（这种气质本质上是疏远人、令人异化的），战争和经济衰退带来的男子气概贬值，女性在高等学府和工作领域大获成功，社会开始关注生态问题，女性主义的崛起。很明显，男性对自身抱有忧虑并不会导致父权制的失败。父权制正在衰落，但男性气质的多种病状正在使它跌跌撞撞地继续向前飞奔。这就是为什么时至今日，男性“压迫者”和男性“受苦者”同时存在。男权主义者利用了这种二元性：他们的受害者话语往往只是维护自身特权的一种策略。

最后，还有一些男人受到怀疑的困扰。虽然许多人不再认为男子气概必不可少，但男子气概作为理想并没有从他们心中消失。有的人希望“好好表现”，但却不知如何行动；有的人自觉“做错了事”，但却没有意识到他们的个人情况与社会组织方式之间的联系。相互矛盾的禁令汇集在一起，使得男人即便具备良好意愿，也时常感到迷茫。他们不知道自己的位置在哪儿，不知道自己的角色是什么、职能为何——总而言之，他们不清楚人们究竟希望他们怎么做。毕竟，直到现在也没有人发明出一个可供男性使用的女性主义指南。

实际上，比起“权威的衰落”和“世界的女性化”，男人们对**两性平等社会**的到来更感忧虑。男性的弱点和缺陷被正在撼动社会的性别解构进程放大了。当社会朝着女性解放目标前进时，女性在各个领域发挥的作用越来越大。对此，正确的应对方法不是去谦卑地舍弃男子气概价值观，也不是以反扑心态试图重新占有它们，而是去倾听女性主义对民主社会的批评，承认民主社会在自由和平等层面的不完善，承认民主社会在很长时间里的确不公正。

政治领袖不能再随意宣扬对女性的厌恶而不受惩罚；“把手放在女秘书或女护士的屁股上”如今被承认构成性侵犯；几乎所有的国家、地区、国际大都市、大型国际组织和非政府组织都将性别平等提上了改革日程。处处都能听到男女平等的呼声，即便掌权者中仍然有特朗普这样的人，但权利革命早已一发不可收拾。即便父权的绝唱和呼吁倒退的挽歌依然存在，我们仍正在目睹那种认为自己“无辜”的父权观念消失，这一进程坚定明确，没有保留，没有顾虑。总之，不平等已经不再具有任何合法性了。

从集体层面来看，这场男性危机并非问题，而是机遇，它使我们可以重新定义男性。从代际层面来看，男子气概的衰落可以巩固女性主义的论点。一旦现在这代男人被判定走向末日，男人们就可以借此重生，转变成真正的正义之人。

第四部分

性别正义

12

非支配性男性气质

爱尔兰哲学家菲利普·佩蒂特（Philip Pettit）在其著作《共和主义》（*Republicanism*，1997）中提到，制度必须能够将个人自由最大化，即确保个人免遭任何形式的支配。但问题是，那些领导着国家、地区、城市、军队和教会的男人们，通常就是父权制的化身。因此，对于非支配理想的追求必须被搬移至性别领域。

非支配性男性气质不但意味着不任意干涉女性的意愿，还意味着需要切实保证相应的社会和政治秩序，使女性能够在实际层面享有自由。当一个男人，为了自己及他人，去构建让女性既不遭受也不可能遭受任何与性或性别相关约束的机制之时，他怀有的即为非支配性男性气质。这一男性气质概念与统治女性生活的家长式作风相反，能够使女性主义诉求在民主制度的核心占据一席之地。一个男性政权是完全有能力实践女性主义政治的。所谓的“女性主义政治”，即**取代父权体系、争取妇女解放的一切行动**。

奉行女性主义的国家领袖

原则上说，一个身为国家领袖的男人没有不实践女性主义政策的理由，毕竟在20世纪，一些男性和国家就已经是女性主义的执行者了。在此，我们必须将人与政府的模式做出区分：一个传统主义者可以坚决抵制性别暴力与两性不平等。不过实际上，男人女人都一样，都是典型的男性气质灾难——诸如战争、专制、宗教激进主义或追名逐利——的受害者。从这个意义上来说，女性主义政治反对的并非男人，而是此种男性特质。而男人自己，也大可以与他们因性别而衍生出的恶魔斗争。

国际组织在尊重妇女权力、维护性别平等的方面是十分积极的。联合国妇女署赞助了“他为她”（He For She）这一促进团结的项目。联合国儿童基金会、世界卫生组织、联合国粮食及农业组织、世界银行都曾积极开展过类似项目。然而即便如此，女性的处境在各国依旧存在着巨大差异。情况最紧急的，是撒哈拉以南非洲（因为贫穷和战乱）、印度次大陆（因为性别灭绝思想和农村的艰苦条件）、日本（因为古老的重男轻女习俗）、信仰天主教的地中海地区和拉丁美洲（因为性别暴力），以及伊斯兰国家（因为伊斯兰教法和宗教激进主义）。实际上，妇女受压迫的首要原因，是贫穷、战争、政治或宗教专制。

问题的关键在于，我们不能将那些为挽救声誉才包裹了平等主义外壳的话术，同真正的女性主义纲领混淆在一起。例如，那些带有“她们/他们”的句式很可能只是一种文字技巧，而那些宣扬性别配额制的充满热情的口号，也很可能在需要重组总统内阁时被人忘得一干二净。同样地，在20世纪期间，闹革命的人们和闹独立的人们也时常背叛曾经支持过他们的女性群体。

只要权力同男性是近义词，自称女性主义者的领导人就只能是少数。加拿大总理贾斯廷·特鲁多（Justin Trudeau，生于1971年）不仅通过言辞，也通过倾斜政府的预算来捍卫性别平等。他声称自己会戴着“女性主义的眼镜”去审视每一个问题：减少两性收入差距、让女性能够从事任意行业、协助女性企业家、与性暴力做斗争，甚至是铺设输油管道（如果管道穿过妇女处于弱势地位的社区）。[1]

在全世界所有的男性国家元首中，贾斯廷·特鲁多是唯一敢自称女性主义者的人。这并非因为代际差异，毕竟与他差不多年纪的其他元首都没有这么做，无论是希腊的阿莱克西斯·齐普拉斯（Alexis Tsipras），法国的埃马纽埃尔·马克龙（Emmanuel Macron），乌克兰的弗拉基米尔·格罗伊斯曼（Volodymyr Hroïsman），还是卡塔尔的塔米姆·阿勒萨尼（Tamim al-Thani）——他们都出生于1974—1980年。然而，即便是特鲁多，其关注重点也更多是改善女性的现状而非改变男性本身。但平等的开端必然源于特权的终结。

参政权

女性出现在权力机关的事实并不能保证切实的平等，还必须保证她们的话语被人听到。在印度的西孟加拉邦，女性在村庄会议中仅占席32%。在参会过程中，她们比男人更少发言；即便她们发言，男人也更少倾听她们。总体而言，女性的发言仅占会议总发言量的3%；在一半数量的会议中，她们从头到尾不发一言；在40%的情况下，她们的发言会招致当选官员的不礼貌对待或攻击性言辞。[2]

政治上的平分秋色要从**女性能够发言**开始。性别正义要求男人不但要承认女性参政的合法性，还须真正倾听女人要说的话。这就意味着男人要清除习惯上对政治女性的傲慢态度（企业界女性、宗教界女性和女作家同理），在媒体、会议或集会上保障女性的发言权，必要时鼓励女性发言，驱逐那些妨碍女性发言之人。如果这些男人拒绝将自己的位置让给女人——这必然会是常态，他们至少要学会在女人说话时闭嘴。男人应该时刻扪心自问，女性的发言是否比自己的发言更有道理。无论如何，消除一部分男性的参与都会在实际上起到提高女性可见性之作用。

女性主义政治需要有利于**女性获取权力**，即让女性在各个意义和层面上都与男性有同等的参政权，尤其就目前她们通常被排除在外的领域——行政部门、行使主权的政府部门（外交、司法、内政安全、国防）、法庭、宪法法院、议会委员会、政府机构和中央管理机构——而言。在种族大屠杀后的卢旺达，作为议会中的大多数，女性扮演了至关重要的角色。在为了审判参与大屠杀的犯罪嫌疑人而设的加卡卡法庭中，卢旺达女性也占据了大多数。与之相反的例子，是日本最高法院在 2005 年通过的《民法典》第 750 条。此法令强迫丈夫与妻子采用同一姓氏（96% 的情况都是女性改从夫姓）。在组成法院的 15 名法官里仅有 3 名女性，她们全部对此项法令投了反对票。

在考察性别正义时，我们可以看到，配额制度可能会保证选举的自由。在比利时，1994年的《斯梅特-托巴克法案》（Loi Smet-Tobback）规定，一张候选名单里不能有超过三分之二的人属于同一性别。在塞内加尔，2010 年通过的配额法案受到了女性领导党团会议的支持，也受到了支持平等的神父和伊玛目的支持。在按照法案选出的议会里，女性占据了 43% 的名额。[3] 自 20 世纪 90 年代开始，印度女性就必须出席村委会（gram panchayats）。这种出席包含两个层面：第一，每个委员会都须有三分之一的席位被赋予女性；第二，三分之一的委员会必须由女性领导。在由女人领导的委员会中，我们能看到：妇女的发言更加踊跃，她们的发言时间更长，其要求也更易得到满足；当地居民的集体需求（在西孟加拉邦，主要是水井和道路问题）更易获得重视；甚至男人的偏见也开始扭转，因为比起男性领导者的发言，女性当权者的言论更容易获得人们的支持。[4]在这里，性别正义的支柱有三：拥有平等的合法性、拥有平等的发言权、拥有平等的政治份额。换句话说，无论是在哪种形式上，女性皆有权获取权力。

战斗的女人，和平的女人

支配性男性气质攫取了管理内部纠纷和外部战争的权力。然而，既然冲突本就是生活的一部分，那就没有任何理由将女性排除在外。在此，存在三种会打乱男性与战争之关系的情况：不暴力的男人、战斗的女人以及和平的女人。

在 1914 年 7 月饶勒斯被暗杀后，诸如罗曼·罗兰和斯蒂芬·茨威格这样的知识分子在一战期间积极宣扬和平主义，使得和平主义在 20 世纪 20—30 年代的欧洲舆论中占据了主流。还有一部分有远见的人——甘地、马丁·路德·金、纳尔逊·曼德拉——把非暴力作为政治活动的准则，它的历史则又有不同。在甘地看来，“非暴力”（ahimsa，没有施暴的愿望）是人性与慈悲之体现，同时也是种规劝他人停止暴行的尝试。从这个意义上讲，比起单纯的消极抵抗（甘地在 1908 年放弃了这一做法），“非暴力”是一种力量，一种要求更多意志的勇敢行为。[5]这一思想给予了 1955 年蒙哥马利巴士抵制运动以灵感。正如事件过去几年后，马丁·路德·金在《迈向自由》(*Stride Toward Freedom*)一书中提及的那样：为了完成“向非暴力的朝圣之路”，我们必须懂得不含复仇之心地忍受凌辱，宽恕敌人。

男人将女人排除在军事行动之外，因为性别二分法要求男方具备力量和勇气，女方怀有温柔与同理心。然而，事实戳穿了以上偏见，历史上本就少见的女性领导人们并未因奉行和平主义而大放异彩：卡斯蒂利亚的伊莎贝拉将犹太人和穆斯林逐出格拉纳达王国，奥地利的玛丽娅-特蕾莎和俄国的叶卡捷琳娜二世瓜分了波兰，英迪拉·甘地对巴基斯坦开战，玛格丽特·撒切尔在马岛战争中制服了阿根廷（并废除了“女性”福利国家）。尽管1480—1913年间的绝大部分君主为男性，但由女王统治的欧洲国家却更常卷入武装冲突。这些女王中有多位从未结婚，原因要么是她们的国度在邻国眼中过于弱小，不值得联姻，要么是她们想给邻国一个坚定的信号——拒绝婚姻。[6]针对1970—2000年间，22个民主国家的军事预算及军事行动的研究表明，女性在议会里起到的确是引导和平之作用，但在执掌政府或国防部门时，她们会更加好战。[7]

女人几乎从未被邀请参与战争，那些罕见的女战士基本都是乔装为男人混进队伍的。在20世纪，部分军队在战时招募过女兵，比如卫国战争时期的苏联红军［正如斯韦特兰娜·阿列克谢耶维奇（Svetlana Alexievitch）在《战争中没有女性》里写的那样］以及阿以战争时的以色列国防军。自20世纪60年代开始，库尔德人的军队中便囊括了数目众多的女兵（比例占到了40%），其中有步兵、狙击手和军官，有些还在女子学院受过训练。她们2017年在拉卡（Raqqa）作为妇女保卫军（YPJ）的成员参加战斗。在叙利亚北部的罗贾瓦（Rojava），一些库尔德人的市镇试行了全面性别配额制，并让男女在军队、政治和行政管理上皆担任要职。[8]然而，库尔德社会依然十分父权，女战士回到村庄后，经常会由于自己太“男性化”而无法结婚。在这三支队伍里，女人与男人冒着同等的生命风险。究竟是面对死亡，性别区分变得不那么重要了，还是牺牲型男性气质愿意为女性的加入敞开大门？

正如世界各国的军事参谋部和军团里都鲜有女性一样，和平谈判也总是发生在男性之间。自 1992 年以来，女性仅占调停负责人总数的 2%，协议签署人总数的 4%。一些和平进程甚至完全排除女性的参与，例如：波黑的《代顿协议》（1995）、索马里的民族和解（2002）、科特迪瓦的《利纳-马库锡协定》（l'accord de Linas-Marcoussis，2003）、尼泊尔的《全面和平协议》（2006）、中非停火协议（2008）以及津巴布韦的权力分享协议（2008）。在 1990—2009 年签署的近 600 份和平协议中，仅有不到 5% 的协议遵循了男女平等的原则或关照了女性权益及性暴力问题。由此，致力于推进两性平等和女性自主权的联合国妇女署开发了一个项目，目的是将这两项原则融入各个和平进程中。[9]

这不仅是个道德问题。如果一项协议的达成有女性的参与，它会更容易维持下去。事实上，女性看起来更加诚恳，对交战方也更不具威胁性［比如 21 世纪头十年在斯里兰卡军和泰米尔猛虎组织中斡旋的维萨卡·达尔马达萨（Visaka Dharmadasa）］。实际上，女性的出席能够促进谈话，协助双方重塑信任。更重要的是，她们往往能提及对达成和平至关重要的问题，如教育、住房、食品安全、性别暴力、难民的重新融入及对政治犯的处理。[10]

总而言之，非支配性男性气质能够保障**女性有机会参与商议和政治、战争与和平**，这相当于与她们一起承担一切公民和军事事务的责任。崇尚平等的男人不会在没有女性参与的情况下独自处理公共事务。

服务于女性的民主

极右派政权由男人领导，他们歌颂力量、崇尚军队、鼓励必要的牺牲，并统统将女人赶回家庭。墨索里尼、希特勒、佛朗哥、皮诺切特（Pinochet）、魏地拉（Videla）等人，不仅是国家层面的独裁者，也是性别层面的独裁者。在20世纪30年代的日本，一些官方组织试图在民族主义战争的大旗之下将女性召集起来，譬如妇女卫国运动、爱国妇女会和日本妇女联合会——日本妇女联合会的官方刊物就被命名为《家庭》。[11]

“领袖”“导师”“最高指挥官”，这些词对女性来说可不是什么好兆头。从性别正义的角度来说，独裁政权和其他军政府本质上是需要对抗的权力。威权国家也是如此，它们的领导人需借助以军事为上的大男子主义来确认自己的权力。在日本，即便21世纪头十年里发生了一系列争论，皇位传承依然排除女性。

然而，妇女解放并非民主国家的特权。威权国家甚至专制国家，都可在不尊重人权的情况下推进妇女权益。苏联、凯末尔统治下的土耳其以及布尔吉巴领导下的突尼斯，都展示了社会革命是完全可通过自上而下来强制推行的。就21世纪第二个十年末期来看，国民议会中女性占比最高的两个国家是保罗·卡加梅（Paul Kagame）领导下的卢旺达（女性占比为61%）和后卡斯特罗时代的古巴（女性占比为53%），这两个国家都并非民主的典范；瑞典位列第 8（女性占比为 43%），法国位列第 16（女性占比为 39%），美国则更加落后——位列第 102（女性占比为 19%），在印度尼西亚和吉尔吉斯斯坦之间。[12] 若依照公民社会的发达程度是抵制独裁的重要参照这一标准，那么“去父权化的逻辑”（比如伊朗中产阶级受教育女性的自主化趋势）将比“重新父权化的逻辑”（比如俄罗斯的民族主义说辞、土耳其政治宗教势力的重新掌权）更具优势。[13]

随着影像监控越来越多地被用于维护治安，独裁国家中的治安状况得以让女性在公共道路上免受攻击。多哈的道路就相对安全，即便在夜间也是如此。然而，若就以这点来论证“独裁等于安全”“民主即是无序”的话，可就大错特错了。事实上，警察的无所不能转移了危险，女性成了其他暴力和侵犯的受害者，而这些暴力和侵犯更不易得到惩处，因为它们是由治安人员实施的。在墨西哥，警察经常在逮捕女性之后对女性进行性方面的虐待。2006 年被墨西哥州警察强奸的 11 位女性曾到美洲人权法院提起诉讼，但并未获得多少来自本国的支持，且后来成为墨西哥总统的恩里克·培尼亚·涅托（Enrique Peña Nieto）当时正担任着墨西哥州的州长。

社会和宗教的保守主义与消费主义交织在一起，同样与女性权利背道而驰。从 21 世纪第一个十年开始，沙特阿拉伯的商业中心就将性别区隔与刺激消费的技术结合起来。在利雅得（Riyad）的王国中心（Al Mamlaka）大厦里，有一层仅供女性进入的“女人之国”，其电梯与楼梯皆禁止男性使用。这些安全的消费环境的存在，是为在遵循宗教要求的“廉耻”之上，让沙特阿拉伯的女人得以着装时髦——她们可以身着牛仔裤、脚踩高跟鞋，再配上路易威登的手袋和古驰的墨镜卖弄自己。[14]

言论禁止加上将自由缩减为消费“自由”的事实，使得女性群体自觉被剥夺了反抗的利器。她们的权利不但被警察独裁所威胁，还任由专制者的心意转变（比如20世纪30年代中期的苏联）或意识形态的紧缩蹂躏。另一方面，在民主国家，即便她们不时被男人工具化，民主还是为女性之解放提供了政治和思想的框架。言论自由、全面选举权、集会结社权、新闻业的繁荣、出版社的自主、社交媒体的力量、性骚扰或婚内强奸等概念合法化的可能性：此种民主生活才是摆脱政治和宗教教义、摆脱父权制卫士的良药。民主不仅是女性权利的源头，也是女性权利的出路。之所以是源头，是因为民主传播了公民人人平等且拥有不可剥夺之权利的观念；之所以是出路，是因为解放全体男性和女性是民主存在的根本缘由。

然而，民主的实现仍需依赖一些必不可少的条件。与1789年对人权的定义不同，真正的人权必须明确且系统地包含女性的权利。就这个意义而言，在20世纪上半叶实现普选权之前，没有任何一个欧洲国家实现了真正的民主。如今，比起对男性气质本身的质疑，对散发着男性气质的民主制度的质疑更为重要。在这个框架中，通过借鉴皮埃尔·罗桑瓦隆（Pierre Rosanvallon）的“反民主”思路，我们可以尝试**构建出一种“反男性气质”**（contre-masculinité）。经过一系列共同实施的防范、监视和控制工作，男性和女性将有能力抵御男性气质的畸形发展。这种反男性气质可表现为多种形式：书籍、文章、证词、请愿书、报告、观察委员会、街上的游行、抗议活动或网络上的嘲讽。

要阻止男性气质全面掌权，就必须预留讨论空间，甚至冲突空间，必须允许存在分歧——正如民主本身的样子。男性气质是“无主之地”，谁都没有权利将其霸占。

打击女性贫困

相当数量的女性是处在贫困和欠发达的境遇之中的。根据世界粮食计划署，女性占饥饿人口的60%，人数约为6亿。

因性别引起的悲惨境遇可从女性工作的艰辛及其微薄的工资中反映出来。在发展中国家，四分之三的女性从事非正式工作，且常常连合同和社保都没有。由于继承方面的歧视，女性鲜少能成为土地所有者：在撒哈拉以南非洲，土地所有者中女性仅占15%，在北非和中东仅占5%，而在肯尼亚和北印度，这一比例就更小了。然而，这些女性却从事着大量无偿的家务劳动。提供用于准备食物、打扫卫生和灌溉的水，主要是母亲和女儿的任务。在几内亚，女人每周花在拾柴和取水上的平均时间为5.7小时（男人为2.3小时）；马拉维女人的这一劳动时间为9.1小时（男人仅为1.1小时）。[15] 如此繁多的工作——尤其是打水这一重活——让女性劳累不堪，且更易辍学，更易失去自由的时间。

2012年，全世界大约有5亿女性为文盲（占成人文盲总数的三分之二）。在许多地区，两性之间在识字方面的差异是巨大的：在南亚和西亚，有74%的男性识字，而识字的女性仅占52%；在撒哈拉以南非洲，男性的识字率为68%，女性仅为50%（在尼日利亚、马里和布基纳法索等西非国家，女性识字的比例更小）。在柬埔寨的乡村地区，男性识字率为86%，女性为52%。在埃及，90%的城市男性能够阅读和书写，而乡村女性仅30%有同等能力。乡村是性别歧视最为严重的地方：从全球范围来看，乡村女孩的初等教育入学率（39%）不但低于乡村男孩（45%），更低于城市女孩（59%）。[16]

文盲状态对妇女和儿童的健康有着重大影响，它与药品管理不足、母婴死亡率居高不下、对艾滋病的无知等诸多问题密切相关。女孩多上一年学就能使其工资增长 10%～20%，延迟她们的初婚年龄，并降低她们的生育率。女孩的入学率本身也是项健康政策，因为入学可切实降低非保护性行为和低龄怀孕的概率。在肯尼亚，学校会给六年级女生发放校服。如若她们 18 个月后依然在学，学校就再次发放新校服。结果显示，这一政策使女孩在后续的三年甚至更长远的时间里，怀孕率大大降低了（从 14% 降到了 10%）。[17]

女性教育机会欠缺、健康状况恶劣以及其他形式的悲惨境遇不仅构成了道德层面的丑闻，更阻碍了一个国家的发展。国家会因此享有更少的人力资本、更少的集体智慧、更少的有才华的人、更少的发现、更少的创新。性别不平等的代价相当之高昂：科特迪瓦每年因此损失 60 亿美元，而在亚洲则高达 89 亿美元 / 年。[18]

不少妇女解放的战线都是向男性敞开的。为支持妇女解放，他们可以分担家务，可以与村庄及城市中的性别歧视做斗争，可以检举揭发女性割礼，可以拒绝早婚，还可以发展引水工程、完善健康体系。在布基纳法索，托马斯·桑卡拉（Thomas Sankara）1984 年进行的土地改革为妇女获得土地提供了便利。在巴基斯坦的斯瓦特山谷，齐亚乌丁·尤萨夫扎伊（Ziauddin Yousafzai，2014 年诺贝尔和平奖得主马拉拉的父亲）曾为女孩建过一所学校。印度企业家阿鲁纳恰拉姆·穆鲁加南塔姆（Arunachalam Muruganantham）发明了一种生产低成本卫生巾

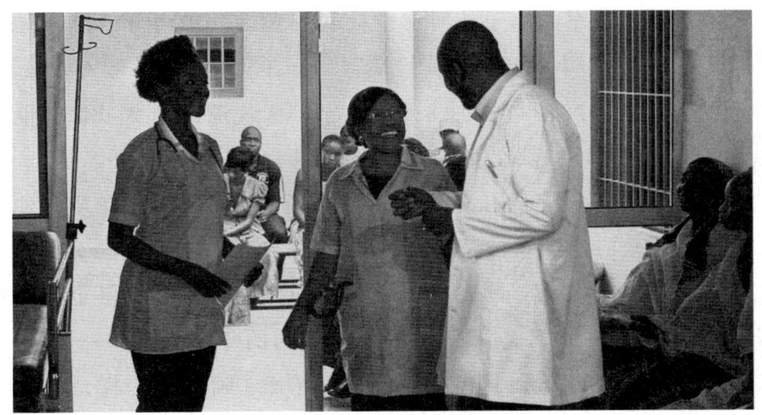

图18 一部宣扬女性权利的电视剧（2015）。包括导演穆萨·塞纳·阿卜萨（Moussa Sène Absa）和制片人查理·贝莱托（Charli Beléteau）在内的很多男性都参与到了塞内加尔电视剧《这就是生活》（*C'est la vie*）的拍摄中。这部电视剧于2015年在西非全境播出，讲述了一个平民居住区诊所里发生的故事，提高了电视观众对女性健康和家庭暴力问题的意识。

的机器，让数百万女性在经期能够正常生活。

法兹勒·哈桑·阿贝德（Fazle Hasan Abed）于1936年在英属印度东北部，即现在的孟加拉国出生。他起先是壳牌公司的财务经理，而后建立了孟加拉国农村发展委员会（Bangladesh Rural Advancement Committee）。这家非政府组织帮助了亚洲和非洲共12个国家的1.4亿人。阿贝德修建学校和托儿所，发放小额信贷，向女农户发放雏鸡，与歧视和性暴力做着不懈的斗争。例如，一个自1993年开始实施的项目使得青少年女性可以参加体育运动，获得更加安全的社区活动空间，同时获取大量与女性健康和性权利有关的信息。经过几十年的努力，法兹勒·哈桑·阿贝德成功降低了人们——尤其是女孩——的极端贫困率及文盲率。由于他对女性权利的支持，2014 年，阿贝德成了第一位获得“相信女英雄奖”（Trust Women Hero Award）的男性。他于 2018 年 3 月 8 日妇女节当天说道：“如果我们有能力打垮父权制度，那么女性和男性皆可因此获益。”

马达夫·查凡（Madhav Chavan）于 1954 年生于印度，他建立的非政府组织布拉罕（Pratham）帮助了千千万万的贫困儿童。通过一个名为“第二次机会”的项目，布拉罕使得全世界年轻女孩——尤其是印度、美国和英国的年轻女孩——获得了重返校园的机会。同前辈法兹勒·哈桑·阿贝德一样，马达夫·查凡在 2012 年也获得了世界教育创新峰会个人/团队教育奖（WISE Prize for Education）。当然，这一去贫困化进程的实现也要归功于那些在世界范围内与贫困做斗争的富商企业家，例如比尔·盖茨与其基金会，又如穆罕默德·阿卜杜勒·拉蒂夫·贾米尔（Mohammed Abdul Latif Jameel）与其麻省理工学院的“贫穷行动实验室”。

除了与贫困做斗争之外，我们还应该扶持女性企业家。在多哥，娜娜奔驰 (Nana Benz) 的女商人们不靠任何人的帮助就在荷兰蜡染布行业赚取了财富。在相对父权的大环境下，部分男性也在一些女商人的起步阶段给予了她们一定的保护。在沙特阿拉伯，吉达（Djedda）和利雅得分别于 1998 年和 2004 年成立了女性商会；2018 年起，女性被准许创办公司。在孟加拉国，穆罕默德·尤努斯（Muhammad Yunus）于 1976 年创立了格莱珉银行（Grameen Bank），该银行与其他机构一起开发了一个帮助女性投资小型公司或开展集体项目的小额贷款体系，还款事宜通过她们之间的关系互相担保（包括还款频率和一切相互间责任）。不过，小额贷款的结果令人失望：无论在印度、斯里兰卡、加纳还是布基纳法索，女领导的公司资本生产力依旧薄弱，究其原因，要么是因为她们从事的行业利润不高，要么是因为她们的商业活动获得的资助更少。

无论女性在何种程度上获得了成功，非政府组织、协会和慈善家都无法代替政府的作用。在健康、教育和社会保障领域中，公共拨款都发挥着无与伦比的作用。可一国之重要权力往往是由男人把持的。2009 年，肯尼亚的水资源与水利部部长实施了一套公务员激励制度，这些公务员每年要根据合同，实现将性别观点纳入主流的目标。仅仅一年就有 10 万美元被拨给了各个政府办公室，用于促进男女平等并开展宣传活动。[19] 正如一份世界银行的报告中说的那样，加强警察和司法人员的性别意识培训，包括女性权利（特别是财产权）和打击性暴力相关的意识的培训，是十分重要的。[20]

压迫性质的宗教

由于宗教将男性置于上帝和信徒之间，因此宗教对女性来说存在问题。所有宗教都应当积极反思男性气质，即质疑何为权威、权力、正统及家庭。若缺乏此类反思，宗教保守主义就会妨碍两性平等的推进。男性宗教人士从未公开宣扬性别歧视的言论；他们声称自己是在依照“传统”行事，但传统就是将女人定义为贞洁处女和母亲。对女性的蔑视掩藏在男人对女人的“保护”之中，男性是被要求去守护这些脆弱且不洁的存在的。

事实上，《圣经》或《古兰经》的文本解读对女性权利而言是场灾难，因为这些解读给最为肮脏且污秽的父权制度镶上了一层体面的光辉。宗教激进主义者本质上就是厌女的，他们凭借神圣的光环支配女性。因此，不质疑性别权力的男性宗教人士不是正义的男人，因自身男性气质而傲慢自大的虔诚教徒更是大逆不道，因为与此相反，神的旨意是命令人崇尚平等和正义。

天主教会是世上最为父权的机构之一。从教士到教皇，它的等级制度完全是男性化的。女性在大教区、小教堂、婚礼准备和生物伦理反思中发挥着越来越大的作用，但即便如此，她们依旧被排除在圣职之外。在教会领域之外，《圣经》为所有反动派提供了重要论据。在法国，一些人根据创造亚当夏娃的故事诋毁人们口中的“性别理论”。2017 年，波尔图上诉法院的一位法官居然借作废的刑法典以及鼓励惩罚通奸女性的《箴言》(《圣经·旧约》中的一卷)，为伴侣内的暴力行为开脱。类似的论证方式也存在于印度教世界。1987 年，一位 18 岁的年轻寡妇在拉贾斯坦邦的德奥热拉（Deorala）自杀（其自杀很可能是由于夫家的压力），宗教激进主义者便援引宗教习俗来证明她自杀行为的合理性。同年 10 月 8 日，一场宣扬殉夫自焚的游行聚集了 7 万人，与此同时，在斋浦尔还诞生了一个捍卫宗教的委员会，这一委员会是由数个 20～30 岁的拉杰普特男子发起的。[21]

在伊斯兰世界，女性的处境总体上十分糟糕。正如《性别差距报告》显示的那样，全世界排名最低的国家依次为也门、巴基斯坦、叙利亚、伊朗、马里、沙特阿拉伯、摩洛哥、约旦和埃及。女性处境恶劣的首要因素是极权和宗教的结盟，这在伊朗表现为神权统治，在沙特阿拉伯表现为男性独裁，在阿富汗和巴基斯坦则体现为塔利班的相关政策。民主的缺席阻碍了关于女性社会地位的自由辩论，更别提宗教内部的女性权利了。印度尼西亚在144个国家中排名第84，是一个明显的例外，虽然是伊斯兰国家，但其发达的教育和卫生系统使得它的排名没有太过靠后。

在许多国家，伊斯兰教法就是法律的来源之一，当涉及多配偶制、休妻、女性通奸和继承不平等时尤其如此。在阿尔及利亚，一个穆斯林女人不能嫁给非穆斯林男性；一位女性在决定自己的婚姻时，必须有男性监护人在场；妻子必须服从丈夫；孩子被认为属于父亲。20世纪90年代，马来西亚进一步修正了在家庭方面的伊斯兰律法（让男人更易离婚及更易拥有多个配偶，减少男性对妻子的经济责任）。在强奸案件中，举证责任由受害者承担。[22]在沙特阿拉伯，一些保守主义者认为女性受到了女王般的待遇：她们"有权"被车接车送，"有权"不去工作，"有权"接受宗教指导，这些都让她们比西方女人更幸运。中东诸国给予女性的产假不足12周，在沙特阿拉伯和巴林仅为6周。

最后，马格里布地区和中东的各大社会皆存在严重的性别歧视。联合国开发计划署在2002年、2005年和2016年分别对阿拉伯世界的人类发展做过报告。这三次报告都给出了同样的评估结果：这些地区的女性文盲率居高不下，女性因宗教信仰和家庭传统遭受严重歧视，过于强调女性的生育角色，两性机遇严重不均，女性在政治和经济生活中参与度低。在摩洛哥和阿尔及利亚，年轻女性的性生活因各种禁忌而受到限制，严重的处女情结解释了为何处女膜修复手术如此盛行。不平等还反映在强奸的高发、强奸行为的不受制裁、农村地区强迫婚姻的普遍存在、月经"不洁"的信念等方面。

穆斯林与女性主义者

21 世纪第二个十年初期，阿拉伯革命不仅动摇了独裁者的统治，也动摇了他们赖以生存的父权制度。2014 年至 2017 年间，摩洛哥、突尼斯、埃及、约旦和黎巴嫩都废除了过去刑法中规定的强奸者只要迎娶受害者（即便是未成年人）便可不予追究法律责任的条款。在摩洛哥，用以处罚针对女性的暴力和性骚扰的 103-13 号法案于 2018 年被通过。此法案并不承认婚内强奸，但几个月后，丹吉尔（Tanger）上诉法院判处一个强奸妻子的男人 2 年监禁。突尼斯也通过了类似法案，但这一法案同样未囊括婚内强奸。除此之外，贝吉·卡伊德·埃塞卜西（Béji Caïd Essebsi）总统还开辟了两条新战线——平等继承权以及与非穆斯林人士通婚的可能。他指定组建了“自由和平等委员会”，该委员会负责落实这两项政策。成立委员会的提议也获得了叙利亚人、深受马克思主义影响的《古兰经》注经者穆罕默德·沙赫鲁尔（Mohamed Shahrour）的大力支持。

作为网络民主和自由行动主义的产物，一种新的男性气质正在伊斯兰世界中出现。在埃及，男人们通过“解放保镖”（Tahrir Bodyguard）运动和多个反性骚扰运动来揭露女性遭受的暴力行为。在 2015 年的伊斯坦布尔，几十名男性穿上裙子，通过名为“奥兹格坎的迷你裙”（Une minijupe pour Özgecan）的网络运动，谴责了一位女大学生遭受的奸杀恶行。在伊朗，一些男性将自己戴着头巾的照片放在脸书和推特上“戴头巾的男人”（Men In Hijab）的主题标签下，这一主题标签是由流亡纽约的女记者马希赫·阿琳娜嘉德（Masih Alinejad）发起的。后者说道：“我向我的男性读者发起挑战，让他们戴上穆斯林女性的头巾，哪怕几秒也行，然后将自拍照片发给我。这一做法能吸引那些抛弃了传统男子气概，准备为女性争取权益的男人。”[23] 女性的自由越来越象征着所有人的自由，不少男性也积极地通过开自己性别的玩笑来捍卫女性的权利。

每种社会功能都对应着一种男性正义的可能性：父亲可以无差别地抚养女儿和儿子，兄弟可以不认为自己必须监护姐妹，男老师可以因能够教授女生而骄傲，男法官可以致力于更改法律条文，男性国家元首可以将男女平等作为基本原则，男性知识分子可以站出来反对宗教激进主义［就像阿尔及利亚作家卡迈勒·达乌德（Kamel Daoud）自20世纪90年代以来所做的那样］。

即便是男性宗教人士也能采取有利于女性的行动。出现于20世纪晚期的伊斯兰女性主义就是个有用的概念。它的有用之处并非在于其合理化头巾或批判所谓“西方模式”的能力，而在于它明确展现了女性权利并非与伊斯兰教格格不入。伊斯兰教与女性主义的结合意味着必须采用批判的视角，例如：重新诠释经文（ijtihâd，“伊智提哈德”），反对只从字面解读《古兰经》，改革判例以促进家庭内部的性别平等。两个起源于马来人的运动，“穆萨瓦”（Musawah，阿拉伯语的“平等”）和“伊斯兰姐妹会”（Sisters in Islam），就是从这个角度组织起来的。名为“穆斯林法律下的女性生活”（Women Living Under Muslim Laws）的网络成立于1984年，现已遍布70个国家，主要用于支持那些受来源于伊斯兰教的法律和习俗管辖的女性。此网络致力于揭发各种暴力，其求助者来自塞内加尔、摩洛哥、阿尔及利亚、南苏丹及许多其他地方，并能协助女性维权，尤其是那些不认为自己是穆斯林却生活在伊斯兰教法律下的女性群体。

男性宗教人士会因参加了以上运动而赢得荣誉。神学家可以在分离伊斯兰教和男性支配的方面做出努力，以使伊斯兰教甩掉立法层面的父权制包袱。他可以提醒所有人，针对女性的暴力是有悖伊斯兰教的，或是告诉大家女人同男人一样，都有领导国家或企业的能力。一些（任职于西方大学的）伊斯兰法学教授也饶有兴致地阅读了齐巴·米尔–侯赛尼（Ziba Mir-Hosseini）与同事合著的、于2014年在伦敦出版的《男人领导？对伊斯兰教法律传统中权威的再思考》（*Men in Charge? Rethinking Authority in Muslim Legal Tradition*）。同时，卡西姆·阿明和塔希尔·哈达德在20世纪初的事迹也向我们表明，我们完全可以想象一个既是穆斯林又是女性主义者的男性形象。这个男人不会想着去“保护”女人，而是去尊重女性，即在允许她们挣脱男权束缚的同时又不把她们视为娼妓。

以上论述适用于一切有着不同宗教信仰的男性。例如，这些论述可以适用于那些在耶路撒冷或纽约的犹太学校学习，却让头戴假发、身穿黑裙的妻子独自照顾6个孩子的正统派犹太人。这对宗教激进主义者也是一样，他们准备着互相残杀，但当需要维护男性的优越性时，他们却如兄弟般联起手来。他们全都认为只有男人才与上帝共享同样的品质，并能以此名义垄断超越、知识、道德。可是，如果人类的平等真的写在神圣经典里，神性的正义和性别正义就该是同一的。如果上帝保护每个人，那么谁都不该因自己的性或性别而享受殊荣。如果上帝是女性，那她只会对这些因崇拜阳具而自命不凡的男教士恼怒不已。

非支配性男性气质建立在分享发言机会、权威、知识、武器、财富和精神的意愿上。它不但要求承认性别平等，还要求对父权制、厌女思想、歧视及暴力做出不懈的斗争，**拒绝认为男性气质就是权力的表现**。我们可以为尚未拥有如贾斯廷·特鲁多那般勇气的国家领导人定义基本的女性主义纲领：民主、和平、经济发展、健康和教育政策、宽容、宗教自由主义。这个总体纲领足以改善全球几亿女性的生活状况。

13

懂得尊重的男性气质

爱与女性之解放息息相关，因为她们已经被简化成用来获得愉悦或生育的工具。只有懂得尊重他人的男性气质才可在新的性文明中蓬勃发展。

爱情亦然

在 20 世纪 60 年代，女性主义者就开始争取女性性权利并揭露各种施加于女性的暴力。反对女性主义的人因她们提出的要求而感到无法容忍，他们大量使用厌女话语去妖魔化及诋毁女性主义反抗人士。

正如一位法国妇女解放运动的参与者所说，女性主义并不聚焦于性问题，因为“一门心思寻求高潮”本就是一个男性口号。“对我们而言，性革命指的是其他东西，是指与我们所爱之人建立平等的关系。”[1]就发生在 1978 年普罗旺斯艾克斯（Aix-en-Provence）的“强奸起诉案”来说，儿科医生亚历山大·闵可夫斯基（Alexandre Minkowski，法庭庭长阻止他上庭作证）的分析与上述言论也很类似，他认为：“这个地中海地区存在一种共识，就是男人理应去‘插’女人；我觉得这种男性共谋最终是对男人自身的侮辱，也是对爱情这一概念本身的侮辱。”[2]

恋爱自由，实现欲望上的平等，无论男女都享有尊严。就爱情而言，女性解放意味着女性对自己的身体享有所有权，这一所有权应以以下三种形式得到保证：实践性行为的权利（包括享受快感的权利），保障性安全的权利（基于自愿），进行性表达的权利（无论选择怎样的生活方式）。懂得尊重他人的男性气质会在情感、司法和社会层面上承认女性的需求，借用阿克塞尔·霍耐特（Axel Honneth）的概念，即承认女性有能力既是**欲望的主体**（能够自由决定自己的爱情），又是**不可侵犯之人**（不会遭受任何形式的攻击或诋毁），同时还是**有价值的存在**（有权受到他人的尊重）。依照这种方式，我们可以设想一种性领域中的性别正义。由此，并不是女性主义在“反对性”，而是大男子主义通过将恐惧、暴力和蔑视强加到女性的生活中来“反对性”。

尼日利亚作家奇玛曼达·恩戈兹·阿迪契（Chimamanda Ngozi Adichie）和摩洛哥裔法国作家莱拉·斯利马尼（Leïla Slimani）将女性主义与性感、赋权与引诱联系起来。在 2012 年的 TEDx 演讲中，阿迪契将自己描述为“一个快乐的非洲女性主义者——不仇视男性，会为满足自己的喜好而涂唇彩、穿高跟鞋”。在韦恩斯坦丑闻发生后，莱拉·斯利马尼提出，女性有权“化夸张的妆容”，有权“穿迷你裙、着低胸装、踩高跟鞋”而不受任何形式的骚扰。[3]

无论对女性还是男性，美丽都无须被定义。无论是否化妆或美容，我们都可以是美丽的。让身体变得更加性感与女性解放并不冲突，只要她们是为了取悦自己或挑战父权制权威。毕竟时至今日，还有不少像圣保罗这样的宗教激进主义者，以“礼义廉耻”的名义强迫女性佩戴面纱。从这个意义上说，着装自由可以构成一种对压迫的拒斥，即拒斥性别暴力施加在女性身上的一切束缚。

不同性别的人不仅会相遇，也会在私密情境中调情，寻求浪漫、爱情或性。不得不对这些活动做出规定是令人遗憾的，但无论如何，只有杜绝了暴力，这些行为才能顺利开展。司法机关不会介入个人的恋爱约会或虐恋（SM）派对，但如果个人

图19　我想要，你不想要。《门闩》（*Le Verrou*，1777）为法国画家弗拉戈纳尔（Fragonard）的名画，此画展现了一对即将发生性行为的男女。男人正在插上门闩，使空间更加私密；女人却在试图挣脱他的怀抱。这里描绘的是一位女士的欲拒还迎，还是一位即将成为强奸受害者的女性之反抗？此画表现的究竟是色情场景，还是强奸文化？

权利受到了侵犯，情况就不一样了。确切地说，虐恋派对需要遵守大量公开且明确的规则，以便参与者能够在充分了解事实的情况下甘愿受缚。相反，正是在那些规则不明确、不公开或极可能不被遵守的场合中，女性的权利更易遭到侵犯。比如，一场以恋爱为目的的约会很可能以强奸收尾（约会型强奸）。成年人之间彼此同意就什么都可以做，这一原则要求我们首先必须对同意的概念加以定义。不论对爱情还是性，男性的作为都必须得到反思。

引诱中的社会关系

人们一般认为引诱只是源于爱情的化学反应，但其实，在不同的时期和文化中，引诱都展现了高度规则化的社会权力关系。引诱并非仅限于像联谊舞会一类的、为实现内婚制而为好人家的孩子组织的相亲活动。其他一些习俗也可以规训青少年的性并满足家人的期待。在巴西，“namoro”一词指的是在见过双方家长后所进行的无性的一对一交往关系。在这里，家庭的荣誉至关重要，因此直到嫁给未婚夫（namorado）之前，女孩都会受到严密的监视。20 世纪 80 年代出现了一种新型关系：双方被允许在没有确立关系的情况下发生身体接触，甚至发生性行为。[4]

每种文化都或多或少允许人们展示自己对他人的性兴趣。法国的挑逗（badinage）、英国的勾搭（flirt）、美国的约会（date）都能让二人在靠近的过程中实现温和的交流和眼神的互动，如果彼此契合，这种靠近就很可能导致性关系。在部分国家，比如法国和意大利，男人被认为应该采取主动，比如说出第一句赞美或做出浪漫的举动。而像 Meetic（创建于 2001 年）和 Tinder（创建于 2012 年）一类的约会网站，则将女人与男人置于平等的位置，赋予了女人主动的可能性。就这个意义上说，互联网对女性赢得爱情和性的自主权还是有所贡献的。

在德国，引诱更多由女人发起，男人会以相对被动的姿态保持风范。因此一些人会嘲笑德国男人“引诱无能”，而另一些人则对德国女人能够不受眼神骚扰地穿着迷你裙大加赞赏。在北美，街头的引诱行为并不像拉丁国家那样随便，约会才意味着正式进入了引诱关系。比如，一位侨居的法国女士曾带着遗憾和愤怒评论道：“在魁北克的 22 年里，我只被搭讪过两次。那里的一切都没有气味、没有色彩、没有味道。我不知道那里的人是怎么相遇的！在法国，我们会在肉铺、在街上、在一切你可能想到的地方被搭讪和引诱。”[5]

爱情文化中罕有平等，体贴的行为往往体现出一种微妙的性别不公。在 12 世纪的宫廷爱情传统中，骑士通过向淑女证明自己的英勇来获得芳心。这一骑士小说的传统隐晦地反映了男人在社会和军事上的优越，而其行为的目的，也是赢取作为战利品的女人。到了 18 世纪，爱情文化变得愈加精致，它通过言语和通信的艺术，将强迫女性发生关系的戏码演绎得淋漓尽致。例如，强奸了多位女性的威尼斯冒险家卡萨诺瓦（Casanova），抑或是《危险关系》（*Les Liaisons dangereuses*，1782）里的重要人物瓦尔蒙（Valmont）。在这里，一个引诱者的成功被解读为他理应懂得如何让女人不再“反抗”。

对于一个男人而言，献媚的传统即在多少带有情色意味的框架下展示自己对女人的殷勤——为她开门、为她在餐馆买单等。献媚也有其他形式，例如自 19 世纪 50 年代开始，海难发生时，都会出现“女人和孩子优先”这类口号。这种牺牲型男性气质让男人成为拯救者，成为高贵的象征，成为泰山崩于前而色不变的那种人。[6]同骑士求爱小说一样，我们也可以用两种截然相反的视角来看待献媚：它可以被看作男人对女人（他的心上人）的臣服，也可看成是女人对男人（她的英勇骑士）的臣服。自 18 世纪末期开始，玛丽·沃斯通克拉夫特就已经在以平等的名义批判献媚行为了。

难道不正是出于献媚的需要，女人才被看作需被关照甚至拯救的对象吗？如果一个男人提议为美丽的年轻女子搬运行李，却对坐着轮椅的残疾人或病弱的流浪汉视而不见，那此人绝非绅士。这样的献媚将女人——无论她们个体情况如何——投向了一种性化关系。女人是珍贵的、用来观赏的，她们脆弱、笨拙、无助，当人们将她们摆在需要身体力量的或是机械、电工、汽车等风险情境中时，女人就成了一个“条件欠缺的类别”，成了需要男人来负责的类别。毕竟，年轻女性的无能可以因她们在性方面能被自由处置的状态而得到抵消。[7]男人如果真的都如此喜欢谦让女性，那么就把国家领袖和大企业老总的职位统统让出来吧。

同样的逻辑也存在于甜言蜜语一类的奉承中。为了厘清这些奉承是要让女性高兴还是让男人确立性别身份，我们需要考察它的性质。这一赞美是否能无差别地用在年轻女孩、老年妇女或其他男人身上？这些恭维所关注的重点，究竟是女性的样貌，还是她们的智慧、文化、幽默感和决策能力？恭维的目的是不是营造一种暧昧的气氛？不过当然，的确存在着或多或少令人愉悦的、被对方需要的或合适的恭维性话语。

然而，谁在恭维，谁就彰显了一种权威，因为这隐含了被恭维的一方是他评判的对象。骑士意识形态、过分关注女性样貌、对女性过度保护的礼节，实则都强化了男性权威，反映了一种“貌似善意的性别歧视”，与“抱有敌意的性别歧视”相辅相成。[8]毋庸置疑，甜言蜜语式恭维令人舒适，但这完全取决于发生的时机、使用的语气、表达的频率、赞美的及时性及其背后的意涵。男人也必须对赞美的场合保持敏感，比如同样一个词，在朋友家的宴会上说出与在地铁上说出，意义就完全不同。司法工作者不会对恰当场合里过于直白的目光进行干预，但不会容忍将同样的目光用于侵犯他人。一个陌生人是没有权利像注视性用品一样注视一位女性的。

当然，浪漫的邂逅是社会生活的一部分。对话、调情、幽默、欲望：人们的关系应该是自由的。试图吸引某人是一项权利。但若将引诱强加于他人，纠缠他人，这就构成了犯罪。引诱与性骚扰在本质上是有区别的，是否会从前者转变为后者，关键就在于是否尊重了对方的拒绝。

赞美（或目光）之伦理原则的根本在于不可打扰、妨碍对方，不可将对方强行置入与性有关的关系中，因为粗鲁的下流话无异于语言暴力。一位在街上行走的女性不该受到任何性质的特殊关注。这涉及的就是一个人安静生活的权利。引诱关系中的性别平等意味着双方的互通，意味着彼此在最低意愿上达成共识，意味着注重对方接受和不接受的信号。平等，即全然尊重对方的意愿。

有部分男女在韦恩斯坦丑闻后哀号说：“我们连引诱的权利都没有了。”这种说法是错误的。其实，存在一种**符合性别正义的引诱**，它不仅认可个人的自由（同意的自由与拒绝的自由），同时也坚守性别的平等（每个人皆可表达其欲望，引诱不只是

“接近女人的机会”）。

性行为的条件

成年人的性生活只与他们自己有关，但国家有权定义何为同意，并惩罚那些违反这一点的人。立法者的保护职能到此为止，这正是为何法律不会预先禁止经理与雇员、医院科室负责人与护士、老师与学生发生关系。但既然一方更有权势，一方更为脆弱，法律该如何保证这一等级关系不会妨碍个人履行同意权呢？在美国，不少大学都禁止老师与本科阶段的学生（18～22岁）发生性关系。在加利福尼亚州，一项禁止老师和学生发生性关系的法案于2012年被否决，因此，在这里也是由大学来规定的。

现在只剩下如何表达同意的问题了。首先，可能的表达方式包括微笑、打手势、有意义的信号、默契、会心沉默下的冲动，这就是我们牵手、接吻、相互脱去衣服时所经历的。在床上，做起来比说起来容易，更何况欲望并不总是理性的。然而，肢体语言很可能在一些让人尴尬、不确定甚至惊慌的情况下导致误解，从而隐藏了侵犯的事实，即一方在实施侵犯，另一方在单方面忍受。部分女性（尤其是刚开启性生活的年轻女孩）会违背自己的意愿而让步，会害怕说“不”，或无法应对对方的坚持而任由对方为所欲为。受害者会消极地、逆来顺受地、一言不发地任凭自己被插入，仅以精神去反对，无力以身体来回绝。

20世纪50年代末，在一场派对舞会上，当时是一名年轻夏令营女辅导员的法国女作家安妮·埃尔诺（Annie Ernaux）任凭自己被一名男性领队辅导员亲吻：

> 他的动作太快了，她对如此的速度和激情毫无准备。她什么都感觉不到了。她被他对她抱有的这股欲望弄蒙了，这是一种肆意而为的、野兽般的男性欲望，与青春期那种缓慢、谨慎的调情完全不同。[……]
>
> 他说："脱衣服。"自从他邀请她跳舞开始，她一直没有违背过他的意愿。在他对她做的和她自己做的行为之间，找不到任何区别。在一张窄小的床上，她躺在他的旁边，全身赤裸。她还没来得及适应他全裸的男性身躯，就感到他将那粗大坚硬的部位插入她双股之间。他使劲用力。她很疼。她说她还是处女，如同这是一道防御或一种解释。她叫出声来。[……]
>
> 似乎现在回头已经晚了，似乎一切都必须沿着已经发生的事情继续下去。似乎她没有权利抛弃这个男人，因为是她引燃了他的欲火。

此后，她不断追寻这个男人，她想念了他整整一年，并因为他从她身上夺走的性的隐秘部分而感到自己是个女人。[9]

在书出版后的采访中，安妮·埃尔诺拒绝使用"强奸"一词来形容这次经历。可是，无论他是否对她实施了身体暴力，都并不妨碍这个场景与强奸具有极高的相似性。为何有如此多的女性，会在没有意愿的情况下与男人发生性关系？对部分女性来说，她们很难中途跳下"性的自动扶梯"，即她们会感觉在初次约会后，实践亲密行为就成了理所应当之事——像是女人害怕忤逆男性追求者似的。让事情进一步恶化的因素还包括，女性通常觉得拒绝男人是没用的。但为什么会有如此多的男人因女人的拒绝而更加“卖力”甚至兴奋呢？其实，一个女人如若不说话、不动弹、不用任何动作或语言回应你，那就表明她在说“不”。这往往是因为尴尬、恐惧或害怕突兀等原因而无法说出的拒绝。与一个迟疑、被动、萎靡、僵硬、麻痹或烂醉如泥的女人发生关系也许并不会带来强奸的犯罪记录，但实施这种行为的人具有的正是强奸犯的思维。肢体语言包藏着浪漫的激情，但其中也有近乎强奸的“灰色地带”。

20 世纪 70 年代期间，女性主义者普及了“不要就是不要”（Non, c’est non）的口号。这种鲜明的拒绝姿态有助于为女性消除街上、工作中或其他地方的不正当引诱。男人有权使用称赞或手势“碰碰运气”，但若对方接收到了信息并保持沉默，他就应该立即停止，否则他就会成为一个令人讨厌之人，一个纠缠不清的骚扰者，甚至施暴者。从 2016 年开始，德国法律就将强奸定义为违背他人意愿实施的性行为。①

然而，仅仅聚焦于一些世界范围内的公益宣传活动宣扬的“不要就是不要”这一口号是远远不够的，尤其是当女性在没有能力说“不”的时候（或许因为紧张，或许因为惧怕，又或许因酒精或毒品失去了意识）。发展出一种尊重女性的文化依旧困难重重，毕竟在最近几十年里，好莱坞电影和大众文学依旧在宣扬那种女性神话，即女人说“不”其实是在说“要”，她是在欲拒还迎地等待引诱者破除她的伪装。

这便是为何表达明确的同意至关重要。这也即“不要就是不要”这句话的真正含义。在投入性活动之前，必须得到对方

① 而不是像在旧法条中所说的那样，需要受害者奋起反抗才能定义为强奸。——编者注

清晰且明确的同意。此外，表达同意还有增强伴侣之间性交流的好处。

在美国，女性主义对同意的思考已经影响到了大学校园。俄亥俄州的安提阿学院（le Collège d'Antioch）在1991年率先出台了关于同意问题的校规，但这些规则很快就成了电视节目的笑料。直到21世纪第二个十年初期，在发生了多次酒后强奸事件后，"明确的同意"（l'affirmative consent）才开始在耶鲁大学、得克萨斯大学、纽约州立大学以及加利福尼亚州（这是首次在州的层面明确这一原则）等地成为共识。如果伴侣没有表现出意愿，性行为就会被认定是强迫发生的，因此是违法的。冷淡或没有拒绝不再是与他人发生性行为的有效理由。性关系的每一步都必须以表达同意的示意为前提。正如安提阿学院"防止性违法计划"的负责人于1993年解释的那样："我们的目的不是减少浪漫、激情或突发的性行为；我们想要减少的只是突发型强奸。"[10]

科罗拉多大学对性同意的定义（2019）

什么是"明确的同意"？

科罗拉多大学博尔德分校有一个关于"明确的同意"的标准。"明确的同意"指表达出来的对性活动的同意必须是明确、自愿且有意识的。同意必须包括言语或动作，表达出对于双方来说都明白无误、理解一致的同意意愿，这一意愿反映其接受性活动的条件且自愿投入性活动。

——同意必须是通过言语或行动来明确表达的。

——当一方不想开展性活动时，此人并不需要通过做出反抗来表达。

——对某种特定形式的性行为的同意并不意味着此人对所有形式的性行为皆表示同意。

——沉默、有过性关系或处于恋爱关系中都不意味着此人同意发生性关系。

——同意不可经由一个人的穿着，一个人是否送礼或收礼，是否愿意搭车兜风，是否发生了金钱往来来推断。

——同意的意愿可在性行为的任何时刻被撤回，当不愿继续的态度已明确传递，言语上的拒绝就并不是必需的。[……]

哪些情况下，一个人无法表达性同意？

——当一个人处于酒精或毒品的作用下，或由于昏睡、疾病或残疾等其他情况而无法表示同意，那么这就属于不具有表达性同意的能力。

——不具备表达性同意的能力，指的是一个人因对人、事、时间、地点、原因及性交如何发生缺乏认知能力，而无法理性地做出合理的判断或决定。[……]当一个人明知或理应知道对方（因饮用酒精或使用毒品）处于无法表达同意的状态却与其发生性行为，就是违反校规。

公平与规则部办公室（2019）

在之后的20年里，美国出现了大量反对“明确的同意”之

相关规则的声音。以下是一些反对意见集锦：[11]

——这一守则将性描绘成令人担忧的事情。男人被视作寻求猎物的捕食者，女人被看作毫无抵抗能力的受害者，年轻人则被认为只有在国家的帮助下才能正确做爱。

——这一守则鼓励人们曲解一切态度、赞美或行为。若在第一次约会时去拉对方的手，那么根据拟议的 213.6(3)(a) 法条，此举动已经构成了“性接触犯罪”。

——如此一来，在一段关系中，每进入一个新阶段都需要征得额外的同意：“我可以碰你的手臂吗？我可以亲你的脖子吗？嘴呢？我可以抚摸你的背部吗？我可以脱掉你的 T 恤吗？”直到结束性行为之前，总会有一箩筐的问题必须发问。

——伴侣间的这份同意核对表的有效期是一周、一个月、一整段关系，还是仅对一次性行为有效？

——这让对已经发生过的性行为，甚至对整个恋爱和性关系的回溯式揭发变得可能，因为其中一方可以说自己当时是因为惊慌失措或被人操纵而发生的性行为。那么，如何保护另一方不会因事后才出现的后悔、仇恨或埋怨等情绪引发的叛变而受伤害？

——如必须证明经过了明确同意才能免于遭到强奸起诉，那双方是否必须签订协议、免责声明、正式文件或在网上填写表格，以表明他 / 她可以接受哪些形式的性实践？

基于上述批评，一款名为“Yes to Sex”的应用程序于 2016 年被创建（可在苹果商店和谷歌应用商店内下载）。这款应用使人可以于发生性行为的 25 秒前，在一个安全的服务器上表明自己处于性兴奋状态且同意发生性行为。但是，该平台建议用户将软件保持开启，以免他/她们在如胶似漆时突然改变想法。在跨越到下一步之前，用智能手机记录性同意或许着实便利。但谁会接受这样的爱情杀手呢？如何保证不会发生诸如一个女性的肯定同意书被其前男友为报复她而上传网络的极端情况？

2014 年，一名来自加利福尼亚州的学生讲述了其恋爱中的失望经历，这一经历引发了争论。当他与女友躺在床上时，其女友突然扬起手来，一副恼怒的样子说道："你这样怎么让人兴奋得起来？你就像小男孩一样，每做一个动作都不停地问我——你同意吗？你同意吗？你只需把我抱起来，和我做爱就行了。"[12]

总而言之，我们可以说，性同意的三种类型——同意或拒绝的信号、"不要就是不要"、"要就是要"——不仅是可行的，而且可以互相补充，以便将它们的优点相加并中和各自的缺点。具体的规则有：以言语或行动表达的明确同意是发生性行为的必要前提；没有表示并不等于对方已经默许；任何行为都不可在强迫下进行；即便最为微小的抗拒也务必得到尊重；对话能使性生活更加丰富多彩。这些如同人类的性防线，能让我们尽可能免受性行为的伤害，毕竟人类的性确有不理性、本能甚至冲动的一面。我们不必惧怕这样的规定会损害欲望，相反，真正摧毁情欲的正是暴力本身。

一旦这些原则得到贯彻，我们就应该让人们——尤其是年轻人——自由行事。绝大多数成年人的性生活都很顺利。国家也无权干涉个人的私密空间。无论如何，我们应该将对性同意的教育同迫害妄想式的压迫分开，否则爱情也将沦为奥威尔（Orwell）笔下的噩梦。

愉悦之平等，身体之自由

一旦我们就同意问题达成了一致，下一步就该讨论男性为女性的性愉悦带来什么了。从前人们总说，当男人与女人上过了床，他就“拥有了”她。萨德侯爵（marquis de Sade）曾在《闺房里的哲学》（*La Philosophie dans le boudoir*）中写道：“在硬起来的时候，没有男人不想成为一名专制者。”如此多的男人为他们的阴茎感到光荣——雄性的威望、耀武扬威的异性恋证明、讲求效能的文化，性似乎成了男性的专属。19 世纪时，就连当时最为敏锐的作家——例如雨果、福楼拜或马克西姆·杜坎普（Maxime Du Camp）——都会数着自己“搞到”的女人，模仿莱波雷洛为他的主人唐·乔万尼（Don Giovanni）所做的事。相反，当丈夫需要时，妻子则必须“献出”自己。正如女性主义者路易丝·博丹（Louise Bodin）于 1925 年哀叹的那样，妻子“并不需要知道人们想对她干嘛。这不是她应该过问的事”。[13]

欲望游走于权力与温柔之间，周旋在游戏和愉悦之旁。即便女性自愿献出自己的身体（正如男人自愿献出他的身体一样），这种献出也是随时可以撤回的。然而，女人又有什么理由必须“献出”自己的身体？又有什么理由必须让男人观看，满足男人的欲望，并让男人愉悦呢？换句话说，对女人而言，男人的存在又有何用？

在异性恋中，男人总摆出一副傲然的姿态，自视为愉悦的提供者。女人性愉悦的获得首先需要男人具备一定的性能力，同时也意味着应禁止对女性的阴蒂割礼，并始终坚持让双方共同愉悦的原则。在 20 世纪 70 年代的法国，74% 的男性对初次性行为感到满意，而这个比例在女性那里仅为 50%（这一数字在年轻男性中为 83%，年轻女性中为 55%）。在 21 世纪初期的美国，91% 的男性可以在性交中获得高潮，而这个比例在女性那里仅为 39%～64%。相比之下，95% 的女性能通过手淫在几分钟内达到高潮，且只有 4% 的女性认为插入式性交是达到高潮的最佳方式。[14]

造成男女之间这种“愉悦差异”的原因有很多，一个最重要的原因是出于无知或女方的羞耻而未能刺激阴蒂。然而，男性的行为也起着至关重要的作用。奥地利医生威廉·斯特克尔（Wilhelm Stekel）在《性冷淡的女人》（*La Femme frigide*，1937）一书中举出了部分例子，以说明女人如何因丈夫的粗暴对待而受到精神刺激——有的甚至自新婚之夜起——从此丧失了获得性愉悦的能力。直至 21 世纪第二个十年，摩洛哥女人还在抱怨丈夫的自私，她们说：“就像我根本不存在一样”；“从未有男人教过我如何爱抚自己，或让我了解自己的身体”；“对大多数男人而言，女人不过就是个供他自慰的阴道”；没有交流，没有爱抚，“太多女人在做爱时觉得在遭受强奸”。[15] 讲求效能的文化，连同物化女性的父权观，也许可以解释部分男人对女性需求的无知与漠视。但性本该是一个可以在一生中不断学习和交流的领域。

在数千年的历史长河里，女人的性一直被男性规则束缚着。如今，男人的性应该在考虑女性需求的基础上被重新定义了。这不仅仅是去嘲笑男性的自吹自擂，例如自称拥有如马拉松般持久的阴茎，或明明在床上不行却非要打肿脸充胖子。更重要的是，应该对男孩及男人进行性教育，让他们不再将色情片当作“教材”，习得大量的错误信息。粗暴本身并不是问题，粗暴只有在违背他人意愿的时候才构成问题。要知道，温柔、抚摸和笑容也都是性关系里相当重要的组成部分。

大部分国家都为初中生开设了性教育课程，但这些课程关注的更多是生殖问题以及性传染病的防治，而非关于性实践的礼仪。性不仅是一项实践，也是一种社会联结。因此，谈谈欲望、性同意、愉悦权以及拒绝权，是大有裨益的。真正的性教育必须涉及对高潮问题的探讨，包括阴蒂的构造及手淫的相关事项。每个人都应得到尊重，这意味着我们必须承认性的多样性，如若不然，大批量的人将会被简化为侮辱性标签，譬如“淫荡的女人”“狡媚雌猫”“鸡奸者”等等。

在阿拉伯世界，性教育遭到家长和老师的强烈抵制，教育机构对这一问题同样遮遮掩掩，这使得“男孩被鼓励彰显男子气概，女孩被要求保持贞洁和忠诚”的双重标准十分盛行。由于穆罕默迪亚学者协会（Rabita Mohammadia des Oulémas）的争取，情况在摩洛哥发生了改变。同样，得益于蒙塔达协会（l’association Muntada）的努力，性教育在以色列的阿拉伯学校也取得了一定的进展。[16]赫巴·科特布（Heba Kotb）在2006年发起的、名为《大讨论》（*La Grande Conversation*）的节目是植根于穆斯林性学传统的。在节目中，科特布提到，夫妻间的大量问题都是因丈夫的自私和彼此间缺乏沟通，这导致了许多阴道痉挛的病例。尽管赫巴·科特布的态度依然非常温和（她建议妻子好好侍候丈夫，以免丈夫去外面找女人），但她建议女人伸张自己的“性权利”，且认为这完全符合伊斯兰教教义。[17]身体教育是一种实现性别正义的方式，因为承认女人的性权利可以打破男人对高潮的垄断。

作为首批揭示这一问题的作家之一，波伏娃在其《第二性》

中明确表示，女人的高潮并不依赖于交媾，是所谓的“正常”性交将女人摆在了“依赖男人”的位置上。异性恋的性脚本是以插入及随后而来的射精为中心建构的。这一过于令男性受益的流程，解释了为何如此多的统计数据都反映了高潮在性别方面的差异。事实上，女人完全可以在没有阴茎的情况下获得强烈的高潮。在美国，一项调研表明，86% 的女同性恋者在同性性行为中可获得高潮，而这个比例在异性性交中仅占 65%。[18] 对女人的高潮而言，男人并非毫无用处，只不过男人不该将自己的欲望置于中心，而是应该努力实现两性之间的“高潮平等”。说到底，一场“公道”的异性性行为本就应包含以手淫、抚摸或口交等方式对阴蒂进行刺激。

崇尚平等的性爱能够打开各种各样的做爱脚本。男性权力不仅由插入的欲望来定义，同时也由拒绝被人插入的意志来定义。男性权力的施展需要以女性身体的敞开和男性身体的闭合（即男性身体的不可侵犯性）为前提。然而，男性是能够以去阳具化的方式来享受愉悦的——这并非指男人应“像男同性恋一样被鸡奸”（这是困扰大男子主义者的噩梦），而是指男人可以“像女人一样被插入”（就算为了体验，为何不试试扮演异性性交中的女性角色呢）。即便交媾是重要的，交媾本身也并不具备内在的崇高性。其余的实践、姿势都可使性爱变得更加丰富。可以尝试去交换或共享角色，因为性别的流动不仅发生在卧室之外，也可发生于卧室之内。既温柔又富有男子气概，既和蔼又充满默契，既欲求他人又被他人欲求，只要对女性的性敞开大门，插入中的异性恋男人也可以变成一位“女同性恋男人”。[19]

在性爱平等之后，就要谈及性自由了。女性权利还涉及她们的外表——妆容、发型、着装，这与她们的性同等重要。女人有权选择取悦自己、获得高潮或过上没有男人的生活，对此，男人不应强迫女人做任何事情。在性别层面，男性并没有凌驾于女性之上的权威。基于同样的原因，堕胎也不是男人的专属管辖范围。尽管女性的自由包括了她选择怀孕或拒绝生育的权利，但堕胎还是在诸多国家被全面禁止（即使是在因强奸怀孕或胎儿威胁孕妇生命的情况下），比如萨尔瓦多、洪都拉斯、尼加拉瓜和海地。2017 年，特朗普总统禁止美国为支持堕胎的非政府组织提供财政支持。在波兰，堕胎权也深受威胁，事实上，自 1993 年开始，堕胎法提供的保护就已经一减再减。

父权制只给男人提供了非常有限的情感选择——他们对发挥功用的女性予以尊重，对不洁的女性投以蔑视。该是男人去摆脱这一精神贫瘠的时候了。一个世纪又一个世纪，男性强加给女性一种自我仇恨，这种仇恨甚至影响到了西蒙娜·德·波伏娃。对她而言，阴道是个“隐蔽、让人苦恼、充满黏液且潮湿的器官；它月月都在流血，有时还排出其他分泌物，有着自己隐秘且危险的生活”。[20] 若从这点出发，我们便可更好地理解，为何从 20 世纪 60 年代开始，朱迪·芝加哥（Judy Chicago）、瓦莉·艾丝波特（Valie Export）、保拉·丹尼尔（Paola Daniele）和梅尔·鲍桑（Maël Baussand）等艺术家会积极颂扬经血。她们不仅以此来拒绝月经羞耻，更要表达属于女性的骄傲——一种作为女性的全方位的骄傲。

在这一点上，同其他方面一样，男人无须去“帮”女人获得自由。但他们可以去抵制与身体有关的厌女文化，即摒弃相关的神话或迷信。女人必须停止盲信月经禁忌，而作为儿子、兄弟、丈夫或父亲的男人也应如此。在瑞典，有一个供儿童观看的视频，视频中月经棉条被做成会跳舞的国王和海盗的样子。视频中的故事由 23 岁的年轻人亚历克斯·赫尔曼松（Alex Hermansson）讲述，他一边唱歌一边用吉他伴奏。对此，赫尔曼松解释道："我们必须有能力公开谈论这件世界上最正常不过的事，因为月经涉及世上整整一半的人类。"[21] 月经虽属个人隐私，但也是日常生活的一部分。男人们必须学会谈论它——不是用尴尬或讽刺的口吻，而是以单纯的心态，还有适合于当时情境的同理心。毕竟，忍受肚子痛或头疼的并非他们，而是与其朝夕相处的女人们。

性骚扰的祸患

我们必须将性骚扰这一触犯刑法的行为拿出来单独讨论。性骚扰被定义为一种侮辱意愿，或被定义为（按照 2002 年 9 月 23 日欧洲议会和理事会的说法）借创造敌视或损害他人名誉的氛围以"攻击他人尊严"之行为。法国法律对后一定义持保留意见，因为法国法律认为"攻击他人尊严"的定义未能抓住性骚扰问题的重点，在一定程度上模糊了性骚扰与其余罪行的区别。此外还需要注意，法国法律的确禁止任何带有性别歧视或猥亵意味的言行，但处罚并不是立刻发生的，只有当这些行为不断重复时，它们才会在司法层面构成犯罪。[22]

在工作领域，性骚扰可以采取多种形式：有直接骚扰——在关系中对对方进行违背其意愿的性化（对对方的衣着评头论足，不断邀请对方吃饭，给对方发色情照片，勒索或要挟对方与自己发生性关系），也有间接骚扰——营造一种性别歧视的氛围（开具有厌女色彩的玩笑，公开张贴半裸的、身材火辣的女模照片，在商业活动中让女人列队欢迎，在国外出差时去红灯区玩）。从本质上来看，这些行为都带有侮辱女性的色彩，但为其开脱的理由却数不胜数："这只是为了好玩""这可以增强团队凝聚力""这么做又不会死人""女人就是缺乏幽默感"等等。

有权力可以行使的地方就必然存在性骚扰。在法国，五分之一的女性在工作场合遭受过性骚扰，而在揭发性骚扰的女性中，40%会因此受到打击报复。仅18%的公司采取了防治性骚扰的措施，但根据劳动法，这应是所有公司的强制义务。就刑事处罚而言，94%的性骚扰被告最终都未被判刑。[23] 就医疗机构而言，9%的女实习医生受到过身体接触方面的性骚扰，61%的女实习医生忍受着日常的性别歧视；在手术室内，由于外科医生的权力很大及缺少目击者，女性受到性骚扰的风险尤其高。性骚扰可以发生在实习期间或之外，有时就干脆来自自己的顶头上司，且这些骚扰普遍不会被认为是个问题。[24] 2016年，也就是韦恩斯坦事件的前一年，电视节目主持人格雷琴·卡尔森（Gretchen Carlson）发起了对福克斯新闻频道董事长兼总经理的诉讼，随后又有多位女性参与其中。福克斯新闻的确是父权制旗下的"文化机构"之一，它遵循的价值观包括女节目主持人必须穿紧身裙、必须具备明显的女性气质、必须反对堕胎法等。[25]

在公共场所，性骚扰的方式包括持续对女性的外表评头论足，缠着女性索要电话号码，侮辱女性，尾随女性。此类侵略性行为既能反映作为支配者的男性的炫耀型男性气质，又能反映作为被支配者的男性的抗议型男性气质。因此，它与社会阶级无关。在阿拉伯世界，居高不下的失业率和对前途的迷茫致使年轻男性更晚地迈入成年生活。在埃及，绝大部分单身男性都与父母住在一起，这种缺乏隐私空间的状况与该国（尤其是开罗）的性骚扰泛滥和性侵犯频发不无关系。性骚扰的泛滥反映了男性的失望沮丧、游手好闲和厌女思想，同时也反映出政治压迫使得男人只能“向内”发泄不满的社会现实。在阿尔及尔，年轻的“赫梯斯”（hittiste，字面上的意思是“靠在墙上的人”）用一些动物化的词汇称呼女人，比如“小羚羊”“猫”“母猪”或“黄蜂”，以此来将惹人生厌的自我粉饰成征服女人的英雄。对此，女人们只好加快脚步低头走过，持续忍受着被当成猎物或可供消费的物品的处境。[26]

各类机构也鲜少提醒女学生、女实习生、女同事、女清洁工及女领导她们随时都可能遭受性骚扰的事实。同样，（企业里、大学中或政界的）有权势的男人或（大街上）无权无势的男人几乎全都对性侵犯问题毫不敏感。对他们而言，最简单的处理手段，就是保护白人女性不受来自第三世界男人的骚扰。在下面这份指南摘录中，我们将看到这一点的具体体现。

写给西方女游客用以避免性骚扰的建议（2019）[27]

穿宽松的衣服，遮住双肩和双膝（避免穿透视的服装！）。

告诉别人您的丈夫就在路的尽头等您。

——《背包客：摩洛哥篇》

首要的注意事项就是避免去人多的地方。

您的衣着最好能够尽量“遮盖”身体。态度应保持冷淡，不要让人觉得容易亲近。不要行表达友好的贴面礼，不要有亲近的举动，不要盯着别人看。请始终与人保持距离。

为了能够安心旅行，最好不要让自己引人注意。这是要则！请不要在意那些街上遇到的试图调戏的口哨声、色眯眯的眼神或带有挑逗意味的言语。

如遇麻烦，尽量高声求助，让人看到正在发生的事。

——《背包客：埃及篇》

避免穿短裙、低领口的T恤衫或紧身裤。另一方面，太阳镜对保持与他人的距离大有帮助。

告诉别人您已婚，且您的丈夫正在旅馆等您。

——《背包客：北印度篇》

不要回应盯您的目光。墨镜、手机、书、平板电脑或耳机都有助于拉远您与他人的距离。

与男性同伴一同旅行能够更好地避免纠缠。尽量不要在火车站逗留，不要在夜晚去火车站。注意倾听周围陌生人的谈话。保持沉默对远离骚扰十分有效。一些女性会通过戴戒指或在对话中提及，使他人获知自己已婚或已经订婚（无论事实是否如此，您都可以这么做）。

在公共场合应尽量显得自信；避免让人觉得您在找路（因为这会让您显得脆弱无助）；避免在街上看地图，最好在旅店或餐馆里看。

不要穿无袖上衣、短裤、迷你裙和一切紧身或透视的服装。

——《孤独星球：南印度和喀拉拉邦篇》

根除性侵犯

对部分男人而言，侵犯他人只是其性欲的延伸或其男性气质的表达；但对另一些男性而言，侵犯是令人无法忍受的越轨行径。无论持有哪种态度，我们都可以从个人层面以及人类整体的层面上，去对抗那些施加在我们的性和性别上的预设。因此，认为所有男人都“从本质上”是强奸犯，或谴责所有男人都被“强奸文化”洗了脑是错误的（也是不公正的）。

正如斯蒂芬·平克（Steven Pinker）所展示的那样，暴力行径——尤其是对女性的暴力——自18世纪便开始走向衰落。这得益于权利革命、人道主义的发展、国家权力与刑法的强化以及全球范围内战争平息的趋势。警察、司法人员和社会工作者都越来越多地考虑到暴力受害者。在美国，强奸的年平均发生率在1973年至2008年间降低了80%，伴侣间的暴力（一般施暴者都是男性）也自20世纪90年代起减少了三分之二。我们在英国和威尔士地区也观察到同样的趋势。相反，若国家权力走向衰落——比如战争期间，女性则会在日常生活中承受着极高的身体暴力与强奸风险。[28]

在21世纪初期，针对女性的强奸问题十分严重。犯罪型男性气质在所有国家都是存在的，即便在法国或日本这样的民主发达国家也是如此。但是，这一问题在某些地区尤为严重，它会以性别灭绝、女性割礼及贩卖人口的方式出现。即便父权思想本身并不会直接导致暴力，女人一旦拒绝服务男人，父权思想就会立即为男性的暴行开脱。基于这个原因，女性主义的蓬勃发展和女性出任要职都能帮助修正此类男性文化。当然，我们不能把所有的赌注都下到教育、信息或增强大众敏感性之上。

厌女还必须经由立法来抗争。

在反对性别暴力的层面，拉丁美洲和中国都取得了显著进步。危地马拉（自 2008 年开始）、智利、阿根廷、墨西哥和秘鲁已将“杀女”指控纳入了刑法。家暴和婚内强奸也在司法层面得到了明确定义，且能够被立案审判。三十多个国家加入了 1994 年签署的关于针对女性暴力的《贝伦杜帕拉公约》。21 世纪第二个十年末期，阿根廷将预防和根除针对女性暴力的目标纳入了国家计划。在巴西，与男性暴力做斗争成了国家级优先目标。巴西政府在2006年出台了《玛丽亚·达·佩尼亚法》（Loi Maria da Penha），开设了紧急求助热线电话，努力提升社会对性暴力的敏感性，开展实施帮助受害者的项目，并在 2015 年承认了“杀女”这一社会现象。非政府组织普罗穆杜（Promundo）也立足自身开展工作。他们试图与男性一起建立一种新的男性行为模式，以促进男性履行父职，减少针对女性和孩子的暴力。

1995 年，第四次世界妇女大会在中国召开。此后，中国又在 2016 年开始施行《反家庭暴力法》，要求警察、公司、医院和社会工作者必须干预家暴。多个省级政府签发了鼓励警察对施暴丈夫出具书面警告的行政令。中法在 2014 年建立了“高级别人文交流机制”，合作领域中也包括了女性权利。尽管还有很多有待提高的地方，但这些都意味着政府是意识到了问题的。

新技术也越来越多地被用于抵制性暴力。用来处理紧急情况的除了免费热线电话，还有其他救助方式，例如：在地铁和校园内设置紧急报警装置，在出租车和公共汽车上安装报警按钮，开发手机直连警局的应用程序（2017 年，法国大约有 500 部手机被安装了名为“重大危险”的应用程序，这是按照法庭的决定强制安装的）。网络的发展将这些保护工具普及化了。得益于全球定位系统，南非的手机应用“纳摩拉”（Namola）使得受害者能够立即得到附近警员的帮助。在埃及，名为“骚扰地图”（HarassMap）的交互软件可以将性侵高发的地段标示出来。

社交网络虽有时会变成厌女情绪的宣泄处，但也可成为维护女性权益的有力工具，就像 2017 年 MeToo 运动展现的那样。性侵施暴者或许能逃脱法律的制裁，但国际组织及各国政府对社交网络自发的伸张正义能力也相当敏感，因为后者有能力通过批判、抵制和嘲弄这些组织及政府来对其发起集体性反抗。

男性暴力远未消亡，但这些暴力会因各国及国际的公共舆论而遭到越来越多的抵制，从而越来越多地被国家所镇压。数量庞大的女性参与到了这场战斗中，一些男性也是如此。在这些男性中，有法学家、议员、警察、法官、程序开发者、艺术家和知识分子，他们都致力于根除诱发强奸和谋杀的厌女观念。部分父亲、兄弟和丈夫也参与到了伸张女性权利的队伍中。还有些陌生人会在看到性别暴力发生时见义勇为或立即报警。一种男性的存在对抗着另一种男性的存在——若要与男性性别的病态做斗争，男人可以有一千种方式。

欲望既是本能的产物，也是思想的产物，因此，性从来就不是“纯粹的”本能冲动。从现在开始，我们应有能力发明新的性引诱方式，杜绝暴力，做到不含任何蔑视地吸引女性，创造出不含摧毁欲望的新性欲，即后韦恩斯坦世界中一种让人更加幸福的性。

14

平等的男性气质

巴黎，凯旋门。从戴高乐广场出发，您可以任意选择（呈放射性的道路中的）一条道路：维克多·雨果大街、福煦大街、卡诺大街、麦马汉大街、奥什大街、马尔梭大街、克勒贝尔大街。也就是说，您可以选择的街道名属于一位男作家、两位元帅和四位将军。在凯旋门上刻有大约三十场法国获胜的战役的名字，从瓦尔密战役到德累斯顿战役；凯旋门下则是无名烈士墓。

我们城市的墙体皆被睾酮覆盖。在巴黎，一半的街道都以男性的名字命名；仅有不到5%的街道以女性的名字命名。无论街道、纪念物还是雕塑，皆在彰显男性国家领导人、男性战士、男性法学家、男性宗教人士、男科学家和男性文人的壮举。在世界各地，城市都显示出男性统治的特征。

追求城市中的平等，不在于单纯的忏悔或给已存在的东西拆台，而在于坚持不懈地反思，保持对性别失衡的敏锐觉察。自然，我们应塑造新的女性典范，但也需翻新那些习以为常的事物。我们需要反思男女是否皆可平等地使用市政设施，平等地享有权力、获取金钱和享受空闲时间。这并非要否认男女的生理差别，而是在正视差异的基础上做出新的安排，使得生理差异不会带来任何社会意义上的不平等。就这个层面来说，性别正义不但要保证女性的权利，还要实现平等的两性关系，达成一种有质量的社会联结。这一社会联结可根据两个标准来评估：物质财富是否被公平分配（一个人做了什么，又获得了什么），象征性价值是否被公平分配（性别的一方如何对待另一方）。无论城市中还是伴侣关系内，平等的男性气质是以男性知晓如何**平等地与女性一起生活**为前提的。

作为公民的市民

两性平等不但对高质量的民主生活是必需的，也与言论自由和社会保障息息相关。就这点而言，必须承认的是，直至21世纪初期，男性依然未能完成他们的公民角色。

最容易被忽视的一个话题是公共空间的分配问题。父权体系用极其简单且粗暴的方式处理了这一问题：男主外（街上、集市、咖啡馆），女主内（厨房、女性专属区域、闺阁）。城市就是这样一个由男人设计，且为了男人而设计的地方。女人没有任何理由不待在家中，因为没有丈夫或监护人的陪伴就出门会给女人带来风险。不过，这种对女人的区隔很难随时随地做到，因此便出现了一些允许女人在外活动的特例：女人可以去市场买菜，可以相互串门，可以参加节日聚会。这种处理办法在沙特阿拉伯已被全面制度化：既然女人无法终其一生被幽闭在家，那就让她们待在出入都被监视的纯粹的女性空间里——女子学校、女人餐厅、女性公园、商业中心的女性地带等。

民主无法建立在性别隔离的基础之上，我们必须找到即便男女混合也可保证性别安全的方法。通过20世纪70年代兴起的各种运动——费城的“夺回深夜”（Take Back the Night）运动，利兹的“重拾黑夜”（Reclaim the Night）运动——以及延伸至当下的游行活动，“夜晚女性主义”谴责了性别歧视在空间和时间上对女性施加的限制。2014 年，里尔的一场展览表现了女性个体与集体对于相关暴力的各种反抗。[1]性别正义要求男性务必尊重以下权利：无人陪伴的女性也有权随时造访公共空间，无论白天还是黑夜，并确定自己可以不受滋扰或纠缠。最后这点十分关键，因为这不但意味着要打击一切性侵犯和性骚扰，还意味着女性可以不再惧怕遭受攻击，无须让自己保持低调，无须时刻警惕或准备逃跑，无须自我限制，也无须苦想自卫的方式。对女性而言，**随时随地都可能被人骚扰**，这种可能性本身就促成了她地位的脆弱性。于是，自我隐形就成了一种自保方式。要终结这样的忧虑，意味着每个人的心里都应时刻紧绷一根关于物理和空间方面的道德之弦，即男人不能阻碍女人去她想去的任何地方。正如我们讨论过的，浪漫的邂逅——即使是在一见钟情中——与假设自己拥有“骚扰对方的自由”完全是两回事情。

由于城市中的女性权利未能得到尊重，一些地方不得不额外创建专供女性使用的安全区域，尤其是在公共交通内部。里约、墨西哥城、东京和大阪的地铁都在白天和夜晚的特定时段设有专门的女性车厢。在英国、埃及和印度，还出现了由女性司机驾驶、只接送女性乘客的“粉红出租车”。在多伦多，梅特拉克组织（organisme Metrac）自 1989 年开始提供“女性安全审计”，以帮助地方政府降低公共场所（广场、公园、街道、交通工具、停车场、学校和大学校园）的性侵害风险。

男性可以帮助城市成为一个更加性别包容的地方。他们首先可以在政治层面上采取措施，这个层面一直都相当男性化。2006 年起草的《欧洲地方生活中男女平等宪章》旨在让两性在决策层面被平等地代表，将性别视角融入所有公共设施的设计和使用中。12 年过去，超过 1500 个地方当局签署了这项条款，其中 274 个在法国。在德国，自 1949 年的民主德国和 20 世纪 80 年代的德意志联邦共和国开始，大多数城市都设有“妇女代表”（Frauenbeauftragten）及专门促进两性平等的工作组，在不少大学和公司也是如此。一个全国性质的、致力于女性市政服务的协会（BAG），充当了联邦政策和地方自发行为之间的重要纽带。

性别主流化意味着在市政政策的各个层面都讲求两性平等，无论预算、公开招标、项目征集还是城市基础建设的计划。20 世纪末起，奥地利的维也纳就开始反思这一问题，其市政府专门做了一项调查，以考察为何在公园和游乐场中，男孩数量远多于女孩。作为两个试点公园，市政府在隐士公园（Einsiedler-Park）和圣约翰公园（Sankt-Johann-Park，即现在的布鲁诺·克赖斯基公园）中应用了这项调查的结果，在公园中设置了男女皆可使用的运动器具、有顶棚的舞台和覆盖了如茵绿草的小山丘。另外，幼儿园也将游乐区设置得更具开放性，打破了过去一边“娃娃角”，一边“汽车角”的性别区隔状况；老师会教男孩更换尿布，教女孩搭建摩天大楼。休闲运动场也被打造成可进行多种娱乐的场地，不限于踢足球，像排球、羽毛球这样的运动现在也可以开展了。公共照明设备也经过了平等化设计，因为良好的照明对改善街道和小巷的治安是有帮助的。[2]

在世界的其他地方，大部分游乐场所或体育场地的设计都是适应男孩的娱乐活动的。事实上，一些市镇当局暗中以这种方式设计设施，希望降低男孩们因无聊而犯下轻罪的风险，减少频发的夏季暴力行为。按照这种思路，集体空间自然变成了男性的空间，女孩只得另寻他处或干脆待在家里。在操场上，分界线划出了足球场及篮球场的范围，于是，中心空间被男孩占据，女孩只得在角落里、墙边或长凳旁活动。一方“肆无忌惮地占据空间”，另一方却在努力“为自己找个位置”，而对于只能待在“墙角”的事实，除了接受，女孩们并无他法。[3]

部分市镇想努力改变这一空间上的性别失衡。在瑞典的马尔默，“玫瑰红毯娱乐区”（Rosens Röda Matta）就是专门为营造性别混合空间而打造的。在法国的蒙德马桑，佩鲁阿（Peyrouat）小学从2011年开始实施了一项计划，目的是通过各种方式（舞蹈、戏剧、唱歌、合作游戏）创造出一种性别平等和互相尊重的文化环境。特拉普（Trappes）和雷恩（Rennes）也正在实施一些相似的计划。

正是那些受到女性主义思想鼓舞的女性让上述进步成为可能，男人在其中的参与度依旧不高，提出类似计划的男性更是少之又少。然而，城市、公共空间和公共设施的设计本身正是表达平等男性气质的优良场所。这些蓝图掌握在市政官员手上，也掌握在城市规划者和建筑师的手中。一旦男人愿意担负起他们的责任，我们就可通过各种唤起尊重的项目去教导男孩，他们既不是城市的所有者，也不是各大街区的看守人。

以不带性别歧视的方式思考

从20世纪70年代起，女性主义者就在与语言中的性别偏见做斗争。在美国，教师教育全国委员会（National Council for

Teacher Education）制定了一套指南，指导教师们如何“使用不带性别歧视的语言”，这套指导材料后来被大学和出版社陆续采用。在魁北克，对等级、头衔和职称进行女性化的反思始于20世纪70年代。在法国，仅仅十年之后，1984年，教育部长伊薇特·鲁迪（Yvette Roudy）就成立了一个词汇学委员会，由伯努瓦特·格鲁担任会长。尽管语言领域的保守主义倾向相当严重，但像“主任”“律师”“法官”“老师”这样的词还是获得了它们的阴性形式。随后，“女作家”“女办公室主任”一类的词也逐步变得常见。

在英语国家，为了与男性中心主义的世界观做斗争，人们建议将教材中的商人一词从businessman改为business executive，将销售员一词从salesman改为salesperson，将消防员从fireman改为fire fighter，将乘务员由stewardess改为flight attendant。我们也可以用指示女性的词缀–woman代替职业名称里普遍存在的男性后缀–man，如policewoman（女警察）、chairwoman（女主席）、tenniswoman（女网球运动员）等。这样就把女性与体现权威、能力及成功的词汇连接在了一起。在德国，为了让护士这个职业与女性脱钩，人们用Krankenpflegerin（“病人的女性治疗者”）替换了原有的Krankenschwester（字面意思为“病人的姐妹”），且对应地还存在Krankenpfleger（“病人的男性治疗者”）一词。

将阳性用作事物类别的普遍称谓会让人觉得主体本该是位男性，从而觉得提及女性并无必要。当约翰·罗尔斯在其著作《正义论》（*A Theory of Justice*，1971）中阐述公平时，使用的就是“rational men”（理性人，写法上却是“理性的男人”）这类阳性泛指词汇，且在指某个人时依然使用男性人称代词来指代，例如“his place in society, his class position”（他在社会中的地位，他的阶级地位）。在各个场合都注意用两性代词可避免这种偏差，如法语里的 elle/il（她 / 他），英文中的 her/his（她的 / 他的）。在机构层面，比如在进行职位描述时，这种表述的好处是消除了对男性的潜在偏好，比如可以写成“这个职位向拥有博士文凭的一位男 / 女教师［un(e) enseignant(e)］开放。被聘用者需要……”[①]。芬兰语中有 hän 一词，属于不分性别的单数第三人称代词。仿照此例，20 世纪末，其他一些没有性别标记的代词（即所谓的“通性词”）也被创造了出来，如瑞典语里的 hen 和英语里在单数情况下使用的 they。在西班牙，一些左翼党派开始用阴性复数来指代所有公民，比如 2019 年改名为“Unidas Podemos”的“团结一致”选举联盟。

“包容性写作”（écriture inclusive）同样追求男女平等这一所有民主社会的基本目标。然而，是否具备包容性，还取决于人们书写的内容。在米歇尔·维勒贝克（Michel Houellebecq）的《基本粒子》（*Les Particules élémentaires*）一书中，作者在写到主人公正在“女研究员的阴道里射精”时，专门将原本阳性形式的“研究员”一词加上了阴性后缀，以满足他将女性简化为一个向男人敞开的性器官的厌女恶趣味——1968 年五月风暴后，这一点遭到了女性解放运动的批判。这说明，若包容性写作和通性词等工具未能与整个智力活动中引入性别正义的努力配套，那么这些工具就有失去意义的风险，且极有可能沦为政治正确的避风港。

仅仅督促女孩去学理科，或去致力于平衡天体物理学和计

---

① 而不是像习惯上写成“这个职位向拥有博士文凭的一位教师（un enseignant）开放。被聘用者需要……”。

算机这类女性鲜少的学科院系的性别比，是远远不够的。我们还必须鼓励男性积极根除“男性中心主义错觉”[4]，这种错觉会让他们觉得自己的观点就代表了全人类。要做到这点，不但需要在研讨会里实现性别比平衡，而且必须颠覆性地树立新的分析方式，使看待事物的视角融入所有的人类经验，而这些不同的经验既是必要的，又是彼此平等的。

比较无知学（agnotologie）是一门研究如何制造无知的科学学科。其研究结果表明，无知通常有社会原因，比如白人男性对女性、对非洲人、对美洲原住民或亚洲人抱有的轻蔑态度就属于这种情况。这种被称为“无声化”（silencing）的现象，解释了为何几百年来人们对阴蒂的功能不闻不问，也解释了为何玛丽·西比拉·梅里安（Marie Sibylla Merian）早在 1705 年就发现了可促成流产的植物金凤花（*Caesalpinia pulcherrima*），但这一知识却因生育道德而被欧洲的学者认为是无用的。[5]在医药领域，将女性纳入诊断案例可使男性生理不再垄断诊断，如在对心肌梗死的前兆判断上。从 21 世纪第二个十年开始，欧盟和美国国立卫生研究院都专门拨款以支持医学领域将性 / 别视角纳入研究，并鼓励更多女性参与到研究中。

同其他学科一样，历史学也是一门被男性垄断的学科，女性长期遭历史学忽视，被研究的人物仅限某些皇后或国王的情人。得益于像利奥波德·拉库尔（Léopold Lacour）和莱昂·阿邦苏尔（Léon Abensour）这样的先驱者——他们是首批研究女性主义的历史学家，分别著有《当代女性主义的起源》（*Les Origines du féminisme contemporain*，1900）及《女性主义通史》（*Histoire générale du féminisme*，1921），历史学的视野得以扩展。在法兰西公学院，雅克·弗拉赫（Jacques Flach，他有三个女儿）在

1897 年基于法律文档和文学著作，开设了关于女性社会处境的课程，而后在 1909 年的授课中将“人民主权和妇女的政治选举权”联系了起来。

在此基础上，还要提及一些其他先驱者的工作：高群逸枝于第二次世界大战前夕出版的《妇女史》第一卷；格尔达·勒纳 1963 年在威斯康星大学举办的关于妇女史的学术研讨会；米歇尔·佩罗在 1973 年开设的名为“女人是否有历史?”的课程；以及同年出版的，希拉·罗博瑟姆（Sheila Rowbotham）讲述三百年来英国妇女被压迫史的《隐藏在历史背后》（*Hidden From History*）。1979 年，法国妇女解放运动和红色女同组织（Gouines rouges）的前成员玛丽-乔·邦内（Marie-Jo Bonnet）在巴黎进行了博士论文答辩，其论文题目为“16—18 世纪女人间的爱恋关系”。由此，女人终于开始自身成为研究对象。女性主义并非仅仅等同于诉求和行动，它也代表着用另一种方式看待世界的意愿。

不幸的是，这样的历史学革命尚未改变男人的看法。在欧洲和美洲，几乎所有涉及性别问题的人文社科类书籍都是由女性研究者撰写的。男性不参与的原因多种多样，要么是自觉没有能力，要么是更愿遵循学院派传统，除此之外，还有对作为“他者”的女性群体发自内心的毫不在乎。毕竟男人所热衷的，是伟大男性所创造的大历史；所痴迷的，是战争、征服、新发现与革命——如此多的光荣壮举都是由“我们男人”做出的。不得不说，拿破仑、林肯、丘吉尔的权力王座，与占据大学校园的男性学者的权威是同根同源的。

为了逃离学院之父权制作风，我们可以禁止大学里执行职位和荣誉职位的叠加授予，可以在选稿和编辑委员会中强制实行性别配额制，可以将性别视角纳入研究员的研究方法论中，还可以敦促开展女性历史的研究项目。当然，仅仅将某些“女性伟人”塞进海量“男性伟人”中来撰写历史的做法是远远不够的，因为事件史从本质上就对男性更加有利。必须从书写方法上剔除男性的“自大”，而这意味着必须以研究人员的多学科视角替代对某个小领域的高度专门化研究，用敢于怀疑的反思精神替代满口肯定语气的客观主义，用融入了立场论的观点替代上帝语气的论调（后者也是抽象层面上以男性名义说话的另一种形式）。

学院风气倾向于约定俗成的研究对象和不成文的规矩。重“科学性”而轻“文学性”，规避试验，坚持研究者的学术立场以及这些立场所赋予的权威话语，这些都是一个机构化男性、某领域专家、只为男性说话的历史学家的典型特征。相反，当我们笔下的调研报告是建立在多个“我”之上的时候，是通过跨越各种断层来达成的时候，是对一切情感敞开——而这些情感有助于我们理解他人、努力创造新的形式——的时候，我们就在建立性别平等。由此，我们便能真正**实现历史学和社会科学的“去男性化”进程**。

企业的管理工作

在20世纪期间，就女性问题而言，各大公司在政策实行上已从保障政策（给女性放产假、减少工作日、禁止夜班）迈入了平等政策（女性担任领导岗位、优惠性的差别待遇）。与从事体力劳动的女工相比，这一变化更有利于第三产业中的技术工人。那些与男性具备相同学历的女性，现在也有可能担任同样的管理岗位了。两个领域由此取得了明显进步：一是那些十分女性化的行业，例如文化和出版行业，它们的工作环境总体较好（横向模式）；二是大型公司，这些地方虽竞争气氛相对浓烈，但也努力促使女性进入高级管理层（纵向模式）。不同公司采取的措施不尽相同，部分自发地采取了有利女性的措施，但大多数公司不过是因为社会的变迁而随大流。

在法国，视听行业的实际情况显示了各大公司的暧昧态度。总体而言，女性高层在媒体企业中占比极低。无论是新闻报业女老板，还是女电台主管、女首席新闻编辑、女首席记者、女专家评论员，都是极其罕见的。21 世纪头二十年间的广播和电视节目中，女性说话时长不到总时长的三分之一，这一比例在节目的高峰收看时段甚至更低。[6]视听世界的这种性别歧视泛滥，像“Ligue du LOL”这样的脸书组群不过只是其中一例。

但进步总归是存在的。1981 年，米歇尔·科塔（Michèle Cotta）被任命为法国广播电台台长，而后成了视听媒体最高委员会的会长，接着在 1987 年出任法国电视一台的新闻总监，1999 年又担任了法国电视二台的首席执行官。又比如，克莱尔·查扎尔（Claire Chazal）是一位毕业于巴黎高等商学院（HEC）的经济学专家。她自 1991 年到 2015 年都在法国电视一台做周五晚间及周末的电视新闻报道，差不多有 25 年之久。21 世纪第二个十年末期，记者中女性占比 36%，在法国电视集团的所有高级职位中，有 44% 被女性占据。根据法国电视集团的公司章程，集团在努力发展男女混合的文化，促进女性事业发展，保证同工同酬，让员工更容易做到职业生活和私人生活之间的平衡。尽管男性不太倾向于维护传媒界男女平等，但他们最终还是承认了女性的才能以及从业资格。1981 年，米歇尔·科塔的任命是由密特朗总统同意、皮埃尔·莫鲁瓦（Pierre Mauroy）总理发出的。而在克莱尔·查扎尔被聘用时，管理电视一台的是两位男性。

21 世纪第二个十年期间，日本首相安倍晋三开始推行一项有利于女性的经济政策。要知道，日本在《性别差距报告》中仅排第 111 位，男人因受益于充斥着性别歧视的公司文化而牢牢把控着公司管理的要职，数目众多的女性忍受着因为有可能怀孕而被强加的道德困境（matahara）。尽管日本在 1997 年出台了关于工作领域中性别平等的法律，但性别歧视依旧十分普遍。安倍晋三的抱负是改良这一公司文化，使得女性能够进入管理岗位，并享受灵活的工作时间。此一“女性经济学”的结果好坏参半：女性就业率从 2012 年开始提升，但公司高层中依然有 96% 是男性，四分之三的公司没有女性担任管理职位。2017 年，日本甚至在性别差距排名中后退至第 114 名。[7]

同样，在公司内部，的确也存在参与推动性别平等的男性，尽管他们不会在公开场合发表任何女性主义的言论。达能集团、法国兴业银行（Société générale）、可口可乐公司和任仕达公司（Randstad）都采取了偏向女性雇员的一系列措施。威瑞森通信公司（Verizon）的董事长兼总经理洛厄尔·麦克亚当（Lowell McAdam）以及法国国营铁路公司（SNCF）总裁纪尧姆·佩皮（Guillaume Pepy）都曾大力赞扬公司的多样化，同时强调与性骚扰做斗争的重要性。领英创始人里德·霍夫曼（Reid Hoffman）揭发了弥漫在硅谷各大公司中的厌女氛围；为整顿工作环境，他进一步提出企业家和投资方都须发布一份“行为端正宣言”。

当然，我们不能将全部希望寄托在有权有势的男性身上。

毕竟相比之下，法律的能力更大，能更好地与不同的男性病态做斗争，无论是歧视、性骚扰，还是独占控制权。在法国，2011 年通过了《科佩－齐默尔曼法》（Loi Copé-Zimmermann），该法案强制要求公司董事会和监事会中女性占比不低于 40%（由此，就巴黎最大的 120 家公司而言，女性比例于 21 世纪第二个十年末期升至 44%）。在冰岛，多于 25 个雇员的公司被要求必须在 2022 年之前实现同工同酬。此外，利用税收刺激政策来鼓励公司帮助雇员——无论男女——去平衡他们的职业和家庭生活，也不失为一种明智的做法。

在市场经济里，存在部分立法者们无法触及的领域。我们期待企业中的女性主义以及渐渐崛起的女性力量能够有利于实现整体利益的完善，比如各级领导岗位由男女共同分享。我们距离这个理想还相当遥远，这便是为何我们必须制订一项针对掌权男性（团队负责人、经理、董事、主席等）的工作计划，以使企业不再是一个父权空间。该计划建立在三个有力的理念上：

——使男性对性别刻板印象敏感起来；

——使管理部门成为平等的榜样；

——建立性别配额制，将其作为加速企业转变的手段。

促进企业男女平等指示书

唤醒意识

提与性别平等相关的问题：

——在管理层中，白人男性的比例有多大？秉承基督教文化（*）的人比例又有多大？有多少人是异性恋者？有多少人已为人父？

——有多少管理层人员的妻子比他们的工作时间少？他们配偶间的相处模式符合性别等级互补模式（男人挣来大部分的钱，女人照顾孩子并做些副业）吗？

——有多少管理层人员在工作时间外工作，甚至发展到“住在”办公室里？在工厂管理者中，有多少是从早上七点就开始工作的？在总部的管理人员中，又有多少工作至晚上九点？

——除市场部、公关部和人力资源部以外，其他部门中，是否有女性担任管理者？

培训

增强男性对大男子主义的敏感度，帮助他们解读自己的行为：

——会议中是否总霸占话筒；

——是否会打断女性说话；

——在女性面前是否总要展现出攻击性或优越感；

——是否有“视女性不存在”症候群（不介绍女同事、不与女同事说话、将女同事当花瓶）。

组织所有雇员参加一系列培训，学习有关男性支配、性别刻板印象及日常性别歧视的内容。

促进公司管理文化的变化，使其朝礼貌、善意、尊重和注意聆听的方向发展。

工作方式

为家有低龄儿童的父亲和母亲提供更加灵活的上班

时间。

禁止在早九点前和晚六点后开会。

同样允许男性远程办公。

尽量平分男女在会议中的发言时间。多多鼓励女性及说话较少的男性发言。

给更照顾男性兴趣的公司娱乐项目（喝酒、打高尔夫、看名模走秀）找一些替代方案。

事业和薪资

在执行委员会和管理委员会中强制实行男女混合制，争取在上层做好表率，将良好的行为模式由上至下推广开来。

在职位交接方面，应注意避免总令男性接替管理岗位。

鼓励女性递交升职申请。在候选人名单中设置最低需招聘的女性数目。

根据管理者在男女平等方面的工作成就来评估他们。

在人力资源部门的帮助下，指出承担相同职责的员工薪酬不平等的情况。在领导层及整个公司内部实施有利于实现同工同酬的措施。

让女性在产假后更易重拾自己的事业。

强制男性休日常假及陪产假。给他们提供非全职岗位。

零容忍政策

提高人力资源部、社会经济委员会[①]及各项目组中对

① Comité social et économique，该委员会主要关注公司内部的社会和经济对话，能够加强工会职责，促进工会行使责任。——编者注

性骚扰问题的敏感度。

提供可以保证受害者匿名性的违法行为举报渠道。

在出现怀疑或谣言时进行细致周到的调查。

与相关的其他协会结成合作关系，以便在解决问题时得到外部协助。

即便一个人为公司带来金钱收益，只要他对人施行了骚扰，就必须被开除。

（*）这条适合印度、日本等国家。

男女混搭的领导团队

直到现在，企业依然是被支配性男性气质独霸的地盘。这里充斥着攻击性、竞争性、控制金钱的欲望以及为公司献出一切的精神。为了挤进男人的世界，部分女人不得不以男性化的方式行事。奥杜资本（Audur Capital）是一家冰岛的金融服务公司，其创始人之一深信华尔街和伦敦金融城弥漫的睾酮文化会带来灾难，因此想把她称之为“女性价值观”的特性引入业界，即坚持告诉客户真相、绝不忘记人性、将金钱利益与社会原则以及对环保的需求相结合。[8]这一方式是可取的，但是它有一个缺点，就是巩固了公司内部现有的性别刻板印象。美国的一项研究表明，在管理领域内，人们倾向于认为男人是“管理他人”的，女人是“关怀他人”的。男人被假定更善于解决问题，更擅长影响他人，更懂得授权及委托的艺术；女人则更擅长辅助、支持、咨询、启发、鼓励和动员等相关工作。[9]

商界为女性提供的选择范围非常有限：女性要么采取“男

性化”行为方式（强硬、富有竞争性），要么采取“女性化”行为方式（注重他人的内心感受、富有同情心）。女性被迫在“强势”和“柔软”之间二选一，这一可悲的情况再加上男女遵循的职业发展学习轨迹不同，会使公司对领导职位的分配呈现高度的性别化——女性更多被困在人力资源部或公关部一类的部门中，她们更难成为实验室或工厂的领导者，且通常在技术行业、业务部门和物流组织部门中数量极少。法国电力公司（EDF）希望在这一点上做出改变，因为在2018年，其执行委员会中仅有两位女性（即女性占比低于15%）。2010年至2015年，法国核电站中的女性人数从13%增长至17%。因为在高层中只有23%是女性，所以集团决定将运营管理岗位中的女性数目升至三分之一。[10]

在世界各地，有大概十几个社会组织在帮助女性建立自己的创业项目。“技术女孩”（Girls in Tech）是2007年在旧金山成立的一家协会，业务遍及各大洲，它支持数字和新技术领域中的女性企业家。在二十多年里，法国也建立了相似的行业网络，从“天使商业女性”（Femmes Business Angels，2003）到“女性@数字”（Femmes@numérique，2018），这些组织都致力于资助女性创业，扶持女性开展创新项目。其他一些互助团体鼓励工业领域的女性创业，如法国电信、IBM、斯伦贝谢（Schlumberger）和通用电气医疗领导层推动下的，成立于2001年的协会“她们之间”（InterElles）。自2010年以来，达能的女性管理层员工共同发起的“夏娃计划”（programme EVE）在埃维昂（Évian）组织了一次公司间研讨会，目的是建立一个有能力为公司带来改变的“女性领导团队”。“法国国营铁路公司女性网络”（SNCF au Féminin）是法国领先的公司网络，拥有超过 6500 名会员。这个协会的目的是促进女性职业发展，改变集团内部的管理文化。

这些商业俱乐部同样向男性开放，只是加入的男性并不多，因此会议和培训工作几乎全在女性间进行。总体上来说，针对女性的培训主要讨论两个方面的话题：如何使用个人资源（知道如何维护自己、突出自己的技能、扩展自己的网络），以及如何促进集体工作（动员团队、发掘他人的潜力、学会与顾客协商）。不过，正如一所管理咨询公司的董事长兼总经理苏珊·科兰图诺（Susan Colantuono）所说，还应该有第三个方面，即“没有被提到的那 33%”，这对获得管理团队中的高层职位至关重要。这就是财务能力以及对公司战略的了解。为女性提供的辅导课程缺乏的正是这一方面——不是因为她们没有能力挣钱，而是因为她们被认为缺乏生意头脑。[11]

一面建议女人自信起来，一面却持续帮男人促成生意，这种做法是不公正的。一个战略技术培训可由担任领导职责的男性主讲，也可令担任同样职位的女性主持。真正能够教会女性与男性同台竞争的指导将为女性打开更多岗位的大门，打破在管理、财政、技术或物流组织岗位上一直以来的男性垄断。因此，问题并不是女性缺乏野心，而是人们对女性不抱期望。就被平等评估能力和被平等动员鼓励的角度看，女性在事业前进的道路上不断经受各种歧视。例如，一位领导对于是否提拔一个 35 岁的年轻女性管理人员会产生犹豫，因为他担心她会怀孕，会去休产假。另外还有一个问题，即“男孩俱乐部”现象：男性之间会私下开带有性别歧视的玩笑，组织喝酒聚会，从而将女性排除在权力圈子外。真是可鄙的性别身份和有毒的串通。

女性网络的姐妹情谊是有效的，除非这种情谊也带有性别刻板印象。与其逼迫女性去竞争与其“能力”相匹配的职位，我们不如去打破既有的程式——男人即公司，男人即生意，男人即创新，即创业，即权威。与其神化女性领导者，不如实践具有包容性的两性混合领导方式，让权力不再独属于男性。女性有能力带领团队、成为榜样、建设未来，她们也可以和其他人一样担任领导者。[12]

“多元因素”

早在21世纪第二个十年初期就已存在多项研究，表明“女性”价值观同公司绩效之间存在正相关。董事会和高级管理层中有女性，对公司积极承担社会和环境责任大有裨益，因为女性通常会更注意减少碳排放、保护生物多样性以及促进发展中国家人力资本之发展的问题。[13] 在美国、英国和印度，公司高层里有女性会增加公司的盈利能力和革新潜力——这一现实甚至受到投资人的密切关注。[14] 然而，这并不令人惊奇，因为将女性排除在外本就使男性避开了他们理应面对的竞争者中的一半。全世界公司的执行委员会里年龄或大或小、能力或强或弱的男性，他们的位置真的来自他们的事业成就吗？他们之间是否存在男人间的默契？有没有参与结构性排斥女性的共谋？

尽管如此，女性带来的收益上升依旧难以被量化。“女性因素”发挥的积极作用很可能小于“多元因素”，后者指的是在执行委员会中，不但应使得女性占有一席之地，还应该使年轻人、少数族裔、非主流文化代表者及并非名牌大学出身的其他学历拥有者等占据一席之地。女性的参与是基督教文化中富裕白人男性之支配统治的一剂良药，但她们并不是唯一的良药。

企业女性主义还存在另一个盲点，即它忽视了女工人、女秘书、女收银员、女售货员、女清洁工以及受教育程度较低的女性的工作状况。这些女性的奋斗目标并非打破职场天花板，而仅仅是想要少点辛苦，多点工钱。在美国，2016 年时，大老板的收入是基层雇员（包含几百万女性）的 347 倍。在欧洲的所有职场女性中，高达五分之一的女性领取的仅为最低工资，9% 生活贫困。在法国，63% 的低学历工作由女性担任，高于四分之一的单亲母亲——约 100 万人——即便有工作也依然贫困。[15]

女性主义也在这个层次上发挥着作用。性别正义可经由“机会平等”来定义——女人也可以雄心勃勃。脸书的首席运营官谢丽尔·桑德伯格（Sheryl Sandberg）在她的畅销书《向前一步》（*Lean In*，2013）中，捍卫的就是这样的女性主义观点。从这个角度看，尽管还有很多事情要做，但政府当局同公司企业一样，整体而言都对性别问题具备了一定的认识。然而，性别正义还可以通过“地位平等”来定义，这指的是减少两性之间在社会地位上的差异。[16]

在这一方面，除了沉默还是沉默。鲜有企业章程对低学历女性抱有兴趣，无论是考量提高她们的工资、减少她们的工作时长，还是为她们提供更兼顾家庭需要的工作安排、为她们组织专门的培训。大集团或大公司对自己在女性主义方面成就的赞词中，似乎并不涵盖女性工人。一位“女高管”，和任意一位男高管一样，也从不会与那位每天帮她倒垃圾的、与临工公司签订合同的女清洁工相遇，因为后者每天凌晨就已开始工作，接着会消失一整天，等到太阳落山后再回来继续打扫。2017 年 10 月到 2018 年 2 月期间，在负责巴黎附近克利希拉加雷讷市（Clichy-la-Garenne）一家酒店清洁工作的公司中，女员工实施了罢工，她们要求改善工作条件，解决管理层骚扰女员工的问题。这些移民女工不仅独自生活，且住在距工作地点颇远的地方，她们签着每天工作数小时的兼职合同，忍受着地狱般的工作节奏，因为她们是按打扫的房间数付工资的。

家内的男人

自 1986 年引入育儿津贴一直到 2005 年博卢计划（plan Borloo）的实施，法国政府持续支持着家政服务类工作，这类工作的从业人员在 21 世纪第二个十年末期约有 120 万人（其中 96% 为女性）。欧盟多个国家采取了同一种政策。这符合 2000 年《里斯本条约》制定的战略：家政服务工作向低学历女性提供工作机会，同时提高了高学历女性的生产力。这个带有女性主义论调的政策使得低端、低薪和缺少保障的岗位激增，直接引发了有利于富裕阶层人士的“补贴出来的女性贫困”。[17]

新型女仆被那些口口声声讲求性别平等的精英们创造出来，并为其服务。那些位于自己所操纵公司的权力链条顶端的女精英们，究竟是女性全面解放的典范，还是通过外包家务劳动而与新型父权制合谋的人？将两层异化分开讨论似乎更为准确：一个是低学历女性为富裕阶层服务，另一个是高学历女性为她的家庭服务。事实上，后者的事业建立在将家务与母职劳动打发给一支由保姆和女清洁工组成的劳务大军这件事上。这种做法减轻了高学历富裕女性的体力负担，但增加了她们的精神负担。家务劳动、照看孩子和日常管理这些事务的安排呈现出家务上的性别不平等，展现了男性离拥有平等的男性气质还有多么遥远。

存在一种观念，即认为所有问题都出在女人身上——她们的要求太严格了，她们太婆婆妈妈了，以至于无法放手。在《向前一步》里，谢丽尔·桑德伯格认为男人应更多地掌握“家中权力”，女人应停止扮演“母职守门人”角色。由此，桑德伯格给出了一系列建议，号召女人避免沦为操心一应家庭事务的总管家。这些建议有：应懂得如何把家务交出去，懂得鼓励他人去做；不再试图掌控一切；对于刚刚学会做饭或熨衣服的丈夫要宽容——就算“做得不好”，那又怎样呢。

除此之外，还有另外一种说法：若女人遇到一个会完成部分家务的老公，那她就是“幸运的”，因为这种男人比起什么都不做的男人（或比起那些打老婆、深夜醉酒回家的男人等），真的是优秀太多了。这种最低限度的参与总是被男人们高估，它实际上依据的是一种“感恩经济”的逻辑，即，从原则上来看，丈夫无须做任何事情，而他一旦做了，妻子就该对他的进步鼓掌欢呼。我们已经看到，正是父权环形系统的力量在确保男男

男性对分担家务的态度

男人的说法	论据与理由	夫妇间的折中
“我才不做呢，这不是我该做的事。”	权力	父权环形系统
“你还有什么不满意的？我比我伙计 / 我爸做得多多了。”	比较	“超级妈妈” 谴责 / 怨恨
“告诉我我该干什么。”	努力	分配 / 商量
“我们雇一个家政女工吧。”	金钱	家务外包
“家务我们对半分，这才是该有的样子。”	平等	均等模式
“你有你的事业，所以我全包了。”	奉献	母权环形系统

女女们老老实实地坚守在各自的位置上。毋庸置疑，成千上万的夫妇可以在传统模式中平静地生活，但是我们依然应当承认，性别正义与个人幸福是密切相关的。

许多标准可协助评估夫妇间经过折中而达成的家务分配模式是否符合道德。女性是否自愿选择了这一生活？她感到满足吗？她是否觉得自己总在奉献？她给她的孩子们（不管是女孩还是男孩）树立了什么样的榜样？她是否有离开的自由，正如《玩偶之家》的娜拉一样？总的来说，究竟是女人会爱上更少做家务的男人，还是说即便这个男人做家务更少，女人也依旧爱他？总之，男性在家务劳动一事上是有诸多选择的。

不平等的夫妇模式建立在和其他哺乳动物一样的"要挟"基础上。其他哺乳动物中的雄性可以自由地抛弃雌性，它们知道雌性会照顾自己的后代，因为雌性对后代的投入比雄性多得多。在家务这一问题上，人类女性也让步了。由于伴侣的惰性，她最终还是担负起了那些无法转嫁的家务劳动：填满冰箱、为孩子买衣服、预约儿科医生等。

其实，男性可进行一项其过去从未考虑过的革新：结合家庭的需要做事。换句话说，去分担、计划和预见，遵守平等与自由的理念，将性别正义带入家庭。为使平等的男性气质快速降临，我们可以选择相信时间，寄希望于新一代男性总会比老一代为家庭花费更多的心思。实际上，自 20 世纪末以来，我们已在诸多国家 —— 不仅仅局限于北美和西欧 —— 观察到了这一显著的变化。

在越南，与父母共同生活的夫妻数量越来越少，丈夫由此（部分）承担了过去由奶奶负担的家务。在富有的家庭里，孩子一出生就雇用一个保姆兼清洁工是稀松平常之事。这些女工通常来自农村，生活贫苦，就同雇用她的年轻夫妇住在一起。在墨西哥，照顾孩子是平民阶层展现其男性气质的方式之一，一些男性会毫不迟疑地抱着或背着孩子上街。工薪阶层的女性虽同其他地方一样，也负担着家里家外的双重工作，但年轻男性却普遍认为他们比父辈承担了更多家务。做饭和分担部分家务的行为使得大量男性觉得自己实现了“去男性化”。[18] 因此，我们可以相信社会习俗的演变及男性的善意，但更谨慎的做法，依旧是通过公共政策去鼓励男人做出改变。

在诸多国家，法律都诠释了婚姻之精神及婚姻的目的。在法国，《民法典》第 212 条及其后续条款提出了配偶间应互相尊重、保持忠诚、互助、为孩子的利益着想，并“按照各自的能力”承担家务。如果立法者能在这些原则的基础上再加上平等价值观就更合适了，平等价值观必须用来指导日常生活的组织形式，比如添上“配偶双方承诺平等分担物质、精神和教育方面的家庭劳动”。正如我们所知，在市政厅的结婚仪式上读出这样的条款会给它们增添一份庄严感。

福利国家推崇两种类型的家庭模式。一个是所谓的“普遍支持家庭”模式，即女性同男性一样进入职场，除了怀孕生育和亲子情感交流这类无法委托出去的活动外，所有家务事都能转移到市场上。此体系虽能保证两性平等，但女性必须转换到男性的生活方式，这变相巩固了社会上的男性中心主义。第二种模式被称作“关怀补偿”模式，即通过一定的措施对居家履行母职的人进行补助（如产假、生育津贴、半工、允许灵活安排工作时间）。这个系统消除了男女家庭生活成本的差异，但未能改变传统的性别分工方式，且对将女性留在家中的观点起到了推波助澜的作用。

正因如此，南茜·弗雷泽才提出了第三种模式——“人人关怀”模式，其中包括将女性现有的生活方式推行至所有人。目前，女人像男人一样工作，但男人却不像女人那样操劳家务或照顾孩子。这一新模式有多种好处：它重新赋予了照料类工作以价值，消除了男性中心主义，并为所有人提供了某种在事业、家庭及娱乐间更加平衡的模式，让无论男女都能与孩子和老人更加亲近，让公民社会成为互相关怀的优良场所。[19] 作为20世纪期间集体劳动的延伸，这种新型国家女性主义将有可能阻止那种在爱情与亲情中散播不正义的机制。

一个社会可以为自己设定平等分配两性任务、让两性拥有相同象征性价值的目标，这样男人就可以毫不羞耻地宣布自己的“家中权力”，而女人则可以毫不费力地拥有“家外权力”。所有角色都值得尊敬，尤其是照料孩子及老人；将某个性别限制在一种职能中会使双方都受到贬低。

“新型父亲”

人们对父亲应履行的看护和照料责任已经讨论得够多了。父亲的职责并非仅仅与孩子有关。至于男性在女性妊娠期及产后表现出的照料与支持态度，我们可以称之为“妊娠期男性气质”，这种男性气质可以涉及母职的方方面面，如体貌变化、身体疲惫感、心理疲倦感以及哺乳带来的各种不便。

然而，父亲的投入与付出所反映的，更多地是他的政治选择，而非心理需要。在制度层面，激励父亲从孩子出生起就承担起责任的措施是存在的，即陪产假和育儿假。在冰岛，母亲和父亲各享有3个月的假期，且在此基础上，他们还可以两人总共再休 3 个月，休假期间收入为正常工资的 80%。在瑞典，自 1974 年开始，育儿假就将父亲包含在内。带薪休假天数的上限随着政策的实行日益增加，直至 21 世纪第二个十年末期，育儿假已高达 480 天，其中 60 天专门留给父亲。休假时的补贴也达到了父母原工资的 80%，每月最高可达 3000 欧元。父亲还有权在孩子出生时休传统陪产假，并在孩子生病时带薪休假（最高可允许每年为每个孩子休 60 天的照料假）。

在挪威，分配给父亲的育儿假于 1993 年开始实行。时至今日，这一假期的时长已高达 15 周，且在休假期间发放全额工资。在此基础上，还有大约 20 多个星期是可与母亲一起协商分配的育儿假。自 2007 年开始，男性的育儿假配额变得更加灵活，父亲可将其分为几个独立的时间段，也可将其转化为半工的形式，直到孩子 3 岁为止。这一改革不但能增加父亲对孩子成长的参与程度，还能让他们明白母亲所付出的大量辛劳。休假期间，他们不但需要照顾孩子，还需承担各种家务及准备伙食的工作。[20]但是，这一改革是否从长远的角度上切实减轻了女性的家务负担及管理家事的精神重负，这一点还有待观察。

2009 年，葡萄牙实行了一项颇有创意的新措施：父亲可享受 4 周带薪假期（其中 2 周属于强制休假），且父亲可在母亲重返工作岗位后，将自己的假期进一步延长至数月。如果父亲能休满 4 周，政府将为这对夫妇发放 30 个工作日的薪水补贴。同挪威父亲一样，葡萄牙的父亲们体验了让其大开眼界的育儿生活。例如有父亲说道："这真是让人难以忍受的一个月。从早到晚照顾婴儿，真是累死人了。"另一个父亲则发现了所有母亲早已知晓的事情："你的注意力会完全放在婴儿身上，你做不了任何其他事情。"[21]在西班牙，从 2018 年开始，父母皆有权在孩子出生后休假 16 周，此休假权不可转让，且按 100% 的薪水发放补贴。这项法令是由“团结一致”选举联盟领导人巴勃罗·伊格莱西亚斯（Pablo Iglesias）呼吁推广的；在投票结束及法案通过后，他还向为反对职场歧视作出贡献的女性及协会表达了敬意。

在其他国家，相关规定可就没这么慷慨了。在欧洲，不少国家只为父亲提供 1～2 周的陪产假；父亲有权选择长达几个月的育儿假，但政府提供的补贴相当微薄。在美国，无论母亲还是父亲都无法享受带薪产假 / 陪产假。会有一些针对因不稳定伴侣关系或非婚生子而陷入“脆弱处境”的父亲的社会政策；在此基础上，政策强调的是父亲的责任和应有的付出，这点在非裔美国人社区中尤被强调。所以说，北欧国家的政策以刺激父亲更多投入到家庭生活为目的，而美国则希望父亲履行其挣钱的义务。与强调“照料”的父职观相反，这种强调“金钱”的父职观未能动摇传统的性别分工。[22]

尽管有这些政府举措，与新生儿相关的休假实施起来依然很难做到性别平等。在德国，四分之三育儿假的享受者为女性。在 2009 年的瑞典，母亲占到了休育儿假人数的 77%；尽管有 60 天的强制休假，父亲休育儿假的天数依然不到可休假总天数的四分之一。一项针对 27000 名新生儿的研究表明，陪产假天数的增加对改善家庭分工的作用十分有限，父亲在照顾生病孩子上花费的时间并不会更多。[23]

刺激父亲休育儿假或延长育儿假的措施也是存在的。在瑞典，社保机构会给父亲寄信，告诉他们还有多少天育儿假可以休。除了主动提供信息外，政府还会散发宣传手册，提醒公众休假对父亲和孩子都有好处。在丹麦，国家、工会和大公司在

2017 年共同发起、支持了一项全国运动，其口号是："像个男人一样去休假!" 同年，在法国，40 位名人签署了一项倡议，呼吁强制实行 6 个星期的陪产假（目前只有 11 天）。

陪产假的作用是巨大的，它并非仅仅能为我们提供一张年轻父亲鼻子对着鼻子、向婴儿微笑的照片。事实上，它在推动男性拥有平等男性气质的方面扮演了至关重要的角色。因为比起年轻夫妇开始住到一起，第一个孩子的出生才是性别"自然"分工真正开始运行的时刻，即，从此时起，性别不平等开始全面运作，毕竟女性在生育后会与工作和事业暂时脱节。因此，以性别平等的名义，我们需要实施强制的、不能让与他人的、具备良好补贴水平（至少达到日常工资的 80%）的陪产假，假期长度需要设计到 3 个月甚至更长。我们还可以像欧盟建议的那样建立一种配额制度，为父母双方留出长达数月的假期；以及若夫妇可平等育儿，就予以假期天数翻倍的奖励。

勇敢强壮的女孩和秉持女性主义的男孩

为实现性别平等，我们十分有必要去反思"孩子年幼时，母亲的角色比父亲更加重要"这种观点。我们完全可以在不过度夸大母职象征意义的情况下宣传母乳喂养。一旦将婴幼儿说成更需要母亲而非父亲，我们就不得不重新回到男人养家糊口、女人发挥女性功用的模式当中。

基于同样的原因，离婚也不应破坏孩子与双亲间稳定的联系。或许有一天，我们能用冷静的方式重新回顾 20 世纪最后四分之一时间里法国离婚父亲的生活，当时的制度规定他们只能每隔两周和孩子共度一个周末，只能在孩子假期的一半时间里陪伴他们。2012 年，孩子与母亲同住是父母分居或离婚家庭最经常采取的形式；此外，如果父母间有意见分歧，那么在三分之二的情况下，法官会将孩子判予母亲。若父亲申请与母亲轮流抚养孩子，而母亲申请单独抚养，那么在四分之三的情况下，法官都会满足母亲的要求。[24]

在世界范围内，轮流抚养子女都应该成为一项默认规定，它应被写进法律里，让人们反思母亲的无处不在以及父亲的漠不关心。当父母意见出现冲突时，孩子的抚养权可以交给最愿意分享的人，即最愿意尽量通融，让对方的亲权得到伸张的一方。同样，应禁止获得抚养权的家长搬迁至遥远的地区或国外，除非这一搬迁得到了另一方的同意。除非存在严重的问题，否则法律有责任避免在冲突型离婚中，一方家长被排除在孩子的生活圈以外。

根据孩子成长时期的不同，父亲可采取不同的行为模式：权威的、严格的、温柔的等。在《墓中回忆录》（*Mémoires d'outre-tombe*）中，夏多布里昂（Chateaubriand）回忆道，他的父亲（生于 1718 年）是一个冷漠且无法接近的人，对睡前亲吻孩子这类事情毫无兴趣。在严父形象维持了几百年后的当下，欧洲社会和美国社会都开始倾向于默契、温柔且富有幽默感的父子关系。然而，人们不太重视父亲在性别平等教育方面的作用。这最应该始于言传身教。分担家务的父亲会给孩子传递积极的信号。

从性别正义的角度看，怎样的父亲才是好父亲呢？怎样将父职从父权制度的控制中解脱出来？如果说一些女性对自己缺乏自信，不断因为需要强装而感到困扰，这完全是因为我们从一出生就剥夺了她们的自信。而对其自信的建立，父母发挥着重大作用。一个父亲完全可以将女儿像公主又像战士一样养大，他可以让她们学会如何对抗病态的男性气质，教她们永远不要怀疑自己，因为她们是聪明的、勇敢的、强壮的、值得尊敬的。一个女孩可以当众讲话，也可以去冒险，展现强势，可以对抗侵犯她的人，可以勇于挑战，可以担任权威职务，可以实现所有的野心和梦想。她必须目光远大——这就是父亲（母亲也一样）能传递给女儿的“女力崛起”之信念。

带儿子看球固然惬意，但也不要忘了告诉儿子：男孩并非必须刚强，必须迷恋暴力，必须不苟言笑、坚忍或固守异性恋。男孩也有喜欢洋娃娃、跳舞、阅读、哭泣、表达感情、乐于照顾他人、全心全意爱人、拥有女性朋友的权利；也有义务学会让自己看问题的角度多样化，明白在触碰他人身体前，应先征得对方同意，明白女性在作为女人之前，首先是人。如果父亲不知如何为孩子灌输平等思想，他们也可以先读读安东尼·布朗（Anthony Browne）的名作《朱家故事》（*Piggybook*，1986）。这本书讲述了一位被自己的丈夫和两个儿子当作用人的母亲的故事。突然有一天，她消失了——于是这三个大男子主义者直接变成了三头猪。

男性至上主义不仅通过羞辱女性来体现，还在我们教育孩子的方式中体现出来。将男孩按照未来家庭暴君的模式来培养，相当于阻止了他在新的社会拥有一席之地，相当于从一开始，他就被迫成了一个无法适应社会的人。女性主义教育不会让男孩变成“娘炮”，只会让他们成为值得信任和令人尊重的同伴——成为正义的男人。

图20 想骑自行车的小女孩。在《为骑行而生》（*Born to Ride*，2019）这本书里，作者凯尔西·加里蒂-莱利（Kelsey Garrity-Riley）和拉丽莎·特勒（Larissa Theule）讲述了一个出生在19世纪末的小女孩的故事。尽管面对偏见和重重困难，小女孩依然决定学习骑自行车。在她学习期间，她的母亲——一名社会活动者——在为女性投票权而努力奋斗着。

15

打破父权制

维护女性权利、与性别不平等做斗争、实现性别均等、打破父权环形系统：这些任务并非完全等价。女性主义可以为自身19世纪以来取得的成就感到骄傲。因为女性主义，我们的国家拥有了真正的民主。再后来，女性具有了挑战男性垄断的能力，并在许多国家中进入了权力领域。

正如我们所知，前面的道路依然漫长。我们无法在不打倒父权文化，也就是不质疑男性作为优越性的标准和普遍性的尺度的情况下，实现平等。支配性男性气质部分源于生物现象[即弗兰斯·德瓦尔（Frans de Waal）所说的“我们体内的猿猴属性”]，还有一部分则源于几千年来社会制度的建构。因此，父权制不会因为一张取缔法令或一场大型示威游行自行消失；但它可以被抑制，可以被去合法性，可以被动摇，可以成为一列因骚乱而脱轨的火车。至于男性，这一性别也可以被重新定义，变得符合女性解放的要求——这也能够解放男性。基于此，我们可以开始设想性别正义的概念了。

在20世纪，女性在曾经支配她们的社会中开始逐步获得权利。然而，若想进一步动摇父权制度，还需要男性的参与。用加强男性性别权威的方法摆脱男性危机，这种做法是错误的。

相反，我们要做的是丰富男性的内涵，不断将其复杂化，同时边缘化男子气概、耽于特权的男性气质及有毒的男性气质。既然女性主义需要男性，那么将男人当成陪衬物、敌人或榜样就都不恰当。我们须摆脱三种困局：第一，唯女性的浪漫主义观点；第二，关于男性共谋的阴谋论；第三，均等主义的目的论。

努力实现一种包容的女性主义

卡罗尔·吉利根在著作《不同的声音》（*Une voix différente*，1982）中，试图从性别差异的角度重新思考道德。亚里士多德、康德、罗尔斯和科尔伯格的哲学提倡一种建立在普遍性原则和法律规则上的抽象道德，这类思想的局限性，在于无法囊括女性的生活经验和看问题的视角。与之相反，女性的经验和视角实践的是一种与日常生活息息相关的“关怀伦理”，她们重视个人的付出及对他人的尊重。如果说男性伦理呈现出契约性和法制化的特征，那么女性伦理就是关系性和理解性的。通过关注他人的脆弱，“关怀”为正义赋予了意义；而与此相反的不偏不倚则助长了对世界的冷漠。女性道德带给他人以关怀，这正是被康德式绝对真理和正义所拒斥的东西。

众多研究表明，雌性灵长类动物具有的同情心与共情力——帮助、安慰、分享、表情交流——同她们在扮演母亲角色时受到的进化压力有关，因为她们必须时刻关注幼子的需求。[1] 幸运的是，人类并不会受制于自己的生物性或性别。我们很容易给吉利根这样反历史、反社会学的理论找到反例。在 18 世纪和 20 世纪，女政治家知道如何发动战争，女企业家并不会更加利他——只是神父和教廷说她们利他而已。也有女性为其他女人施行割礼或者组织卖淫，不少女人也是自私的、暴力的、毫无宽容之心的或充满种族主义思想的。但这些都不是重点。

重点在于，若关怀他人真的是一项女性特征，如果女性的道德（更不用说她们的心理）让她们去关注人与人的关系，那么她们根本用不着走出父权环形系统，因为父权体系要求的，正是让她们去履行女性功用。她们擅长相夫教子和照顾亲人，这便是她们的善之所在。按照这个逻辑，等级化的性别互补体系又将悄然回归。因此，这样的“关怀伦理”较之启蒙运动时期的女性主义是一种倒退，而正是启蒙女性主义让女性成为拥有权利的主体。时至今日，女性更加需要的，是远离家庭关系的束缚，让男人更多地参与家庭事务。这才是南茜·弗雷泽呼吁人人关怀的真实含义。

卡罗尔·吉利根的理论助长了女性天生更加优越的观念。毋庸置疑，社会里的确存在一系列机制在不断说服女性必须聆听他人，必须为他人服务。然而，我们真的有必要将这种有偏颇的社会化转变为一种积极伦理吗？无论如何，培养一位秉承女性主义的男性，总归比培养一位女性父权制同谋要有益得多。

就起源而言，女性主义曾是女人们自己的战斗，女性是不平等的牺牲者，也是性别正义的奠基者。她们往往只能独自战斗，这种情况令人讨厌。就像同反犹主义的斗争并不仅仅是犹太人需要面对的问题一样，女性主义同样需要男性的支援。当斯蒂芬·平克写下“我们从今往后都是女性主义者”[2]这样的句子时，他的目的并非在于篡夺女性先驱者的荣誉，也不在于否认女活动家的贡献；他仅是想提醒大家，争取女性权利同样是民主进程的根本目的。面向所有人的女性主义影响着我们每一个人，无论是女性还是男性。它将成为我们这个时代的道德支柱。

为了让男性对这个议题更加敏感，我们可以邀请他们进行一个非常简单的道德实验："过我的生活"。很多神话和古代戏剧里都有颠倒性别角色的安排，但都是为了丑化"有胡子的女人"，即那些像男人一样发号施令的女人。除此之外，也有一些小说将男性摆在女性的位置上，以便让男人意识到女人的被奴役地位。最早写出这样情节的作家包括中国的李汝珍，他在小说《镜花缘》（1818）中，将读者带到了一个名为"女儿国"的地方，在那里，男人足不出户、裹着小脚、涂脂抹粉，女人则参加科举考试，出任官职。日本女性主义者管野须贺子（Kanno Suga，在 1911 年被处决）曾满腔愤怒地质疑男性。她倒转了"贤妻良母"的社会信条，提出让男人变成"贤夫良父"。[3] 这种逆转角色的教育方法也是联合国妇女署在 21 世纪第二个十年发起的"他为她"（He For She）运动的原则之一。

我们不能对这类针对个人的心理游戏抱太大希望，即使这的确可以让一个人拥有女性主义意识。不过，这种道德寓言也并非全无意义。男人的确可以借此设身处地想想女人的处境——不是像狂欢节上一样去穿花裙子或涂口红，而是去学习"成为少数"。该轮到他们去承受被人无休止地评头论足，轮到他们被人只以性别评价，轮到他们被局限于固定功能上了。他们的会议发言会被无故打断，他们的阴囊会在地铁上被"咸猪手"玩弄，他们晚上会在回家路上被陌生人尾随，他们奋力争取来的哪怕一点点权利也会遭到频频质疑。他们将不得不忍受对他们外表的肆意评论或指手画脚，不得不忍受贬低他们智商的侮辱性玩笑和色情玩笑；人们还总在他们耳朵边喋喋不休，告诫他们不要过于雄心勃勃。让男性也感受下什么是少数群体的生活，或许能够刺激男性“希望过上性别平等生活”的意愿。这比只让他们沉迷在抽象理论里远远旁观更加有效。

做出类似的努力之后，我们才能将男性和女性重新放到彼此尊重的位置上，他们不再是两个相互对峙的少数群体，而是像平等的人类一样相处，皆为期望和追求平衡关系的主体，并将做到平等分享权利和义务。普遍性将不再由男人来代表，而是由性别正义来代表。这就是我们眼中具有包容性质的女性主义——一种为了全部人的女性主义，它与性别战争的逻辑背道而驰。

性别伦理

康德曾发出抽象的疑问："我该怎么做?" 让我们想象男人是性别少数，然后向他们提出这一问题。

为建立符合道德的男性气质，我们需要从吉利根的逻辑出发，继续推进思考。个人-主体的自主性（被定义为一个有能力且具备行动力的成年人的资格）曾心照不宣地被拒绝赋予女人、儿童和非欧洲人。男人秉持的性别歧视使得亚里士多德、卢梭和康德都将女人看作被动的存在，认为女性更多是受到自然本性而非理性的驱使。通过维护父权制婚姻，通过否认女人也是契约的主体，通过将女性看成废话连篇、仅关注平庸琐事的“小女人”（beau sexe），康德将道德意志保留给男人。[4]就这点而言，《道德形而上学的基础》（1785）、《实践理性批判》（1788）和 1789 年夏天在法国投票通过的《人权宣言》异曲同工——我们无从得知这些文本中的“人”究竟泛指人类，还是特指男人。

伊莎贝尔·德·夏里埃（Isabelle de Charrière）在《三个女

人》（*Trois Femmes*，1797）里，揭示了女性面对的一系列道德困境（她们必须在不公平情况下获取财富，必须在个人幸福和公民道德之间做出选择）。夏里埃还指出，女性根本不具备直面和解决问题的司法自主权。当一个人从属于父亲、丈夫或主人时，她能够道德地行动吗？她能够在男性律令的管束下过一种道德的生活吗？通过一系列反问，伊莎贝尔·德·夏里埃指出了一个被康德忽视的问题：道德自主性存在性别化差异。[5]由于这一问题缺乏男性的回应，因此对女性而言，19世纪只存在一种"道德"，即女性气质。关心他人，保持美丽、温柔和善良，所有这些所谓的女性气质都使得女性于道德和公民事务上变得无能——无论是年轻女孩还是家中母亲，都是如此。

那么，让我们将问题颠倒过来：我们能否以性别关系为标准来定义一种男性道德呢？康德曾写道："必须以这样的方式行事，即始终将人类视为目的，而不仅仅是手段。"如将这则格言运用在性别关系上，父权环形系统就会被立即破除，因为父权制的原则，正是将女性钉死在女性功用之上，仅仅将女性"视作手段"。亨利·马里恩在《女性心理学》中承认，女性"可能从未像男性一样被视为'自身就是目的'。绝大多数情况下，从过去到现在，女性都更多被视作单纯的工具"。女性的功能即提供服务。她们要负责繁衍家庭，繁衍民族，繁衍人类。

在"人是目的"这一法则下，女性不会被定义为女性功用。她不再以她的性别、子宫或乳房来"服务"；她是自己的目的，这使得女性成为"不可亵渎的"。因此，从性别正义的角度看，富有道德的做法，是将女性的自由摆在其功能之前，即将女性看作人，而非一种性别。按照这个原则实施的女性主义行为将会是：如果我将女人看作与我平等的存在，那么一旦我发现她处于某种从属地位，我便一定会阻止并改变这种不平等状态。一个公正的男人，是拥有尊重女性权利之男性气质的男人。

康德从未明确揭示过性别关系，因为对他而言，女性并不属于天生具备道德意志的人类。因此，我们有必要明确他道德准则的具体内涵，使得这些准则对全体人类具有真正的普遍意义，从而消除实践理性的模糊性。

很多宗教都建立在互惠伦理的基础上。《利未记》里的神和福音书里的耶稣都说出了同样的话："你要像爱自己一样爱你身边的人。"1793 年的法国宪法宣称信仰至高无上的存在，它要求所有人做到"己所不欲，勿施于人"。我们如果将互惠伦理运用到性别关系中，就会得到需要遵循的第一个准则：**像对待女儿一样对待其他的女性**。

这条准则能促进尊重，让暴力、歧视和性别刻板印象等大多数男性病态得到惩罚。除此之外，它还有利于向男人们展示，支持平等的男性气质对他们同样是有利的（而非仅仅出于道德的需要）。不过，仅仅遵循这一个准则，还无法让我们完全逃脱父权制的掌控，因为有些父亲会强迫女儿出嫁，并为了他们自己性别的利益维持女儿的臣服状态。不公正就这样通过了普遍化后的康德准则的检验。因为他们喜欢女人在任何事情上都处于从属地位，这类雄性即便违背自身利益也要维持支配的特权，且"期望他的信条成为普遍法则"。

因此，使用互惠原则需要相应的防范措施。道德行为要求我们尊重他人的自主性（无论此人是男是女），要求我们承认他人也是人，也有自由且与自己绝对平等。为做到这一点，我们可参考罗尔斯提出的"无知之幕"这一思想实验，该想法也受到了卢梭和康德的启发。我们可以假设，行动原则必须无视作为行动对象的个人的特征（在这里就是性和性别）。这样，我们就得到了第二条准则：**一视同仁地对待女性，就像你不知道她的性别一样**。这条准则要求我们不以性别论女人，而是将她们视为与其他人享有同等权利的人。这条准则有可能可以消除男性行为中源于男性自身利益的那些方面。比如，它可以解决男性献殷勤的问题：作为男人的你，是否会有计划地邀约一个男人去餐馆吃饭？

不过，确切而言，这种不看性别的准则并非适合一切性别关系，比如它就不适用引诱场合，因为异性恋爱情是因性别不同而产生的爱欲吸引。更普遍来说，关系意味着尊重对方的性别身份认同，因为性别身份也属于对方作为人的一部分。为了将对方看成与自己一样的人类，我们必须有能力换位思考，不但考虑到她和别人一样的地方，也考虑到她的特殊性。从这个意义上讲，我们不能完全不把女人当女人。既定的生理性别和建构的社会性别之间存在着结合点，这是我们可以下手改变的地方。这样我们就得到了第三条准则：**在尊重女性性别的前提下，用换位思考的方式去对待她**。这个行动原则能够防止滥用男性权威，同时鼓励男人们加强分享和交流，用更多元素丰富对男性的定义。

说到底，性别正义要求男性遵守**互惠性**、**公正性**、**反身性三条准则**。普遍女性主义建立在性别伦理的基础上，它能够让男性加入女性主义阵营，还能去除唯女性的浪漫主义观点。

性别反叛

根据一位剑桥大学历史教授的说法，女学生遭遇的困难可以归咎于由男性主导的环境——男性的半身像挤满了大学的墙壁，男作者的著作攻占了图书馆，他们的词汇（“brillant”“génie”，即“杰出的”“天才”）承载着性别不平等。[6]除此之外，这类话语还造成了第二种困局：他们将女人说成是脆弱的小东西，必然会被思想的猛禽和性捕食者们环伺。这些牺牲者注定只能过着危机四伏的生活。

任何人都无权谴责激进的女性主义——所有女性主义本身的目的都是善，正是因为她们的激进行动和她们对顺从的抵制，像于贝尔蒂娜·奥克莱尔、秋瑾或埃米琳·潘克赫斯特这样的女性才能够奋起反击男权支配。另一方面，一些女性主义支流却被古老观念的幽灵所侵扰，即阶级斗争论和阴谋论。极左派的本能反应和极右派的幻想共同搭建了一种摩尼教世界观，在她们眼中，世界只有好和坏两种，一个人要么是牺牲者，要么是凶手，女性都受到了男性压迫者的压迫，女斗士对抗着普遍存在的大男子主义，领导人、资本家、医生、法官和警察全是大男子主义的倡导者。阶级敌人已成过去，我们现在面对的是性别敌人，而且他们的权力更难被夺下，因为他们手挽着手、肩并着肩。女性的生活条件并未获得任何改善，一切所谓的变革都是欺骗，为的是掩盖男性支配持续存在的事实。男人皆敌人。

纵观其历史，女性主义的发展带来安全空间和聆听空间。在那里，女性能够免遭父权制迫害，可以分享经验、精诚团结。从 1900 年的国际妇女成就和机构大会（Congrès international des oeuvres et institutions féminines），到 1978 年凯特·米利特创办的女子艺术殖民地农场，还有受虐待妇女的谈话小组，只限女性的单性别参与模式不但反映出女性对保护的需求（保护自己不受暴力、嘲笑和男性窥淫的侵害），还表达了她们对自由的渴望（身体自由、言论自由、创作自由和远离男性凝视）。从21世纪第二个十年开始，健身房、旅行社、节庆空间、合租房，还有混合了工作和居住空间的共同居住项目，都在向期望共度时光的女性开放。

将男人排除在外的生活究竟可推进到何种程度呢？夏洛特·珀金斯·吉尔曼（Charlotte Perkins Gilman）在《她的国》（*Herland*，1915）中设想了一个只由女人组成的社会。即便如此，她依然保留了男女相爱的可能性。同样，莫妮克·维蒂格在20世纪60年代末设想的“女战士”社群也允许男性同伴存在。事实上，问题的关键不在于判定分离主义女性主义是否有理，而在于判断它是否现实可行。答案是否定的。成千上万的女性想与男人共同生活、共同工作，渴望与男伴侣寻欢作乐、生养孩子，但这并不意味着她们是父权制度的支持者。既然我们不能将男人扔进垃圾桶，那么最好的办法就是寻求“共存”。因此，真正的挑战，在于如何在一个公正的社会里实现共同生活，而非建设一个所谓的“女性绿洲”，将女性群体孤立出来。

不过，在开始谴责纯女性参与模式之前，男人应首先在镜子里照照自己。在他们眼中，男性气质由什么构成？如果在民主框架下考察这个问题（而不是在极权主义典型的超人想象中），它就会涉及对男孩的教育和男性社会化问题，涉及我们给予了男孩怎样的成长资源，给予过他们多少特权，又在多大程度上宽恕了他们对权力的滥用。或许在未来的某天，通过使用精确剂量的睾酮、雌激素和催产素，我们可以取消雌性智人和雄性智人间的差异，甚至创造出新的性别；又或者，为了消除夫妻之间的不平等，社会可能更愿意为男性移植子宫，激活他们的乳腺。在等待新纪元到来的过程中，我们能够做的，是朝着两个方向去**政治化男性气质**：其一，是颠覆支配性男性气质；其二，是发展出不同种类的、更加多元的男性气质。

如果一种男性气质逼迫我们必须与支配性、攻击性、暴力、性别歧视、恐同意识形态共舞，那么这样的男性气质就理应被取缔。用来证明女人需要保护的骑士精神已经发霉腐烂。对领袖的个人崇拜意味着男性的寡头政治，甚至是独裁。嘲笑男性威权人物是一件非常有趣的事，他们可以是俨然一副君主做派的国家元首，活跃在媒体上所谓的男性精神领袖，处于食物链顶端的阿尔法雄性，70 岁还因眷恋权位而不愿让贤的董事长兼总经理，还有年轻的硅谷亿万富翁（极客新父权制的象征，梦想着殖民太空）。嘲笑极右翼的拉比、一本正经的主教大人或咆哮的伊玛目是件好事，因为“女性主义离不开笑”。[7]让我们戏仿那些掌权男人最神圣的一面，戏仿他们的权威和所谓的卓尔不群。让我们警惕那些坚持自身社会角色的所谓“主人”。请大家培养能力，拒绝自身的大男子主义、粗暴和低俗。我们必须将性别反叛贯彻到底，必须不再给予性别成规任何尊重。一旦我们成功撕裂支配性男性气质，破茧而出的将是真正的男人，是摆脱了男子气概小游戏的真正人类。

梭罗选择了远离尘世的生活，甘地和马丁·路德·金站出来反对暴力，但他们的柔弱被理解为一种力量。我们可以优先关注那些被社会定义为低级、不合常规或脆弱的男性气质形态。在男性战争中，让我们站在弱者一方吧，站在那些被人唾弃的同性恋一边，站在那些喜欢为女孩跳舞或写诗的高中男孩一边，站在那些无法成功扮演所谓男性角色的男孩一边。“他尝试拥有男子气概，但他就像是一个永远无法融入角色的喜剧演员。[……]男孩们暴力、野蛮、痴迷足球、挥舞电锯，对斗殴兴致盎然。然而，他躲避着他们。”[8]让我们站在弗朗茨·卡夫卡（Franz Kafka）、菲利普·罗斯（Philip Roth）和伍迪·艾伦（Woody Allen）笔下疑神疑鬼却勇于自嘲的神经质男人一边吧。奥芬巴赫（Offenbach）曾通过歌剧嘲笑权力，嘲笑当权者矫揉造作，嘲笑空洞浮华的荣誉，例如《格罗尔施泰因大公夫人》（*La Grande Duchesse de Gerolstein*）中的布姆将军，又或是《美丽的海伦》（*La Belle Hélène*）里的神话英雄。

在以色列建国之前，德系犹太人的文化是允许将男子气概与知识分子、演说家、纤弱男子等形象相连的——它并未与运动员或大男子主义相连。在《圣经》中，强壮的男人最终都会陨落，比如参孙或歌利亚；弱小的男人最后却站了起来，比如无法生育的亚伯拉罕或盲人以撒。在罗马时代，比起争斗，犹太人更倾心哲学家。第一批基督徒也继承了这种自愿选择的孱弱，他们的柔弱将他们与粗暴的罗马人区分开，使他们高于罗马人。这样的态度蕴含着女性主义的潜质。意第绪语文化下的男性以学习为荣。暴力不是他们性格的一部分。他们唯一接受的比武是“敏锐推理”（pilpoul），他们通过这种头脑体操去注释《塔木德》。他们的高贵气质里包含了温柔。隔都里的犹太人是拒绝像其他人那样做男人的男性。[9]

只要男性气质没有揭发自身的权力地位，无法对自己的狂妄自大进行自嘲，它就是不公正的，反叛这种男性定义的男人可放心与此种男性气质决裂。这便是为何我们不但能在男性气质中纳入女性主义，还可在其中纳入女性元素。拥有新型男性气质的男人感情敏锐、热衷聆听，他因温柔而充满性魅力。他们在公序良俗的层面会表现出和平主义，这与菲勒斯中心主义带有的攻击性截然相反。这样的男性气质接纳女性元素，但不是为了支配（就像不明朗型男性气质那样），而是为了让位。

对男性定义的政治化可分为以下几个步骤：

——支持女性开展的所有斗争，不管是出于理性、现实（她们也是我们的母亲、姐妹、妻子或女儿）还是道德（这是民主与人权的要求）原因；

——坚持不懈地与男性病态做斗争；

——将男子气概转化为仅在男人间的社交活动中存在的元素；

——以使男性定义复杂化为目的，拒绝各种规范的暴政；

——嘲笑父权制男性气质；

——培养自身中的女性气质；

——推崇没有支配性、懂得尊重、追求平等的男性气质。

像男人一样蠢？

就当下的社会状况而言，“找性别的麻烦”还不大普遍，违背习俗的代价依然高昂，只有国际巨星才是例外。更何况，并非所有人都想以背叛自身性别的方式去抵抗父权制度。因此，我们有必要首先关注国家女性主义，并将其转化为法律和公共政策。北欧的例子和过去苏联等社会主义国家的历史，都证明了它的有效性。

时至今日，大多数民主国家都在朝着性别平等的方向努力。这是可喜可贺的重大进步，也意味着我们开始与诞生于公元前3000年的埃及和美索不达米亚的父权制国家决裂了。性别正义不允许妥协，它要求男女必须拥有同等权利。这个理想在各个地方都依然远未实现，但全球各地的大量男性和女性都开始将其看作正常的要求。剩下的问题是：我们如何才能实现权利平等？是通过性别配额吗，就是借以实现民主的那种数量上的均等？

在生育方面，绝对的平等既不可能也不可取，因为生育后代并（在大多数情况下会进行）哺乳的都是女性。2018年，英国的一位男员工提起了反歧视诉讼，因为在他的夫妻共享育儿假内，他拿到的补贴比休第2～14个星期产假的女性拿到的少。根据欧洲和英国的法律，上诉法院判定他败诉，理由是产假保护的是怀孕人士的健康和福祉，怀孕人士只是由于生物学原因恰好是女性，而育儿假只是为了方便父母照顾孩子。[14]

平等女性主义并不特别要求女性分担压在男性肩头的重担，例如从军职责、石油平台或建筑工地的重体力活等。我们的确可以抱怨说，法国建筑工人中仅2%是女性。[15]为何不让更多女人提起风镐呢？正如奥兰普·德古热因要求女性权利的公共活动而被送上了断头台，我们可以以性别平等的名义去要求女性分担最繁重、最危险也最令人厌恶的工作，因为这些工作一直都是男性以牺牲健康甚至生命的前提来独自承担的。但我们能察觉出这一推理的荒谬性：性别正义应该是降低工地上或军事行动战区中男性的死亡率，而非提高女性的死亡率。事实上，女性主义并不要求绝对的性别平等，而是要求**改善女性的处境**。

我们是否应该因为某些社会经济上层职业（比如教师、法官）里女性占大多数就发起抗议呢？有越来越多的高学历女性在政府和企业金字塔结构中担任要职，这是好事。但是，一旦她们跨入被视为男性专属的行业，一旦她们需要与男性竞争，就会发现，往往是男性模式占主导地位——在工作上极端投入、激烈竞争、对他人施展权力。自20世纪80年代以来，女性采取了与男性一样的职业行为，这让她们的生活方式变得与男性同样糟糕。不良饮食习惯、久坐不动、压力和成瘾，这些都在导致女性突发心肌梗死日益普遍，所有职业无一幸免，尤其是在日常事务过于繁忙的45～54岁的女性中，她们的住院率每年增加5%。心血管疾病成了女性死亡的首要原因。[16]

在这里，我们再次感受到这种推理的荒谬性。真正的进步不在于以有害健康为借口阻止女性打破玻璃天花板，而在于确保每个人都能从更好的生活条件中受益。我们还可以大幅改善对女性心血管疾病的处理措施，如应考虑到带有合成雌激素的避孕方法对健康不利，或开给女性的医疗处方数量不够，等等。

让女人“像男人一样”的平等观念令人向往，它是好的，也是公正的。这方面的发展造成了20世纪过程中一种人类学的断裂，无论是在公共生活还是在家庭生活中。但这种平等观并没有证明人类的生活总是令人向往的、美好的和公正的。南茜·弗雷泽之所以抛弃“普遍支持家庭”的模式，就是因为女性的职业生涯在某种程度上是按照支配性男性气质的模式发展的。那些拥有“女战士症候群”特征的女人并未变得“像男人一样”，而是变得和他们中最糟糕的那些人一样：苛刻、好斗、爱慕虚荣、擅长剥削。这与其说是在动摇父权制，不如说是在父权制中为自己开辟一席之地。

然而，我们做这一切难道是为了变得像男人一样蠢吗？遵循属于男性的普世原则、竞争模式以及学院主义，真的就是进步吗？是应创造与阿尔法雄性对应的阿尔法雌性，还是应抵制这一模式本身？我们需要男性，而非他们的权威。女性得到的和男性一样多，男性失去了特权，这的确体现了公正；但还有一种公正，是防止支配性男性气质成为规范，防止它被视为良好生活的模式。因此，支持从属地位和边缘化的其他种类男性气质这一行为，本身也是正义的。女性主义不能仅仅维护高学历或白人女性的利益，而让其他人听天由命。

为配额而配额的做法（无差别地要求做到50%男、50%女）并非万灵药，社会底层的不公正、权力和财富集中于上层、支配性男性气质占主导地位等突出问题仍然存在。而且，这种做法还巩固了“男女不平等源自生理性别”的错误观念，而实际上，男女不平等只是社会性别的问题。这便是第三个没有出路的思维误区——我们在此之前已经讲了前两个，即，唯女性的浪漫主义观点和认为有一个所有男性的共谋的阴谋论。

毋庸置疑，在宪法法院、执行委员会、编辑部、专家委员会等地方实施配额制有其合理性。但是，即便我们实现了这一性别民主，我们也只走到了真正旅途的四分之一。我们还需继续解构男性气质，还需继续根除父权制。我们还需继续让其他地方的男男女女获得平等，他/她们由于专业技能的缺乏或我们不愿意承认的其他歧视，而依然处于社会边缘。

以上的所有例子都在说明，为了配额而配额的目的性做法并不符合真正的性别正义，性别正义的野心远大于实现“五五开”。为此，我们可以提出下列建议：

——在政府、媒体、企业高层和管理层实现性别配额制；

——改善低学历女性的生活条件和工作条件；

——平民阶层和少数民族女性在政治、经济和媒体方面都较少被考虑到，与这一现象做斗争；

——杜绝那些会导致出身于平民阶层的少数族裔男孩辍学的因素；

——降低过高的男性死亡率。

资产阶级女性主义注重机会平等，平民女性主义注重地位平等，而教育体制改革则可以帮助到那些被边缘化的男性气质形式。我们很容易就能观察到，在几乎实现了全面民主的社会，只有第一种女性主义得到了彰显，成了优先。这种社会的主要努力方向是女高管的利益。但是，把性别正义局限于已经处于有利地位的妇女的利益是不合法的。

平民女性主义和交叉性理论有利于将女性的斗争普遍化。为使所有人都获得解放，我们必须改善那些在社会经济条件上处于不利地位的男孩女孩的受教育情况，即使这意味着让他/她们享受与政界或商界中受过高等教育的女性相同的优惠性差别待遇。

女性主义和夫妇之间的折中

19 世纪的法国共和主义者宣称，“尊重差异的平等”比纯粹的平等更适合女性。这种主张与美国种族隔离中的“隔离但平等”的口号一样虚伪，其目的无非是给每个性别提前铺设道路，推崇男性权力和女性功用那一套。这就是为什么性别平等是不可协商的。只要父权环形系统（无论是狭义的还是广义的）依然存在，只要还有领域是被男性垄断的，性别平等就会一直是性别正义的中心议题。在父权环形系统和男性特权消弭的那天到来之前，我们需要的是足够激进的女性主义思想。

在 18 世纪，女性主义就是在追求平等中诞生的，即呼吁“像男人一样”生活，同男人拥有一样的权利。但是，女性并不是相对于男性规范才能获得定义的相关存在，能做的也不仅是

“追上”男人的步伐。就像男性没有资格指导女性——比如对她们的穿着和举止指手画脚，男性也不是所有人类生活的决定者。如做不到这点，那么无论在爱情领域还是法律层面，女人都只是“男人的一种实现方式，无论何时何地”。[17]

一个新的阶段正在出现，即性别自由，它可以保证女性独立于男性。这是一种自由的生活，因此是好的生活。她们是自主的女性，不受男性把控或威胁的女性，除非自愿否则便可拒绝男性需求和欲望的女性，绝对的、不直接与物关联的、非工具性的人，她们可以自由选择与她们有关的一切，可以在与男性同等的层面上共同管理人类。作为平等主体的女性与男性相对，她们可以建立一种新模式：**作为自由主体的女性**。

莫妮克·维蒂格认为，在一个奴役女性的世界里，女同性恋就像冒着风险出逃的黑人奴隶。从异性恋机制中解脱出来的女同性恋“不是女人”，因此她们可以真正像对待兄弟和战友那样接纳男人。女同性恋的经验值得一切渴望逃脱父权制的女性借鉴，即那些渴望停止为男性提供性服务、母职功能或从事家务劳动的女性。确实有一些女性完全不需要男人，或者只在某些特定的时候需要男人——比如工作、交友、性、旅行或繁育后代。

然而，那些想要留在家里、守护丈夫和孩子的女人呢？1980年时，在一场关于魁北克主权全民公投的游说活动中，妇女地位部部长莉丝·佩耶特（Lise Payette）曾将反对魁北克独立的人比作“伊韦特”（Yvette）。伊韦特是一本充满性别刻板印象的教材中的人物，在书中，居伊（Guy）梦想成为体育冠军，而他的妹妹伊韦特却只关心如何通过摆餐盘、洗碗和扫地等家务事来取悦父母。[18]莉丝·佩耶特的比喻激起了联邦主义支持者

（无论他们是否是保守主义者）的强烈抗议，引起了公众对女性角色的争论。留在孩子身边是否就应该遭受鄙视？伊韦特难道不也是一位操劳的女性吗？

正如玛格丽特·尤瑟纳尔在1981年的一次访谈中提到的，女性不该因为孕育生命、喂养孩子、给他们穿衣、让他们在关怀和温柔中成长而觉得自己很渺小，因为这些都是爱。父权环形系统本身并不邪恶，只要它不成为最高信条。要求给予伊韦特这样的女性以尊重，这是完全合理的要求，前提是它不会让留守在家成为女性的唯一出路。所有在家的母亲都必须拥有在她们希望的时候进行重新选择的权利，即重新选择是否出去工作、追求一项事业、去旅行或开启另一种生活。这需要她们至少能够学习、考驾照和交养老保险，因为如果没有这些，那她们对家庭的贡献就会全部沦为在被奴役状态下提供的舒适感。

在女性总是有选择的情况下，我们可以接受配偶中的一方在某个特定时期，出于事业的需要，比另一方更少照顾家庭。这种安排不应该是仅仅有利于男人的。当一个女人的工资收入少于丈夫时（或者她的工作时间更灵活时），夫妇的确可以根据情况安排各自的角色，但是这绝不能成为总是做出不公正家务分配的借口和理由。女性主义必须尊重夫妇间达成的折中，而夫妇间的折中也必须尊重女性主义的要求。

与男性关系中的女性自由

性别正义建立在权利、自由和平等的基础上，这是一项全面解放计划。女性同男性一样，都有学习、工作、挣钱、离婚、身体受到尊重、选择自己的性生活、在公共空间自由活动、发言、投票、当选以及被严肃对待的权利。男女都有安全权、知情权、发言权，都具备存在的合法性，也都有获得专门知识的权利、施加权威的权利和获得权力的权利。两性都有不被持续简化为自己的生理性别或社会性别的权利。

因此，女性是自由的。她们有出门工作或成为家庭主妇的自由，也有成就事业和生儿育女两者兼顾的自由；她们有在议会上表达想法和喂奶的自由；她们可以自由选择穿长裤还是迷你裙，是否晚上出门，是否出入酒吧，是否化妆，是否去除体毛，是否保持苗条身材，是否打扮性感；她们可以自由表达自己的欲望，可以自由地沉溺于性幻想而不感到羞耻或尴尬；她们可以自由选择爱女人还是爱男人，爱很多女人或很多男人；她们可以自由选择是否与别人成为伴侣，是否要孩子，是否在单身或同性恋的情况下生育孩子；她们可以自由决定是与男人一起生活还是远离他们，是引诱他们还是逃离他们的视线、观点、控制或男性道德；她们可以自由地拒绝遵守以“自然”为名义强加在她们身上的一切禁令；她们可以自由地以全人类的名义发言，可以自由地立足于特殊性并体现着抽象的普遍性。

我们可以看到，性别平等就包含在**与男性关系中的女性自由**里，它可以被定义为由权利赋予的全面自由。在几千年的历史长河中，男性限制了女性的自由，同时滥用着自己的自由，宣称自己可以“自由地”支配、攻击、强奸、排挤、让别人闭嘴，或让别人被忽视。过去的男性定义不能成为自由的典范，它因自身的不公正而满是污点。那些想要摆脱自己性别的暴政并真正进入普遍性的男人，可以从成为女性主义者开始做起。他必须承认女性的自由，因为这也意味着他自身能够自由。如今，该轮到男人去向女性的权利低头了，只要这种低头不会否定男性自己的权利（比如，就像女人有做母亲的权利一样，男人也有做父亲的权利）。对男性而言，需要做到的是切勿禁止女性行事；对女性而言，需要做到的是切勿限制自己行事。没有监视性的限制，也没有自我设限：性别正义要求**视女性的独立为绝对之事**。

有人会反对说，女性远未在任何地方享受到这种自由。这就是悲惨的事实。一个公正的社会有义务保护个人的选择，必须防止出现女性只有在男性不实施权力的地方才有自由这种情况。女性因同时兼顾很多不同事情——事业、家庭、社区、公共事务等，常常比男性更加有用，她们的生活也更加丰富和平衡。与其颂扬母亲或将男性妖魔化为侵犯者，不如将女性定义设想成一个基准点，一种新的社会理想，男性可以据此新式理想来定义自己。在 20 世纪，女性主义曾宣扬“像男人一样”生活；而某一天，我们将帮助男人“像女人一样”生活。

这一模式并非基于传统上与女性相连的那些价值观——温柔、愿意倾听、利他主义、共情，即使我们有权选择它们而不是男性沙文主义的吹嘘，就像罗曼·加里（Romain Gary）那样，他因“我们的文明缺乏女性气质”而感到忧伤。[19]这里涉及的是另外一种普遍主义，它是女性的，它包含了丰富的人类冒险和所有可能的自由——有意识选择自己生活的自由，在各个层面行使权力的自由，像男人一样生活的自由，站在男人身旁的自由，与男人一起生活的自由，远离男人的自由，用另一种方式思考事物的自由，最后，当然，还有创造新的社会形式、设想新的生活观念的自由。

比起单纯的民主配额制，性别正义是父权制最好的解药，因为有这一特征的体制能让**性别不再与社会不公有任何牵扯**；

它最好的武器是互相尊重和与男性关系中的女性自由。我们已经看到，性别正义与社会公正并不分离，女性解放预示着所有人的解放。

成为女性主义者很好。与父权制做斗争则是更好的。以此为基础，我们将禁止任何性或性别层面上的支配，尤其是针对被认为符合女性气质的女性和被认为不符合男性气质的男性所实施的一切压迫。单一男性气质分裂为众多男性气质，而男性气质本身成了人类众多经验中平凡的一种。正义的男人是怎样的？就是不再支持父权制度，转而站在女性一边的人。他尊重男女平等，尊重男性气质和女性气质的平等，尊重不同男性气质形式之间的平等。他会承认他人的自由。其他所有人的一切自由。

结　语

不正义的男人能干什么

“男人，你有能力做到公正吗？这是个男人在向你发问。”我之所以在这个总结的章节里还会提到奥兰普·德古热，是因为我想提醒大家，我所有对男性的思考都得益于女性创建的女性主义。

我无缘得见奥兰普·德古热，但我曾在21世纪初有幸与西蒙娜·韦伊一同工作，当时她是大屠杀纪念基金会（Fondation pour la Mémoire de la Shoah）的会长。她那时75岁，而我还是个不满30岁的年轻人。她的年纪足以当我的奶奶了。这位杰出的、曾是其双亲弃儿的女性，帮助我将奥斯维辛集中营、犹太人融合问题与女性主义结合起来。她对历史证人的消失怀有执念，因为这意味着那些目睹过、遭受过、反抗过的男男女女将陷入永恒的沉默。她从奥斯维辛集中营中幸存了下来，度过了完整的一生。今天，我们必须在没有她的世界里继续生活。

本书是我个人与家族历史的产物，是我在几代人之间旅程的产物。我是一位父亲的儿子，也是我女儿们的父亲；我是一位女人的儿子，也是另一位女人的丈夫。在我父母那里，同在我外祖父母那里一样，他们遵循的都是传统的性别分工。至于我，我试图做一个好父亲，但我不太确定我是不是个好丈夫。

在 19 世纪时，普通欧洲人会因看到实践性别平等的一家人而感到无法理解；如今，斯堪的纳维亚人反而会因看到不实践性别平等的家庭而感到不可理喻。我自己介于这两者之间。对我而言，因为我是在 20 世纪最后四分之一时段里在法国出生并长大的，分担家务并非显而易见。我做到了，但这要感谢我的妻子，她通过讨论、紧张时刻甚至有时是争论教育了我。

作为一位差不多做到了性别平等的丈夫，一位乐于付出的父亲，我不认为我是榜样。对我而言，显而易见的是，在我人生的某些时刻，我的确享受了身为男性就可获得的优待。我不想在这里说什么悔改言辞——与其扮演一个理想的男人，我更愿与自身的矛盾做斗争。而且，通过呈现这种内心冲突，我也在履行作为一名历史学家的职责，即将个体内心的矛盾追溯到社会构造层面，以便理解历史是如何在我们身上发生的。

写作本书是一种与过去的自己告别的方式。要想活得好，就要问心无愧。我们要相信自己是个好人。在研究男性气质时，我突然从支配者、特权者和利用他人之人那里发现了自己的影子。以男人的身份捍卫性别正义就是与自己做斗争。反抗男性气质——作为民主之反思品质的体现——首先是一种反对自身。我们必须有能力推翻我们接受的教育、我们获得的下意识反应、我们形成的性别意识形态、我们周围的包容氛围，甚至是直到今天都在经历的、自认为理所当然的日常生活。

这种社会运作方式在我们出生前就已存在，对抗它并非易事。女性被通过家务劳动、低工资、广告、色情片和卖淫等途径剥削，逃离这样一个世界同样不易。我们很快就会意识到：放弃特权简直难上加难。做一个正义的男人，算得上是未来生活中的一个重大挑战。它至少需要个人和集体都具备这种意愿，因为个体的努力需要有系统性变革的支持。

作为男人，我们能否打倒父权制？在女性主义的斗争中，我一个男人在这里干什么呢？男人们习惯干涉一切，插手所有的讨论领域，抢走女人的话语权。而现在的我是在用我的狡猾，借用不属于我的语言来说话。那么，既然我明确说这本书谈论的主要是男性——一个男人在谈论其他男人，人们是否会提出质疑，认为我正在构造一种新的“霸权男性气质”呢？

卡尔·马克思自己并非无产阶级，约翰·斯图尔特·密尔也并非女性，威廉·加里森不是奴隶，安德烈·纪德（André Gide）也不是在刚果种植园里被强迫劳动的工人。但是，他们都选择了为与自己不同之人发声。马提尼克岛诗人塞泽尔（Césaire）曾向阿登高地的诗人兰波（Rimbaud）表示感谢，因为后者曾写道：“我是一个黑鬼。”而我，尽管不是诗人，也想对塞泽尔表示感谢，因为他曾写道：“我是一个犹太男人，一个大屠杀幸存者。”

今天，对文化挪用的争论倾向于禁止男人评论女性主义，禁止白人评论奴隶制。这是一种可怕的倒退，它迫使每个人待在自己的小天地里，理由是他们不会理解他们没有经受过的压迫。这种驱逐还质疑了整个社会科学领域：并非所有历史学家都曾驾驶过帆桨战船，也并非所有历史学家都曾在战壕里开过枪。我对自己能在《蕾蒂西娅，或人类的终结》（*Laëtitia ou la fin des hommes*）一书里重建一位年轻殉道女孩的生平感到骄傲。这本书出版于 2016 年，即韦恩斯坦事件发生的前一年。尽管我的言辞微不足道，但我依旧捍卫我的发言权，作为一个男人对女性主义和性别正义的发言权。

加缪曾写道：“我反抗，所以我们存在。”男性的尊严来自对自己依赖的不公有明晰的认识。男人可以从中获得一种比在更衣室黄色笑话里更强大的归属感。正义的人首先是反抗者，有能力与自己和既定命运抗争，而后参与到共同斗争中。这便是为何，作为一个社会民主党人士，我正在努力创造一种名为性别正义的乌托邦。

无论我有怎样的局限，我都将为此努力。我不是一个活动家，也不是一个使徒——像走在去往大马士革路上的圣保罗那样，但我努力做个“好人”。尽管我描绘了一个正义男人的形象，但我知道是什么让我与他有所不同。这并不能阻止我选边站队。我是一个反对男性权力的人。我是一名女性主义者。

若要道出我的青年故事，则另需一本书的篇幅，以便详述我如何早早就感到与“我们男人”，以及弥散在体育、友情、恋爱、中学和大学里的男子气概的风俗习惯格格不入。我的感官远比我的智力敏锐，它敏锐得几乎让我焦虑。愤世嫉俗和暴力让我感到厌恶。我相信，我的妻子并非因为我的肌肉力量或强大心理才选择嫁给我。比起越野车，我更喜欢露营车。作为一个普通人，当我漫步在博物馆时，我感到非常自在，就像在自己家里。作为一名历史学家，我与死者对话，因为我不知如何与活人打交道。我正在学习仔细审视自己的弱点。于我，孩子比成人更讨人喜欢，散步者比学究更为亲切。

我在学院里建立了自己的事业，我为产出知识作出了贡献。我从事社会科学的研究，但我同样探讨社科研究的方法与形式问题——调研、多学科交叉、反思、叙事、结构、氛围、情感。我的文字所说皆为真实，因为它们建立在证据的基础上。我的感知具有方法论的严谨性。我挑战已有的知识秩序，正如我抵抗现有的性别秩序。我是个顺从自己身体构造的男性，是自我选择的异性恋者，是一位大学里的学者，这些都没有问题。但我对既有的男性定义感到不适。我没有变成女人的意愿，但我的确想改变社会性别的构建。

成为我女儿们的父亲是我人生中的大事件。我还有几年时间可以在她们身边照顾她们，可以集中精力实现我所宣称的目标。在我离开这个世界前，或许我还有机会看到我们的儿子成长为正义的男人，我们的女儿成为自由的女人。

致　谢

我由衷感谢 Pierre Rosanvallon 和 Séverine Nikel，他们从一开始就对此书的撰写给予了极大支持；他们的支持一直都非常宝贵。Marie Lemelle 和 Patricia Duez 凭借出色的能力，协助我完成了本书的撰写工作。

我的思考还得益于以下诸位的建议：Sarah Al-Matary、Romain Bertrand、Pierre-Yves Bocquet、Quentin Bujidos、Catherine Coquery-Vidrovitch、Brigitte Da Graça、Nicolas Delalande、Sandrine Duchêne、Esther Duflo、Peggy Dufour、Émilie Frenkiel、Valérie Gervais、Élisa Goudin、Catherine Guesde、Claudia Hamm、Simon Jablonka、Marianne Laigneau、Aurore Lambert、Anne Lehoërff、Rimpei Mano、Emmanuelle Mimoun、Caroline Muller、Sophie Parent、Michelle Perrot、Ève-Alice Roustang、Tania Sachs、Pierre Savy、Marie-Pierre Ulloa、Anne Verjus。当然，这本书的所有言论都由我一人负责。

谨以此书献给 Aline —— 带着爱。

注　释

导　言

1　Germaine Tillion, *Le Harem et les Cousins,* Paris, Seuil, « Points », 1982 (1966), p.14.

第一部分

第 1 章

1　Joan Bamberger, « The Myth of Matriarchy: Why Men Rule in Primitive Society », *in* Michelle Rosaldo, Louise Lamphere (dir.), *Women, Culture, and Society*, Stanford, Stanford UP, 1974, p. 263–280; et Deborah Gewertz, « A Historical Reconsideration of Female Dominance Among the Chambri of Papua New Guinea », *American Ethnologist*, vol. 8, n° 1, 1981, p.94–106.

2　Choo Waihong, *The Kingdom of Women. Life, Love and Death in China's Hidden Mountains*, Londres, Tauris, 2017.

3　Elizabeth Spelke (avec Steven Pinker), « The Science of Gender and Science », Mind Brain Behavior Discussion, Harvard, 2005, consultable sur *https://www.edge.org/3rd_culture/debate05/debate05_index.html*

4　Voir par exemple Diane Halpern, *Sex Differences in Cognitive Abilities*, New York, Psychology Press, 2012 (4e éd.).

5　Frans de Waal, *Le Singe en nous,* Paris, Fayard, 2006, p.62 *sq.*; et Donald Brown, *Human Universals*, Philadelphie, Temple UP, 1991, tableau final. Voir aussi Menelaos Batrinos, « Testosterone and Aggressive Behavior in Man », *International Journal of Endocrinology and Metabolism*, vol. 10, n° 3, 2012, p. 563–568.

6　Voir par exemple Ruth Feldman *et al.*,« Evidence for a Neuroendocrinological

Foundation of Human Affiliation », *Psychological Science*, vol. 18, n°11, 2007, p. 965–970.

7 Jared Diamond, *Pourquoi l'amour est un plaisir.L'évolution de la sexualité humaine*, Paris, Gallimard, « Folio essais », 2010 (1997); et Jean-Baptiste Pingault, Jacques Goldberg, « Stratégies reproductives, soin parental et lien parent-progéniture dans le monde animal », *Devenir*, vol. 20, n°3, 2008, p. 249–274.

8 Blake Edgar, « Powers of Two », in *Evolution: The Human Odyssey*, New York, Scientific American, 2017, section 2.4.

9 Françoise Héritier, *Masculin/Féminin,* vol. 2, *Dissoudre la hiérarchie*, Paris, Odile Jacob, 2002, p. 20 *sq*.

10 Peggy Reeves Sanday, *Female Power and Male Dominance: On the Origins of Sexual Inequality*, Cambridge, Cambridge UP, 1981, chap.4.

11 Ehud Weiss, Mordechai Kislev *et al.*,« Plant-Food Preparation Area on an Upper Paleolithic Brush Hut Floor at Ohalo II, Israel », *Journal of Archaeological Science*, n° 35, août 2008, p. 2400–2414.

12 Dean Snow, « Sexual Dimorphism in European Upper Paleolithic Cave Art », *American Antiquity,* vol. 78, n° 4,2013, p. 746–761.

13 Jean-Paul Demoule, *Naissance de la figure: L'art du Paléolithique à l'Âge du fer,* Paris, Gallimard, 2007, p. 33 *sq*.; et Raphaëlle Bourrillon *et al.*, « La thématique féminine au cours du Paléolithique supérieur européen », *Bulletin de la Société préhistorique française* , vol. 109, n° 1, 2012, p. 85–103.

14 Marija Gimbutas, *The Civilisation of the Goddess: The World of Old Europe*, San Francisco, Harper, 1991.

15 Claude Lévi-Strauss, *Tristes Tropiques*, Paris, Plon, « Terre humaine poche », 2001 (1955), p. 331 *sq*.; et Maurice Godelier, *La Production des grands hommes. Pouvoir et domination masculine chez les Baruya de Nouvelle-Guinée*, Paris, Flammarion, « Champs », 2003 (1982), p. 38. Voir aussi Jean-Paul Demoule, *Les dix millénaires oubliés qui ont fait l'histoire. Quand on inventa l'agriculture, la guerre et les chefs*, Paris, Fayard, 2017, chap. 9.

16 Margaret Ehrenberg, *Women in Prehistory,* Londres, British Museum Press, 1989, p.99–105; et Maxine Margolis, « *The Relative Status of Men and Women* », *in* Carol Ember *et al.* (dir.), *Encyclopedia of Sex and Gender*, vol. 2, New York, Springer, 2003, p. 137–145.

17 Jean Guilaine, Jean Zammit, *Le Sentier de la guerre. Visages de la violence préhistorique,* Paris, Seuil, 2001; et Anne Lehoërff, *Par les armes. Le jour où l'homme inventa la guerre,* Paris, Belin, 2018.

18 Ludovic Orlando *et al.*, « Ancient Genomes Revisit the Ancestry of Domestic and Przewalski's Horses », *Science*, vol. 360, n° 6384, avril 2018, p. 111–114.

19 Adrienne Mayor, *Les Amazones. Quand les femmes étaient les égales des hommes (VIIIe siècle av. J.-C. – Ier siècle apr. J.-C.)*, Paris, La Découverte, 2017, chap. 11 et 13; et Charles Higham, *The Archaeology of Mainland Southest Asia From 10,000 B.C. to the Fall of Angkor,* Cambridge, Cambridge UP, 1989, p. 77–78.

20 Yağmur Heffron, « Inanna/Ištar », *Ancient Mesopotamian Gods and Goddesses*, Oracc and the UK Higher Education Academy, 2016.

21 Gerda Lerner, *The Creation of Patriarchy*, Oxford, Oxford UP, 1986, chap. 8–10.

22 Thomas Römer, *L'Invention de Dieu*, Paris, Seuil, 2014.

23 « Ève », *Dictionnaire de théologie catholique,* tome V, 2e partie, Paris, Letouzey et Ané, 1911–1913, p. 1640 *sq*.

24 Fatima Mernissi, *Le Harem politique. Le Prophète et les femmes*, Paris, Albin Michel, 1987, p. 150 *sq*.

25 Dorothy Ko, JaHyun Kim Haboush, Joan Piggott (dir.), *Women and Confucian Cultures in Premodern China, Korea, and Japan*, Berkeley, Los Angeles, University of California Press, 2003.

26 Francesco Siri, « Les best-sellers du Moyen Âge », *L'Histoire*, n° 445, mars 2018 (d'après la base FAMA sur les œuvres latines médiévales à succès).

27 Voir par exemple Alain Testart, « Manières de prendre femme en Australie », *L'Homme*, vol. 36, n° 139, 1996, p. 7–57.

28 Steven Pinker, *Comprendre la nature humaine*, Paris, Odile Jacob, 2005, p. 180–185.

第2章

1 François Laplantine, « La *hajba* de la fiancée à Djerba (Tunisie) », *Revue de l'Occident musulman et de la Méditerranée*, n° 31, 1981, p. 105–118.

2 Jian Zang, « Women and the Transmission of Confucian Culture in Song China », *in* Dorothy Ko *et al.* (dir.), *Women and Confucian Cultures…*, *op. cit.*, p. 123–141.

3 Marilyn Yalom, *Le Sein, une histoire*, Paris, Galaade, 2010 (1997).

4 Londa Schiebinger, *Nature's Body. Gender in the Making of Modern Science*, Boston, Beacon Press, 1993, chap. 2.

5 Nancy Tuana, « Coming to Understand. Orgasm and the Epistemology of Ignorance », *in* Robert Proctor, Londa Schiebinger (dir.), *Agnotology. The Making and Unmaking of Ignorance*, Stanford, Stanford UP, 2008, p. 108–145.

6 Mary Keng Mun Chung, *Chinese Women in Christian Ministry: An Intercultural Study*, New York, Peter Lang, 2005, p. 52.

7 Godfrey Driver, John Miles, *The Assyrian Laws*, Oxford, The Clarendon Press, 1935, notamment tablette A, art. 55.

8 Yuriy Malikov, *Tsars, Cossacks, and Nomads. The Formation of a Borderland Culture in Northern Kazakhstan in the 18th and 19th Centuries*, Berlin, Klaus Schwarz, 2011, p. 81–82.

9 Alain Testart, *L'Amazone et la Cuisinière. Anthropologie de la division sexuelle du travail*, Paris, Gallimard, 2014.

10 Stefan Zweig, *Le Monde d'hier. Souvenirs d'un Européen*, Paris, Gallimard, « Folio essais », 2013 (1943), p. 118–120.

11 Fatima Moussa *et al.*, « Du tabou de la virginité au mythe de "l'inviolabilité". Le rite du *r'bit* chez la fillette dans l'Est algérien », *Dialogue,* vol. 185, n° 3, 2009, p. 91–102.

12 Daniel Rivet, *Le Maghreb à l'épreuve de la colonisation*, Paris, Hachette littératures, 2002, p. 76.

13 Sophie Démare-Lafont, « À cause des anges. Le voile dans la culture juridique du Proche-Orient ancien », *in* Olivier Vernier *et al.* (dir.), *Études d'histoire du droit privé en souvenir de Maryse Carlin*, Paris, La Mémoire du droit, 2008, p. 234–253.

14 Fatima Mernissi, *Le Harem politique*, *op. cit.*, p. 231 *sq.*

15 Delphine Horvilleur, *En tenue d'Ève. Féminin, pudeur et judaïsme*, Paris, Grasset, 2013.

16 Li-Hsiang Lisa Rosenlee, *Confucianism and Women. A Philosophical Interpretation*, Albany, SUNY Press, 2006, p. 139–141.

17 Yvonne Verdier, *Façons de dire, façons de faire. La laveuse, la couturière, la cuisinière,* Paris, Gallimard, 1979.

18 Éphraïm Grenadou, Alain Prévost, *Grenadou, paysan français*, Paris, Seuil, «Points histoire », 1978 (1966).

19 Murielle Gaude-Ferragu, *La Reine au Moyen Âge. Le pouvoir au féminin, XIVe–XVe siècle*, Paris, Tallandier, « Texto », 2014, p. 113 *sq.* Voir aussi Mary Beard, *Les Femmes et le Pouvoir. Un manifeste*, Paris, Perrin, 2018.

20 Jules Simon, *L'Ouvrière*, Paris, Hachette, 1871 (1861), p. 88.

21 « Femme », *Dictionnaire de théologie catholique. Tables générales*, Paris, Letouzey et Ané, 1951, p. 1508.

22 Susan Bell, Karen Offen (dir.), *Women, the Family, and Freedom. The Debate in Documents*, vol. 1, *1750–1880*, Stanford, Stanford UP, 1983, p. 31 *sq.*

23 Anne Verjus, *Le Cens de la famille. Les femmes et le vote, 1789–1848*, Paris, Belin, 2002, notamment chap. 2.

24 Cité par Jean-Joseph Damas-Hinard, *Napoléon, ses opinions et jugements sur les hommes et sur les choses* [...], vol. 1, Paris, Dufey, 1838, p. 477–478.

25 Victoria Vanneau, *La Paix des ménages. Histoire des violences conjugales,*

XIXe*–XXI*[e] *siècle*, Paris, Anamosa, 2016, chap. 1–2.

26 Irène Théry, *Mariage et filiation pour tous. Une métamorphose inachevée,* Paris, Seuil, 2016, p. 68. Voir aussi Judith Surkis, *Sexing the Citizen. Morality and Masculinity in France, 1870–1920*, Ithaca, Cornell UP, 2006.

27 Frédéric Le Play, *La Réforme sociale en France déduite de l'observation comparée des peuples européens,* vol. 1, Paris, Dentu, 1866 (2e éd.), p. 265–267.

28 Caterina Pasqualino, *Dire le chant. Les Gitans flamencos d'Andalousie*, Paris, CNRS, 1998, p. 262–263.

29 Jon Mitchell, « Performances of Masculinity in a Maltese Festa », *in* Felicia Hughes-Freeland, Mary Crain (dir.), *Recasting Ritual: Performance, Media, Identity*, Londres, Routledge, 1998, p. 68–94.

30 Paul Lerebours-Pigeonnière, « La famille et le Code civil », in *Le Code civil, 1804–1904. Livre du centenaire*, Paris, Dalloz, 2004 (1904), p. 263–294.

31 Marguerite Yourcenar, « La condition féminine » (1981), sur *www.youtube.com/watch?v=F0N3EofaqkM*

32 Jean Nicolas, *La Rébellion française. Mouvements populaires et conscience sociale, 1661–1789*, Paris, Seuil, 2002.

33 Evelyn Stevens, « Marianismo: The Other Face of Machismo in Latin America », *in* Ann Pescatello (dir.), *Female and Male in Latin America*, Pittsburgh, University of Pittsburgh Press, 1973, p. 90–101.

34 Sandra Gilbert, Susan Gubar, *The Madwoman in the Attic. The Woman Writer and the Nineteenth-Century Literary Imagination,* New Haven, Yale UP, 1980, p. 17.

35 Christophe Charle, « Le beau mariage d'Émile Durkheim », *Actes de la recherche en sciences sociales*, vol. 55, novembre 1984, p. 45–49.

36 Stefan Zweig, *Le Monde d'hier..., op. cit.*, p. 126–129; et Alice Bonzom, « La correction des femmes. Les criminelles en Angleterre (1853–1914) », *La Vie des idées*, 1er décembre 2017.

第3章

1 Raoul Girardet, *Mythes et mythologies politiques*, Paris, Seuil, « Points histoire », 1986, p. 70 *sq*.

2 Jacques-Antoine Dulaure, *Pogonologie ou Histoire philosophique de la barbe*, Paris, Lejay, 1786, p. 189.

3 Roland Barthes, « Le bifteck et les frites », in *Mythologies*, Paris, Seuil, « Points essais », 1970 (1957), p. 77–79.

4 Saeki Shin'Ichi, Pierre-François Souyri, *Samouraïs. Du dit des Heiké à l'invention du Bushidô*, Paris, Arkhê, 2017.

5 Julien Loiseau, *Les Mamelouks, XIIIe–XVIe siècle. Une expérience du pouvoir dans l'Islam médiéval*, Paris, Seuil, 2014; et Raja Ben Slama, « Le mythe de l'étalon», *in* Fethi Benslama, Nadia Tazi (dir.), *La Virilité en Islam*, La Tour-d'Aigues, L'Aube, 2004, p. 205–219.

6 « The Politics of Very Big Trucks », *The Economist*, 6 octobre 2012.

7 R. W. Connell, James Messerschmidt, « Faut-il repenser le concept de masculinité hégémonique ? », *Terrains & travaux*, vol. 27, n° 2, 2015 (2005), p. 151–192.

8 George Mosse, *L'Image de l'homme. L'invention de la virilité moderne*, Paris, Pocket, 1999.

9 Jon Mitchell, « Performances of Masculinity in a Maltese Festa », *op. cit.*, p. 68–94.

10 Romain Bertrand, *L'Histoire à parts égales. Récits d'une rencontre Orient-Occident, XVIe–XVIIe siècle*, Paris, Seuil, 2011, chap. 12–13.

11 Nicolas Mariot, *Histoire d'un sacrifice. Robert, Alice et la guerre, 1914–1917*, Paris, Seuil, 2017, p. 98; et John Wheeler, *Touched With Fire: The Future of the Vietnam Generation*, New York, Watts, 1984, p. 140–141.

12 Hélène Monsacré, *Les Larmes d'Achille. Le héros, la femme et la souffrance dans la poésie d'Homère,* Paris, Albin Michel, 1984.

13 Agnès Giard, *Les Histoires d'amour au Japon. Des mythes fondateurs aux fables contemporaines,* Grenoble, Glénat, 2012, p. 303–304.

14 Cité par Michel Dorais, *Mort ou fif. La face cachée du suicide chez les garçons*, Montréal, VLB, 2001, p. 76.

15 Odile Roynette, *Bons pour le service. La caserne à la fin du XIXe siècle*, Paris, Belin, 2017, p. 340 *sq*.

16 Evthymios Papataxiarchis, « Friends of the Heart: Male Commensal Solidarity, Gender, and Kinship in Aegean Greece », *in* Peter Loizos, Evthymios Papataxiarchis (dir.), *Contested Identities. Gender and Kinship in Modern Greece*, Princeton, Princeton UP, 1991, p. 156–179.

17 Otto Jespersen, *Growth and Structure of the English Language*, Leipzig, Teubner, 1912 (1905), chap. 1, §2-5.

18 Christelle Taraud, « La virilité en situation coloniale », *in* Alain Corbin (dir.), *Histoire de la virilité*, vol. 2, *Le Triomphe de la virilité. Le XIXe siècle*, Paris, Seuil, 2011, p. 331–347.

19 Anna Greenberg, « Do Real Men Vote Democratic? », *The American Prospect*, 19 décembre 2001. Voir aussi Thomas Frank, *Pourquoi les pauvres votent à droite*, Marseille, Agone, 2013 (2004), chap. 1.

20 Simone de Beauvoir, *Le Deuxième Sexe*, vol. 1, *Les Faits et les mythes*, Paris, Gallimard, « Folio essais », 1976 (1949), p. 16.

21 Voir Luise Pusch, *Das Deutsche als Männersprache: Aufsätze und Glossen zur feministischen Linguistik*, Francfort, Suhrkamp, 1984.

第二部分

第 4 章

1 Sophie Démare-Lafont, « Quelques femmes d'affaires au Proche-Orient ancien», *in* Anne Girollet (dir.), *Le Droit, les affaires et l'argent*, Dijon, Mémoires de la SHDB, vol. 65, 2008, p. 25–36; et Cécile Michel, « Femmes au foyer et femmes en voyage. Le cas des épouses des marchands assyriens au début du IIe millénaire av. J.-C. », *Clio. Histoire, femmes et sociétés,* n° 28, 2008, p. 17–38.

2 Christophe Badel, « Les femmes dans les émeutes frumentaires à Rome », *in* Marc Bergère, Luc Capdevila (dir.), *Genre et événement. Du masculin et du féminin en histoire des crises et des conflits,* Rennes, PUR, 2006, p. 39–51.

3 Pierre Grimal, *L'Amour à Rome*, Paris, Payot, 2002 (1988), chap. 3.

4 « Mariage », *Dictionnaire de théologie catholique*, tome IX, 2e partie, Paris, Letouzey et Ané, 1927, p. 2075–2077.

5 Isabelle Grangaud, *La Ville imprenable. Une histoire sociale de Constantine au XVIIIe siècle*, Paris, EHESS, 2002.

6 Nicolas Frémeaux, Marion Leturcq, « Prenuptial Agreements and Matrimonial Property Regimes in France, 1855–2010 », *Explorations in Economic History*, vol. 68, avril 2018, p. 132–142.

7 Jacques Dalarun, « *Dieu changea de sexe, pour ainsi dire* ». *La religion faite femme, XIe–XVe siècle*, Paris, Fayard, 2008, p. 117–119; et Didier Lett, *Hommes et femmes au Moyen Âge. Histoire du genre, XIIe–XVe siècle*, Paris, Armand Colin, 2013, p. 109 et p. 180.

8 Thierry Wanegffelen, *Le Pouvoir contesté. Souveraines d'Europe à la Renaissance,* Paris, Payot, 2008.

9 Marie-Jo Bonnet, Christine Fauré, « Femmes », *in* Lucien Bély (dir.), *Dictionnaire de l'Ancien Régime. Royaume de France, XVIe–XVIIIe siècle*, Paris, PUF, 1996, p. 536–540.

10 Nicole Dufournaud, *Rôles et pouvoirs des femmes au XVIe siècle dans la France de l'Ouest*, thèse d'histoire, EHESS, 2007, notamment chap. 3; et Cynthia Truant, « La maîtrise d'une identité ? Corporations féminines à Paris aux XVIIe et XVIIIe siècles », *Clio. Histoire, femmes et sociétés*, n° 3, 1996.

11 Patricia Touboul, « Le statut des femmes. Nature et condition sociale dans le traité *De l'éducation des filles* de Fénelon », *Revue d'histoire littéraire de la France*,

vol. 104, n° 2, 2004, p. 325–342.

12 Marguerite Buffet, *Nouvelles Observations sur la langue française* [...], Paris, Cusson, 1668, p. 228–232.

13 Sophie Vergnes, *Les Frondeuses. Une révolte au féminin, 1643–1661*, Seyssel, Champ Vallon, 2013.

14 Benedetta Craveri, *L'Âge de la conversation*, Paris, Gallimard, 2002, chap. 9.

15 Catherine Gipoulon, « Naissance d'un mouvement d'émancipation », *in* Qiu Jin, *Pierres de l'oiseau Jingwei*, Paris, Des Femmes, 1976, p. 19.

16 Mona Ozouf, *Les Mots des femmes. Essai sur la singularité française*, Paris, Gallimard, 1999, notamment p. 325–327; et Antoine Lilti, *Le Monde des salons. Sociabilité et mondanité à Paris au XVIIIe siècle*, Paris, Fayard, 2005, p. 111 *sq*.

17 Sabine Melchior-Bonnet, *Les Grands Hommes et leur mère. Louis XIV, Napoléon, Staline et les autre*s, Paris, Odile Jacob, 2017, p. 156 *sq*.

18 Martine Sonnet, « L'éducation des filles à l'époque moderne », *Historiens et géographes*, n° 393, février 2006, p. 255–268; et Roger Chartier, « L'analphabétisme en Belgique (XVIIIe–XIXe siècle) », *Annales ESC*, n° 1, 1980, p. 106–108.

19 Martine Sonnet, « Le savoir d'une demoiselle de qualité: Geneviève Randon de Malboissière (1746–1766) », *Memorie dell'Academia delle scienze di Torino, classe di scienze morali, storiche e filologiche*, vol. 24, n° 3, 2000, p. 167–185.

20 Charlotte Guichard, *La Griffe du peintre. La valeur de l'art (1730–1820)*, Paris, Seuil, chap. 6.

21 Cité par Benedetta Craveri, *L'Âge de la conversation*, *op. cit.*, p. 43.

第 5 章

1 Arlette Gautier, *Les Sœurs de Solitude. Femmes et esclavage aux Antilles du XVIIe au XIXe siècle*, Rennes, PUR, 2010, p. 205 *sq.*; et Jasmine Narcisse, Pierre-Richard Narcisse, *Mémoire de femmes*, Port-au-Prince, UNICEF, 1997.

2 *Les Femmes dans la Révolution française*, vol. 1, Paris, EDHIS, 1982, fac-similé n° 19. Voir aussi Karen Offen, *European Feminisms, 1700–1950. A Political History*, Stanford, Stanford UP, 2000, chap. 3.

3 Auguste Amic, Étienne Mouttet, *La Tribune française. Choix des discours et des rapports les plus remarquables* [...], vol. 1, Paris, La Tribune française, 1840, p. 72. Sur cette interprétation, voir Joan Scott, *La Citoyenne paradoxale. Les féministes et les droits de l'homme*, Paris, Albin Michel, 1998 (1996).

4 Cité par Alphonse de Lamartine, *Histoire des Girondins*, vol. 4, Bruxelles, Muquardt, 1847, p. 202–203.

5 Sur cette interprétation opposée, voir Mona Ozouf, *Les Mots des femmes*, *op. cit.*

6 Carla Hesse, *The Other Enlightenment. How French Women Became Modern*, Princeton, Princeton UP, 2001, p. 37 *sq.* et p. 55.

7 Arlette Gautier, « Travail et droits du mariage dans les Amériques et les Caraïbes », *in* Gérard Gómez, Donna Kesselman (dir.), *Les Femmes dans le monde du travail dans les Amériques*, Aix-en-Provence, PUP, 2016, p. 31–32.

8 Sylvie Schweitzer, *Les femmes ont toujours travaillé. Une histoire de leurs métiers, XIXe et XXe siècle*, Paris, Odile Jacob, 2002; et Olivier Marchand, « 50 ans de mutations de l'emploi », *INSEE Première*, n° 1312, septembre 2010.

9 Carole Christen-Lécuyer, « Les premières étudiantes de l'Université de Paris », *Travail, genre et sociétés*, vol. 4, n° 2, 2000, p. 35–50.

10 Anne Chemin, « Simone Veil, la parole libre d'une femme dans un monde d'hommes », *Le Monde*, 30 juin 2017. Voir aussi Juliette Rennes, *Le Mérite et la Nature. Une controverse républicaine: l'accès des femmes aux professions de prestige, 1880–1940*, Paris, Fayard, 2007.

11 Béatrice Bijon, Claire Delahaye (dir.), *Suffragistes et suffragettes. La conquête du droit de vote des femmes au Royaume-Uni et aux États-Unis*, Lyon, ENS, 2017.

12 Rebecca Rogers, « 1893. Le suffrage des femmes en Nouvelle-Zélande », *in* Pierre Singaravélou, Sylvain Venayre (dir.), *Histoire du monde au XIXe siècle*, Paris, Fayard, 2017, p. 356–359.

13 Pierre Rosanvallon, *Le Sacre du citoyen. Histoire du suffrage universel en France*, Paris, Gallimard, « Folio histoire », 1992, p. 519–545.

14 Katherine Phillips *et al.*, « Ethnic Diversity, Gender, and National Leaders », *Journal of International Affairs*, vol. 67, n° 1, 2013, p. 85–104.

15 ONU, indicateurs des Objectifs du millénaire pour le développement, 2014.

16 Christine Bard, *Une histoire politique du pantalon*, Paris, Seuil, 2010, p. 112 *sq.* et p. 237.

17 « Katherine Davis », *in* Jerrold Greenberg *et al.* (dir.), *Exploring the Dimensions of Human Sexuality*, Burlington, Jones & Bartlett Learning, 2017 (6e éd.), p. 41.

18 Christina Ottomeyer-Hervieu, « L'avortement en RFA », *Les Cahiers du CEDREF*, n° 4-5, 1995, p. 103–109.

19 Geneviève Fraisse, « L'*habeas corpus* des femmes: une double révolution ? », *in* Étienne-Émile Baulieu, Françoise Héritier, Henri Léridon (dir.), *Contraception, contrainte ou liberté ?,* Paris, Odile Jacob, 1999, p. 53–60.

第 6 章

1 Entretien avec Joan Baez, « Trump m'inspire », *Le Point*, n° 2374, 1er mars 2018.

2 Entretien (non daté) consultable sur *www.francetvinfo.fr/societe/religion/fatima-*

mernissi-sociologue-et-feministe-marocaine_2568461.html

3 Nicole Gabriel, « L'Internationale des femmes socialistes », *Matériaux pour l'histoire de notre temps*, n° 16, 1989, p. 34–41.

4 Ann Taylor Allen, *Feminism and Motherhood in Germany, 1800–1914*, New Brunswick, Rutgers UP, 1991; et Alice Primi, « Le journal *Neue Bahnen* entre 1866 et 1870 », *in* Patrick Farges, Anne-Marie Saint-Gille (dir.), *Le Premier Féminisme allemand, 1848–1933*, Villeneuve-d'Ascq, Presses universitaires du Septentrion, 2013, p. 19–32.

5 Lizabeth Cohen, *A Consumers' Republic. The Politics of Mass Consumption in Postwar America*, New York, Knopf, 2003.

6 Anne Cova, *Maternité et droits des femmes en France (XIXe–XXe siècle)*, Paris, Anthropos, 1997, p. 78.

7 Jacques Benoist, *Le Sacré-Cœur des femmes de 1870 à 1960. Contribution à l'histoire du féminisme, de l'urbanisme et du tourisme*, Paris, Éditions ouvrières, 2000; et Bruno Dumons, « Mobilisation politique et ligues féminines dans la France catholique du début du siècle », *Vingtième Siècle. Revue d'histoire*, n° 73, 2002, p. 39–50.

8 Seth Koven, Sonya Michel, « Womanly Duties: Maternalist Politics and the Origins of Welfare States in France, Germany, Great Britain, and the United States, 1880–1920 », *The American Historical Review*, vol. 95, n° 4, octobre 1990, p. 1076–1108.

9 Carolyn Merchant, Abby Peterson, « "Peace with the Earth": Women and the Environmental Movement in Sweden », *Women's Studies International Forum*, vol. 9, n° 5-6, 1986, p. 465–479.

10 Pierre-François Souyri, « Takamure Itsue (1894–1964), une pionnière de l'histoire des femmes au Japon », *in* André Burguière, Bernard Vincent (dir.), *Un siècle d'historiennes*, Paris, Des Femmes, 2014, p. 281–293.

11 Gwendolyn Mikell (dir.), *African Feminism: The Politics of Survival in Sub-Saharan Africa*, Philadelphie, University of Pennsylvania Press, 1997, notamment p. 142 et p. 206 *sq.*

12 Édith Sizoo, *Par-delà le féminisme*, Paris, ECLM, 2003; et Laura Pérez Prieto, « Contre le capitalisme hétéropatriarcal et destructeur de l'environnement: l'écoféminisme critique », *Passerelle*, n° 17, juin 2017, p. 68–74.

13 Chandra Mohanty, « Under Western Eyes: Feminist Scholarship and Colonial Discourses », *Feminist Review*, n° 30, automne 1988, p. 61–88.

14 Jacqueline Nivard, « L'évolution de la presse féminine chinoise de 1898 à 1949 », *Études chinoises*, vol. 5, n° 1-2, 1986, p. 157–184; et Christine Lévy, « Féminisme et genre au Japon », *Ebisu*, n° 48, automne-hiver 2012, p. 7–27.

15 Cité par Virginie Linhart, *Le jour où mon père s'est tu*, Paris, Seuil, « Points », 2008, p. 137.

第 7 章

1 Cité par Hubertine Auclert, *Le Vote des femmes*, Paris, Giard et Brière, 1908, p. 107.

2 Lydia Liu *et al.*, *The Birth of Chinese Feminism: Essential Texts in Transnational Theory*, New York, Columbia UP, 2013, p. 205 *sq.*

3 Hélène Quanquin, « "No shilly-shallying. Be brave as a lion." Les abolitionnistes américains à la Convention mondiale contre l'esclavage de 1840 », *in* Florence Rochefort, Éliane Viennot (dir.), *L'Engagement des hommes pour l'égalité des sexes, XIV*[e]*–XXI*[e] *siècle*, Saint-Étienne, Publications de l'université de Saint-Étienne, 2013, p. 73–84.

4 Josette Trat, « Engels et l'émancipation des femmes », *in* Georges Labica, Mireille Delbraccio (dir.), *Friedrich Engels, savant et révolutionnaire*, Paris, PUF, 1997, p. 175–192.

5 Émile Barrault, « Les femmes », *in* Claude-Henri de Saint-Simon, Prosper Enfantin, *Religion saint-simonienne. Prédications*, Paris, Leroux, 1878, p. 182 *sq.*

6 Son roman s'intitule en français *Le Panorama des boudoirs ou l'Empire des Nairs. Le vrai paradis de l'amour* (1807). Voir Anne Verjus, « Une société sans pères peut-elle être féministe ? *L'Empire des Nairs* de James H. Lawrence », *French Historical Studies*, vol. 42, n° 3, juillet 2019.

7 Martine Monacelli, Michel Prum (dir.), *Ces hommes qui épousèrent la cause des femmes. Dix pionniers britanniques*, Paris, L'Atelier, 2010.

8 Christine Lévy, « Le premier débat public de *Seitō*: autour d'*Une maison de poupée* », *Ebisu*, n° 48, automne-hiver 2012, p. 29–58.

9 Ginevra Conti-Odorisio (dir.), *Salvatore Morelli (1824–1880). Emancipazionismo e democrazia nell'Ottocento europeo*, Naples, ESI, 1992.

10 Alban Jacquemart, *Les Hommes dans les mouvements féministes. Socio-histoire d'un engagement improbable*, Rennes, PUR, 2015, p. 34 *sq.*; et Laurence Klejman, Florence Rochefort, *L'Égalité en marche. Le féminisme sous la Troisième République*, Paris, FNSP, 1989, p. 117 *sq.*

11 Nicole Mosconi, « Henri Marion et "l'égalité dans la différence" », *Le Télémaque*, vol. 41, n° 1, 2012, p. 133–150.

12 Michael Kimmel, Thomas Mosmiller, *Against the Tide: Pro-Feminist Men in the United States, 1776–1990*, Boston, Beacon Press, 1992, p. 25–30.

13 Alain Roussillon (dir.), *Entre réforme sociale et mouvement national. Identité et*

modernisation en Égypte (1882–1962)*, Le Caire, CEDEJ, 1995, p. 58; et Souad Bakalti, *La Femme tunisienne au temps de la colonisation (1881–1956)*, Paris, L'Harmattan, 1996, p. 48 *sq.*

14 Pierre Briquet, *Traité clinique et thérapeutique de l'hystérie*, Paris, Baillière, 1859, p. 634.

15 Jonathan Eig, *Libre comme un homme. La grande histoire de la pilule*, Paris, Globe, 2017.

16 Marianne Caron-Leulliez, Jocelyne George, *L'Accouchement sans douleur. Histoire d'une révolution oubliée*, Paris, L'Atelier, 2004.

17 Annette Wieviorka, *Maurice et Jeannette. Biographie du couple Thorez*, Paris, Fayard, 2010, p. 566 *sq.*

18 Claire Charlot, « Les hommes et le combat pour le droit à l'avortement en Grande-Bretagne », *in* Florence Rochefort, Éliane Viennot (dir.), *L'Engagement des hommes…*, *op. cit.*, p. 99–113.

19 Karissa Haugeberg, *Women Against Abortion: Inside the Largest Moral Reform Movement of the Twentieth Century*, Urbana, University of Illinois Press, 2017.

20 Cité par Ginevra Conti-Odorisio, « Salvatore Morelli: l'esprit européen de l'émancipation », *Les Cahiers du GRIF*, n° 48, 1994, p. 151–163.

21 Delphine Horvilleur, *En tenue d'Ève…*, *op. cit.*, p. 181.

第 8 章

1 Helga Hernes, *Welfare State and Woman Power: Essays in State Feminism*, Oslo, Norwegian UP, 1987.

2 Sandra Whitworth, « Gender, International Relations and the Case of the ILO », *Review of International Studies*, vol. 20, n° 4, octobre 1994, p. 389–405; et Bureau for Gender Equality, « Women's Empowerment: 90 Years of ILO Action », Genève, ILO, 2009.

3 Cité par Françoise Thébaud, « Les femmes au BIT: l'exemple de Marguerite Thibert », *in* Jean-Marc Delaunay, Yves Denéchère (dir.), *Femmes et relations internationales au XXe siècle*, Paris, Presses Sorbonne nouvelle, 2007, p. 177–187.

4 Susan Pedersen, *Family, Dependence, and the Origins of the Welfare State: Britain and France, 1914–1945,* Cambridge, Cambridge UP, 1993.

5 Evelyn Mahon, « L'accès des femmes au marché du travail: le cas irlandais », *Les Cahiers du GRIF*, n° 48, 1994, p. 141–150.

6 Gøsta Esping-Andersen, *Les Trois Mondes de l'État-providence. Essai sur le capitalisme moderne,* Paris, PUF, 2007 (1990), p. 240 *sq.*; et Béatrice Durand, *Cousins par alliance. Les Allemands en notre miroir,* Paris, Autrement, 2002, p.

32 *sq*.

7 Anne Pauti, « La politique familiale en Suède », *Population*, n° 4, 1992, p. 961–985; et Jane Lewis, « Gender and the Development of Welfare Regimes », *Journal of European Social Policy*, n° 3, 1992, p. 159–173.

8 Martin Rein, « Women, Employment, and Social Welfare », *in* Rudolph Klein, Michael O'Higgins (dir.), *The Future of Welfare,* Oxford, Basil Blackwell, 1985, p. 37–57; et Jon Eivind Kolberg, « The Gender Dimension of the Welfare State », *International Journal of Sociology*, vol. 21, n° 2, été 1991, p. 119–148.

9 Marie Rodet, « Genre, coutumes et droit colonial au Soudan français (1918–1939)», *Cahiers d'études africaines,* n° 187-188, 2007, p. 583–602.

10 John Stratton Hawley (dir.), *Sati, the Blessing and the Curse. The Burning of Wives in India,* Oxford, Oxford UP, 1994, p. 101–102; et, plus largement, Kumari Jayawardena, *Feminism and Nationalism in the Third World*, Londres, Zed Books, 1986.

11 Marie-Laurence Bayet, « L'enseignement primaire au Sénégal de 1903 à 1920», *Revue française de pédagogie*, vol. 20, 1972, p. 33–40; et Catherine Coquery-Vidrovitch (dir.), *L'Afrique occidentale au temps des Français. Colonisateurs et colonisés, 1860–1960,* Paris, La Découverte, 1992, p. 26.

12 Bui Tran Phuong, *Viêt Nam, 1918–1945. Genre et modernité*, thèse d'histoire, université Lyon-II, 2008, annexe 3.

13 Pascale Barthélémy, *Africaines et diplômées à l'époque coloniale, 1918–1957*, Rennes, PUR, 2010.

14 Odile Goerg, « Femmes africaines et politique. Les colonisées au féminin en Afrique occidentale », *Clio. Histoire, femmes et sociétés*, n° 6, 1997.

15 Dorothy Ko, *Cinderella's Sisters. A Revisionist History of Footbinding*, Los Angeles, University of California Press, 2005, p. 50 *sq*.

16 Bui Tran Phuong, « Femmes vietnamiennes pendant et après la colonisation française et la guerre américaine », *in* Anne Hugon (dir.), *Histoire des femmes en situation coloniale. Afrique et Asie, XXe siècle*, Paris, Khartala, 2004, p. 71–94.

17 Hu Chi-Hsi, « Mao Tsé-toung, la révolution et la question sexuelle », *Revue française de science politique*, n° 1, 1973, p. 59–85; et Kumari Jayawardena, *Feminism and Nationalism...,* op. cit., p. 186–193.

18 Claude Rivière, « La promotion de la femme guinéenne », *Cahiers d'études africaines,* vol. 8, n° 31, 1968, p. 406–427.

19 Vicki Crawford *et al.* (dir.), *Women in the Civil Rights Movement. Trailblazers and Torchbearers, 1941–1965,* Bloomington, Indiana UP, 1993.

20 Cité dans « Le droit de suffrage pour les femmes », *La Revue socialiste*, vol. 44, août 1906, p. 152.

21 Paul Pasteur, « Le semeur, la semence et le fidèle combattant de l'avenir, ou la masculinité dans la social-démocratie autrichienne (1888–1934) », *Le Mouvement social,* n° 198, 2002, p. 35–53.

22 Gisela Helwig, Hildegard Maria Nickel (dir.), *Frauen in Deutschland, 1945–1992*, Berlin, Akademie, 1993; et Valérie Dubslaff, « Les femmes en quête de pouvoir? Le défi de la participation politique en République démocratique allemande (1949–1990) », *Allemagne d'aujourd'hui,* n° 207, janvier-mars 2014, p. 33–45.

23 Chahla Chafiq, *Islam politique, sexe et genre. À la lumière de l'expérience iranienne*, Paris, PUF, 2011, p. 136 *sq*.; et Marie-Jo Bonnet, *Mon MLF*, Paris, Albin Michel, 2018, chap. 47.

24 Christelle Taraud, *La Prostitution coloniale: Algérie, Tunisie, Maroc (1830–1962)*, Paris, Payot, 2003, p. 258–260.

25 Quentin Lippmann, Claudia Senik, « Math, Girls and Socialism », *PSE Working Papers,* n° 2016–22, 2018.

26 Laura Addati *et al.*, *Maternity and Paternity at Work. Law and Practice Across the World*, Genève, OIT, 2014, p. 8–10.

27 Christine Delphy, « Nos amis et nous » (1977), in *L'Ennemi principal,* vol. 1, *Économie politique du patriarcat*, Paris, Syllepse, 2013 (1998), p. 151. Voir Ludivine Bantigny, Fanny Bugnon, Fanny Gallot (dir.), *Prolétaires de tous les pays, qui lave vos chaussettes ? Le genre de l'engagement dans les années 1968*, Rennes, PUR, 2017.

28 Forum économique mondial, *The Global Gender Gap Report 2017*, consultable sur *www3.weforum.org/docs/WEF_GGGR_2017.pdf*

29 Cité dans Télérama, n° 3538, 1er novembre 2017.

30 Madawi Al-Rasheed, *A Most Masculine State: Gender, Politics and Religion in Saudi Arabia,* Cambridge, Cambridge UP, 2013.

31 Observatoire des inégalités, « Une répartition déséquilibrée des professions entre les hommes et les femmes », 11 décembre 2014; et Catherine Marry *et al.*, *Le Plafond de verre et l'État. La construction des inégalités de genre dans la fonction publique,* Paris, Armand Colin, 2017, notamment p. 56–57.

第三部分

第 9 章

1 Georges Dumézil, *Heur et malheur du guerrier. Aspects mythiques de la fonction guerrière chez les Indo-Européens*, Paris, Flammarion, 1985 (1969), p. 114.

2 Gil Mihaely, « Tsahal, l'école des "vrais hommes"? Citoyenneté et virilité dans

l'armée israélienne », *La Vie des idées*, 2 avril 2007.

3 Cité par Solange Leibovici, *Le Sang et l'Encre. Pierre Drieu La Rochelle, une psychobiographie,* Amsterdam, Rodopi, 1994, p. 281.

4 Shereen El Feki, *La Révolution du plaisir. Enquête sur la sexualité dans le monde arabe,* Paris, Autrement, 2014, p. 256.

5 Antoine de Baecque, *Le Corps de l'histoire. Métaphores et politique (1770–1800)*, Paris, Calmann-Lévy, 1993, p. 73–75.

6 Klaus Theweleit, *Fantasmâlgories*, Paris, L'Arche, 2016 (1977).

7 Joseph Pleck, *The Myth of Masculinity,* Cambridge, MIT Press, 1981; et Olivia Gazalé, *Le Mythe de la virilité,* Paris, Robert Laffont, 2017.

8 Chimamanda Ngozi Adichie, « We Should All Be Feminists », conférence TEDx-Euston, décembre 2012.

9 Ryan D'Agostino, « The Drugging of the American Boy », *Esquire*, 27 mars 2014; et Sandrine Cabut, « Hyperactivité: la Ritaline est-elle mal prescrite ? », *Le Monde*, 18 juin 2013.

10 Angela Turner, « Corps meurtris. Genre et invalidité dans les mines de charbon d'Écosse au milieu du XIXe siècle », *in* Judith Rainhorn (dir.), *Santé et travail à la mine, XIXe–XXIe siècle,* Villeneuve-d'Ascq, Presses universitaires du Septentrion, 2014, p. 239–260.

11 Steven Ruggles, « The Origins of African-American Family Structure », *American Sociological Review*, vol. 59, n° 1, février 1994, p. 136–151.

12 Michael Connor, Joseph White, *Black Fathers: An Invisible Presence in America,* New York, Routledge, 2006, p. XII.

13 Stéphanie Mulot, « Redevenir un homme en contexte antillais post- esclavagiste et matrifocal », *Autrepart*, vol. 49, n° 1, 2009, p. 117–135.

14 France Meslé, « Espérance de vie: un avantage féminin menacé ? », *Population & Sociétés,* n° 402, juin 2004.

15 Cité par Jared Diamond, *De l'inégalité parmi les sociétés. Essai sur l'homme et l'environnement dans l'histoire*, Paris, Gallimard, « Folio essais », 2007 (2000), p. 411–412.

16 *Women's Issues in Transportation: Summary of the 4th International Conference. Proceedings 46*, vol. 2, Washington, Transportation Research Board, 2011, p. 48 *sq.*; et « Bilan définitif de l'accidentalité routière 2017 », *securiteroutiere.gouv.fr*, 29 mai 2018.

17 « Gender Differences in Suicide » et « Males and Suicide », *in* Glen Evans, Norman Farberow (dir.), *The Encyclopedia of Suicide*, New York, Facts on File, 2003 (2e éd.), p. 104 et p. 155.

18 Christian Baudelot, Roger Establet, *Suicide. L'envers de notre monde*, Paris,

Seuil, 2018 (2006), p. 244–248.
19 Katrina Jaworski, *The Gender of Suicide. Knowledge Production, Theory and Suicidology*, Farnham, Ashgate, 2014, notamment p. 25–26.
20 Anne-Sophie van Doren, *Que reste-t-il de leurs amours ? Étude exploratoire, clinique et projective de patients traités pour un cancer de la prostate,* thèse de psychologie, université Paris-Descartes, 2017, p. 28–34.

第 10 章

1 Abby Goodnough, « For Victim of Ghastly Crime, a New Face,a New Beginning », *The New York Times,* 25 octobre 2013. Les statistiques nationales sont consultables sur *https://ncadv.org/statistics*
2 Serenella Nonnis Vigilante, « Tensions et conflits familiaux à Vauda di Front dans le Canavais (XIXe–XXe siècle) », *Le Monde alpin et rhodanien,* n° 3, 1994, p. 111–124.
3 Amnesty International, *Rapport 2017–2018. La situation des droits humains dans le monde,* Londres, 2018.
4 Christin Mathew Philip, « 93 Women Are Being Raped in India Every Day », *The Times of India,* 1er juillet 2014.
5 Jill Radford, Diana Russell (dir.), *Femicide: The Politics of Woman Killing*, Buckingham, Open UP, 1992; et Gendarmerie royale du Canada, *Les Femmes autochtones disparues et assassinées*, 2014.
6 Jane Caputi, *The Age of Sex Crime,* Bowling Green, Popular Press, 1987.
7 Neha Deshpande, Nour Nawal, « Sex Trafficking of Women and Girls », *Reviews in Obstetrics and Gynecology*, vol. 6, n° 1, 2013, p. e22-e27.
8 Bénédicte Manier, *Quand les femmes auront disparu. L'élimination des filles en Inde et en Asie,* Paris, La Découverte, 2008.
9 Francis Dupuis-Déri, « La banalité du mâle. Louis Althusser a tué sa conjointe, Hélène Rytmann-Legotien, qui voulait le quitter », *Nouvelles Questions féministes*, vol. 34, n° 1, 2015, p. 84–101.
10 Ghislaine Guérard, Anne Lavender, « Le fémicide conjugal, un phénomène ignoré. Analyse de la couverture journalistique de 1993 de trois quotidiens montréalais », *Recherches féministes,* vol. 12, n° 2, 1999, p. 159–177.
11 Christine Williams, « The Glass Escalator: Hidden Advantages for Men in the "Female" Professions », *Social Problems,* vol. 39, n° 3, août 1992, p. 253–267; et Alice Olivier, « Des hommes en école de sages-femmes. Sociabilités étudiantes et recompositions des masculinités », *Terrains & travaux*, vol. 27, n° 2, 2015, p. 79–98.

12 Jean-Claude Kaufmann, *La Trame conjugale. Analyse du couple par son linge*, Paris, Nathan, 1992.

13 Arlie Hochschild, *The Second Shift,* NewYork, Avon Books,1989.

14 Collectif Rosa Bonheur, « Des "inactives" très productives. Le travail de subsistance des femmes de classes populaires », *Tracés. Revue de sciences humaines*, n° 32, 2017.

15 OCDE, Social Policy Division, Directorate of Employment, Labour and Social Affairs, LMF 1.2, Maternal employment rates, 2011. Voir aussi David Cotter *et al.*, *Moms and Jobs. Trends in Mothers' Employment and Which Mothers Stay Home*, University of Miami, 2007.

16 Rachel Bowley, « Women's Equality Day: A Look At Women in The Workplace in 2017 », *blog.linkedin.com*, 28 août 2017.

17 François Dubet, *Ce qui nous unit. Discriminations, égalité, reconnaissance,* Paris, Seuil, 2016, p. 17.

18 Jean-Pierre Daviet, *Un destin international. La Compagnie de Saint-Gobain de 1830 à 1939*, Paris, Éditions des Archives contemporaines, 1988, p. 231–233; et Saint-Gobain, « Équipe dirigeante », sur *www.saint-gobain.com/fr/le-groupe/gouvernance/equipe-dirigeante*

19 Association pour l'emploi des cadres, *Femmes cadres et hommes cadres. Des inégalités professionnelles qui persistent*, 8 mars 2011.

20 Peggy Lee, Erika James, « She'-E-Os: Gender Effects and Investor Reactions to the Announcements of Top Executive Appointments », *Strategic Management Journal*, vol. 28, n° 3, mars 2007, p. 227–241; et Catalyst, « Pyramid: Women in S&P 500 Companies », 3 octobre 2018.

21 Charlotte Rosso, Anne Léger, « Le plafond de verre dans les carrières universitaires au sein du groupe hospitalier Pitié-Salpêtrière », DIU de pédagogie médicale, université Paris-VI, 2017.

22 Esther Escolano Zamorano, « Discriminación en un medio meritocrático. Las profesoras en la universidad española », *Revista mexicana de sociología,* vol. 68, n° 2, avril-juin 2006, p. 231–263; et Marina Gama Cubas, « La universidad española lejos de la paridad en las cátedras », *El Mundo*, 27 septembre 2017.

23 Gloria Steinem, « A Bunny's Tale », *Show Magazine,* mai 1963; et Rebecca Solnit, *Ces hommes qui m'expliquent la vie*, Paris, L'Olivier, 2018.

24 Alice Wu, « Gender Stereotype in Academia: Evidence from Economics Job Market Rumors Forum », Working Paper, Princeton University, Woodrow Wilson School of Public and International Affairs, août 2017.

25 Katherine Karraker *et al.*, « Parents' Gender-Stereotyped Perceptions of Newborns », *Sex Roles,* vol. 33, n° 9-10, novembre 1995, p. 687–701; et Jennifer Mascaro *et*

al., « Child Gender Influences Paternal Behavior, Language, and Brain Function », *Behavioral Neuroscience,* vol.131, n°3, 2017, p. 262–273.

26 Matthew Gutmann, *The Meanings of Macho. Being a Man in Mexico City*, Berkeley, University of California Press, 2007 (1996), p. 105.

27 Yvonne Verdier, *Façons de dire..., op.cit.*, p.176.

28 Christelle Dumas, Sylvie Lambert, *Le Travail des enfants. Quelles politiques pour quels résultats ?*, Paris, Rue d'Ulm-ENS, 2008, p. 64–67.

29 Penelope Eckert, Sally McConnell-Ginet, *Language and Gender*, Cambridge, Cambridge UP, 2013 (2003), p. 38.

30 Georges Falconnet, Nadine Lefaucheur, *La Fabrication des mâles*, Paris, Seuil, 1975, p. 59 *sq.*; et Erving Goffman, *Gender Advertisements*, New York, Harper & Row, 1979 (1976).

31 David Wong, « 7 Reasons So Many Guys Don't Understand Sexual Consent », *cracked.com*, 3 novembre 2016. Voir aussi Laura Mulvey, « Visual Pleasure and Narrative Cinema », *Screen*, vol. 16, n° 3, octobre 1975, p. 6–18.

32 Isabelle Collet, « La disparition des filles dans les études d'informatique. Les conséquences d'un changement de représentation », *Carrefours de l'éducation*, vol. 17, n° 1, 2004, p. 42–56.

33 Jeroen Jansz, Raynel Martis, « The Lara Phenomenon: Powerful Female Characters in Video Games », *Sex Roles*, n° 56, 2007, p. 141–148.

34 Lynne Segal, *Slow Motion: Changing Masculinities, Changing Men*, Basingstoke, Palgrave Macmillan, 2007 (1990), p. 179 *sq.*

35 Janice Radway, *Reading the Romance: Women, Patriarchy, and Popular Literature*, Chapel Hill, University of North Carolina Press, 1984.

36 Delphine Chedaleux, « Genre, classe et culture populaire. Enquête auprès des fans de *Cinquante Nuances de Grey* », colloque « Croiser le genre et la classe », Lausanne, UNIL, 9–10 novembre 2017.

37 Camille Lacoste-Dujardin, *Des mères contre les femmes. Maternité et patriarcat au Maghreb,* Paris, La Découverte, 1985.

38 Yi Jin, *Mémoires d'une dame de cour dans la Cité interdite*, Paris, Picquier, 1993.

39 Julia Bush, *Women Against the Vote. Female Anti-Suffragism in Britain*, Oxford, Oxford UP, 2007; et Carolyn Graglia, *Domestic Tranquility: A Brief Against Feminism*, Dallas, Spence, 1998. Voir aussi *www.ladiesagainstfeminism.com*

40 Cité par Romain Jeanticou, « La sex touch de la French tech », *Télérama*, n° 3541, 22 novembre 2017.

41 Annik Houel, *Rivalités féminines au travail. L'influence de la relation mère-fille,* Paris, Odile Jacob, 2014, p. 74 et p. 110 *sq*. Voir aussi Manon Garcia, *On ne naît pas soumise, on le devient*, Paris, Climats, 2018.

第 11 章

1 Élisabeth Belmas, Joël Coste, *Les Soldats du roi à l'Hôtel des Invalides. Étude d'épidémiologie historique, 1670–1791*, Paris, CNRS, 2018, p. 157 *sq*.

2 Susan Jeffords, *The Remasculinization of America. Gender and the Vietnam War*, Bloomington, Indiana UP, 1989, chap. 4.

3 Cité par Michelle Perrot, *Les Ouvriers en grève. France, 1871–1890,* vol. 2, Paris, Mouton, 1973, p. 457.

4 Agnès Jeanjean, « Travailler à la morgue ou dans les égouts », *Ethnologie française,* vol. 41, n° 1, 2011, p. 59–66; et Stéphane Geffroy, *À l'abattoir*, Paris, Seuil, 2016, p. 71. Voir aussi Thierry Pillon, « Virilité ouvrière », *in* Jean-Jacques Courtine (dir.), *Histoire de la virilité*, vol. 3, *La Virilité en crise ? XXe–XXIe siècle*, Paris, Seuil, 2011, p. 303–325.

5 Michèle Lamont, *La Dignité des travailleurs. Exclusion, race, classe et immigration en France et aux États-Unis*, Paris, Presses de Sciences Po, 2002; et Jane Riblett Wilkie, « Changes in US Men's Attitudes Toward the Family Provider Role, 1972–1989 », *Gender & Society,* n° 7, 1993, p. 261–279.

6 Akim Oualhaci, « Faire de la boxe thaï en banlieue: entre masculinité "populaire" et masculinité "respectable" », *Terrains & travaux*, vol. 27, n° 2, 2015, p. 117–131.

7 Omar Benlaala, *La Barbe*, Paris, Seuil, 2015, p. 9.

8 Christelle Hamel, « Le mélange des genres: une question d'honneur. Étude des rapports sociaux de sexe chez de jeunes Maghrébins de France », *Awal*, n° 19, 1999, p. 19–32.

9 Dominique Bodin, Le Hooliganisme, Paris, PUF, 2003, p. 26–28.

10 Maxime Lelièvre, Thomas Léonard, « Une femme peut-elle être jugée violente ? Les représentations de genre et les conditions de leur subversion lors des procès en comparution immédiate », *in* Coline Cardi, Geneviève Pruvost (dir.), *Penser la violence des femmes,* Paris, La Découverte, 2012, p. 314–329.

11 *PISA 2012 Results: What Students Know and Can Do*, vol. 1, Paris, OCDE, février 2014.

12 Arlie Hochschild, « Male Trouble », *The New York Review of Books*, vol. 65, n° 15, 11 octobre 2018; et Stéphanie Durieux, « Les femmes sont plus scolarisées et diplômées que les hommes, mais davantage au chômage », *INSEE Flash PACA*, n° 10, mars 2015.

13 Jon Marcus, « Why Men Are the New College Minority », *The Atlantic*, 8 août 2017.

14 Sun Jiahui, « Boys Won't Be Boys », *The World of Chinese,* 4 Octobre 2018; et « Une faculté de médecine accusée de discrimination de genre », *Courrier*

international, 9 août 2018.

15 Carl Frey, Michael Osborne, « The Future of Employment: How Susceptible Are Jobs to Computerisation? », *Technological Forecasting and Social Change*, vol. 114, septembre 2013.

16 Hanna Rosin, *The End of Men. Voici venu le temps des femmes,* Paris, Autrement, 2013.

17 Cité par Beverley Skeggs, *Des femmes respectables. Classe et genre en milieu populaire,* Marseille, Agone, 2015 (1997), p. 298. Voir aussi Linda McDowell, « The Trouble with Men? Young People, Gender Transformations and the Crisis of Masculinity », *International Journal of Urban and Regional Research*, vol. 24, n° 1, mars 2000, p. 201–209.

18 Octave Mirbeau, « Fleurs et fruits », *Le Gaulois*, 25 novembre 1880.

19 Joseph Ginestou, « La Femme doit-elle voter ? (Le pour et le contre) », thèse de sciences politiques, université de Montpellier, 1910, p. 102.

20 Pierre-Joseph Proudhon, *La Pornocratie ou les Femmes dans les temps modernes*, Paris, Lacroix, 1875, p. 171.

21 Jules Barbey d'Aurevilly, *Les Bas-Bleus (1878),* in *XIX*e *siècle. Les œuvres et les hommes*, vol. 5, Paris, Palmé, 1860–1902, p. 82. Voir aussi Annelise Maugue, *L'Identité masculine en crise au tournant du siècle, 1871–1914*, Paris, Rivages, 1987.

22 Herb Goldberg, *The Hazards of Being Male: Surviving the Myth of Masculine Privilege,* New York, Nash, 1976; et Éric Zemmour, *Le Premier Sexe*, Paris, Denoël, 2006.

23 Cité par Christine Castelain-Meunier, *Les Métamorphoses du masculin,* Paris, PUF, 2005, p. 113–114. Voir aussi Sally Robinson, *Marked Men: White Masculinity in Crisis*, New York, Columbia UP, 2000.

24 Sofka Zinovieff, « Hunters and Hunted: *Kamaki* and the Ambiguities of Sexual Predation in a Greek Town », *in* Peter Loizos, Evthymios Papataxiarchis (dir.), *Contested Identities..., op. cit.*, p. 203–220.

25 Mélanie Gourarier, *Alpha Mâle. Séduire les femmes pour s'apprécier entre hommes,* Paris, Seuil, 2017.

26 Dana Schuster, « This Boot Camp for Men Claims It'll Revive Your "Primal Nature" », *New York Post,* 3 juin 2017.

27 « Camille Paglia on Hugh Hefner›s Legacy, Trump's Masculinity and Feminism's Sex Phobia », *The Hollywood Reporter,* 2 octobre 2017; et Beatriz Preciado, *Pornotopie.* Playboy *et l'invention de la sexualité multimédia*, Paris, Climats, 2011, chap. 2. Voir aussi *www.artofmanliness.com*

28 Steven Schacht, Doris Ewing, *Feminism with Men: Bridging the Gender Gap*,

Lanham, Rowman & Littlefield, 2004, p. 200. Voir aussi Amanda Goldrick-Jones, *Men Who Believe in Feminism,* Westport, Praegar, 2003.

29 Alban Jacquemart, *Les Hommes dans les mouvements féministes…*, *op. cit.*

第四部分

第 12 章

1 Justin Trudeau, « Je suis féministe et fier de l'être ! », *Le Monde*, 22-23 avril 2018.

2 Esther Duflo, *La Politique de l'autonomie. Lutter contre la pauvreté (II)*, Paris, Seuil, 2010, p. 80–81.

3 Fatou Sow Sarr, « Loi sur la parité au Sénégal: une expérience "réussie" de luttes féminines », *Passerelle*, n° 17, juin 2017, p. 119–124.

4 Esther Duflo, *La Politique de l'autonomie...*, *op. cit.*, p. 81 *sq*.

5 Ramin Jahanbegloo, *Gandhi. Aux sources de la non-violence: Thoreau, Ruskin, Tolstoï*, Paris, Le Félin, 1998.

6 Oeindrila Dube, S.P. Harish, « Queens », *NBER Working Paper*, n° 23337, avril 2017.

7 Michael Koch, Sarah Fulton, « In the Defense of Women: Gender, Office Holding, and National Security Policy in Established Democracies », *The Journal of Politics*, vol. 73, n° 1, 2011, p. 1–16.

8 Olivier Grojean, *La Révolution kurde. Le PKK et la fabrique d'une utopie*, Paris, La Découverte, 2017.

9 « Women's Participation in Peace Negotiations: Connections Between Presence and Influence », ONU Femmes, août 2010.

10 Marie O'Reilly, « Why Women? Inclusive Security and Peaceful Societies », Washington, Inclusive Security, octobre 2015.

11 Yuko Nishikawa, « Les femmes et la guerre, ou comment les mouvements féministes japonais en arrivèrent à collaborer à la Seconde Guerre mondiale », *Les Cahiers du CEDREF*, n° 4-5, 1995.

12 Inter-Parliamentary Union, « Women in National Parliaments », 1er juin 2018, consultable sur *www.ipu.org/wmn-e/classif.htm*

13 Éric Macé, *L'Après-patriarcat*, Paris, Seuil, 2015.

14 Amélie Le Renard, *Femmes et espaces publics en Arabie saoudite*, Paris, Dalloz, 2011, p. 118 et p. 265.

15 Inter-Agency Task Force on Rural Women, *Les Femmes rurales et les objectifs du millénaire pour le développement*, ONU, 2012.

16 *Ibid.*; et *Enseigner et apprendre: atteindre la qualité pour tous. Rapport mondial de suivi sur l'éducation pour tous*, Paris, UNESCO, 2014.

17 Esther Duflo, *Le Développement humain. Lutter contre la pauvreté (I)*, Paris, Seuil, 2010, p. 94–95.

18 Gertrude Tah, *Et si l'émergence était une femme ?*, Banque mondiale, juillet 2017; et William Pesek, « Asia's $89 Billion Sexism Issue », *The Japan Times*, 24 novembre 2015.

19 Banque mondiale, *Le Genre dans le contexte de l'eau et de l'assainissement*, Water and Sanitation Program, novembre 2010, p. 19.

20 Amanda Ellis *et al.*, *Gender and Economic Growth in Kenya. Unleashing the Power of Women*, Banque mondiale, The International Bank for Reconstruction and Development, 2007.

21 John Stratton Hawley (dir.), *Sati, the Blessing and the Curse…*, *op. cit.*, p. 6–9 et p. 105.

22 Zainah Anwar, « Négocier les droits des femmes sous la loi religieuse en Malaisie », *in* Zahra Ali, *Féminismes islamiques*, Paris, La Fabrique, 2012, p. 143 *sq*.

23 Nadje Al-Ali, « Egyptian Sexual Harassment Activists Battle Growing Acceptance of Violence », *The Conversation*, 14 février 2014; et Pauline Verduzier, « "*Men in Hijab*". Des Iraniens se voilent en signe de solidarité avec les femmes », *L'Express*, 30 juillet 2016.

第 13 章

1 Marie-Jo Bonnet, *Mon MLF*, *op. cit.*, p. 73.

2 Cité par Cédric Condon, Jean-Yves Le Naour, *Le Procès du viol*, documentaire, France, 2013, 52 min.

3 Leïla Slimani, « Un porc, tu nais ? », *Libération*, 12 janvier 2018.

4 Michel Bozon, Maria Luiza Heilborn, « Les caresses et les mots. Initiations amoureuses à Rio de Janeiro et à Paris », *Terrain*, n° 27, septembre 1996, p. 37–58.

5 Cité par Josée Blanchette, « Noir désir », *Le Devoir*, 20 octobre 2017. Voir aussi Maurice Wojach, « Bedienungsanleitung für den deutschen Mann », *Märkische Allgemeine*, 7 février 2018.

6 Robin Miskolcze, *Women and Children First: Nineteenth-Century Sea Narratives and American Identity*, Lincoln, University of Nebraska Press, 2007.

7 Erwing Goffman, *L'Arrangement des sexes*, Paris, La Dispute, 2002 (1977).

8 Peter Glick, Susan Fiske, « An Ambivalent Alliance: Hostile and Benevolent Sexism as Complementary Justifications for Gender Inequality », *The American Psychologist*, n° 56, 2001, p. 109–118.

9 Annie Ernaux, *Mémoire de fille*, Paris, Gallimard, « Folio », 2018 (2016), p. 46 *sq*. Voir aussi Delphine Dhilly, Blandine Grosjean, *Sexe sans consentement,* documentaire, France, 2018, 52 min.

10 Karen Hall, « Antioch's Policy on Sex Is Humanizing », *The New York Times*, 20 octobre 1993.

11 Voir par exemple Laura Kipnis, « Sexual Paranoia Strikes Academe », *The Chronicle of Higher Education*, vol. 61, n° 25, 27 février 2015; Robert Carle, «How Affirmative Consent Laws Criminalize Everyone », *The Federalist*, 30 mars 2015; et Judith Shulevitz, « Regulating Sex », *The New York Times*, 27 juin 2015.

12 Cité par Conor Friedersdorf, « Why One Male College Student Abandoned Affirmative Consent », *The Atlantic,* 20 octobre 2014.

13 Louise Bodin, « Prostitution et prostituées », *L'Ouvrière*, 15 avril 1925.

14 Pierre Simon (dir.), *Rapport sur le comportement sexuel des Français*, Paris, Julliard, 1972, p. 217; et Laurie Mintz, « The Orgasm Gap: Picking Up Where the Sexual Revolution Left Off », *The Conversation*, 16 mai 2018.

15 Leïla Slimani, *Sexe et mensonges. La vie sexuelle au Maroc*, Paris, Les Arènes, 2017.

16 Sami Abdelli, Pierre Clément, « L'éducation à la sexualité: conceptions d'enseignants et futurs enseignants de trois pays maghrébins », *Review of Science, Mathematics and ICT Education*, vol. 10, n° 1, 2016, p. 65–92; et Anaïs Lefébure, « Au Maroc, l'épineuse question de l'éducation sexuelle », *Huffington Post Maroc*, 30 août 2017.

17 Shereen El Feki, *La Révolution du plaisir…*, *op. cit.*, p. 63 *sq*. et p. 159 *sq*.

18 David Frederick *et al.*, « Differences in Orgasm Frequency Among Gay, Lesbian, Bisexual, and Heterosexual Men and Women in a U.S. National Sample », *Archives of Sexual Behavior*, vol. 47, n° 1, janvier 2018, p. 273–288.

19 Jean Markale, *L'Homme lesbien. Essai sur un comportement sexuel et affectif méconnu*, Paris, Rocher, 2008.

20 Simone de Beauvoir, *Le Deuxième Sexe*, *op. cit.*, vol. 2, *L'Expérience vécue*, p. 165.

21 Maddy Savage, « Dancing Tampon Song to Teach Kids About Periods », *The Local*, 14 octobre 2015.

22 Nicolas Chaignot-Delage, « Pour une véritable justiciabilité du droit en matière de harcèlement sexuel au travail », *Revue de droit du travail*, n° 1, janvier 2018, p. 17–20.

23 Maude Beckers, « La lutte contre le harcèlement sexuel dans l'entreprise: d'un dispositif muselant à des protections vacillantes », *Revue de droit du travail*, n° 1, janvier 2018, p. 13–17.

24 Valérie Auslender (dir.), *Omerta à l'hôpital. Le livre noir des maltraitances faites aux étudiants en santé*, Paris, Michalon, 2017, p. 191 *sq*.

25 Laura Kipnis, « Kick Against the Pricks », *The New York Review of Books*, 21 décembre 2017.

26 Shereen El Feki, *La Révolution du plaisir…*, *op. cit.*, p. 132–142; et Djamila Saadi-Mokrane, « Petit lexique du dragueur algérois », *in* Fethi Benslama, Nadia Tazi (dir.), *La Virilité en islam, op. cit.*, p. 261–270. Pour la France, voir *www.stopharcelementderue.org/*

27 Citations extraites des Guides du Routard *Maroc, Égypte et Inde du Nord*, avec l'aimable autorisation d'Hachette Tourisme.

28 Steven Pinker, *La Part d'ange en nous. Histoire de la violence et de son déclin*, Paris, Les Arènes, 2017 (2011), p. 513 *sq*.

第 14 章

1 Camille Guenebeaud, Aurore Le Mat, Sidonie Verhaeghe, « *Take Back the Night!* Une exposition pour combattre les violences sexistes dans l'espace public », *Métropolitiques*, 11 octobre 2018.

2 « Gender Mainstreaming in Wien », consultable sur *www.wien.gv.at/menschen/gendermainstreaming*

3 Édith Maruéjouls-Benoît, *Mixité, égalité et genre dans les espaces du loisir des jeunes. Pertinence d'un paradigme féministe*, thèse de géographie, université Bordeaux-III, 2014. Voir aussi la Plate-forme d'innovation urbaine sur *www. genre-et-ville.org*

4 Gerda Lerner, *The Creation of Patriarchy*, *op. cit.*, p. 220.

5 Londa Schiebinger, « West Indian Abortifacients and the Making of Ignorance », *in* Robert Proctor, Londa Schiebinger (dir.), *Agnotology…*, *op. cit.*, p. 149–162.

6 David Doukhan, «À la radio et à la télé, les femmes parlent deux fois moins que les hommes », INA, 4 mars 2019.

7 « Has Shinzo Abe›s "Womenomics" Worked in Japan? », *BBC News*, 17 février 2018.

8 Halla Tómasdóttir, « A Feminine Response to Iceland's Financial Crash », conférence TED Women, décembre 2010.

9 Jeanine Prime *et al.*, « Women "Take Care," Men "Take Charge": Managers' Stereotypic Perceptions of Women and Men Leaders », *The Psychologist-Manager Journal*, n° 12, 2009, p. 25–49.

10 Tristan Hurel, « FEM'Energia 2017: le nucléaire au féminin à l'honneur», *Revue générale nucléaire*, 17 octobre 2017.

11 Susan Colantuono, « The Career Advice You Probably Didn't Get », conférence TEDxBeaconStreet, novembre 2013.

12 Valérie Petit, « Pour en finir avec les mythes du leadership féminin », Forum JUMP, Paris, 2017.

13 Kellie McElhaney, Sanaz Mobasseri, « Women Create A Sustainable Future », UC Berkeley Haas School of Business, Center for Responsible Business, octobre 2012.

14 Nancy Carter *et al.*, « The Bottom Line: Corporate Performance and Women's Representation on Boards », Catalyst, 10 octobre 2007; et Francesca Lagerberg, «Women in Business. The Value of Diversity », Grant Thornton, septembre 2015.

15 *Travailler et être pauvre: les femmes en première ligne*, Oxfam, 17 décembre 2018.

16 François Dubet, *Les Places et les Chances. Repenser la justice sociale*, Paris, Seuil, 2010.

17 Clément Carbonnier, Nathalie Morel, *Le Retour des domestiques*, Paris, Seuil, 2018.

18 Matthew Gutmann, *The Meanings of Macho*..., *op. cit.*, p. 58 *sq*. et p. 149 *sq*.

19 Nancy Fraser, *Le Féminisme en mouvements. Des années 1960 à l'ère néolibérale*, Paris, La Découverte, 2012, chap. 4.

20 Elin Kvande, Berit Brandth, « Les pères en congé parental en Norvège. Changements et continuités », *Revue des politiques sociales et familiales*, n° 122, 2016, p. 11–18.

21 Karin Wall, Mafalda Leitão, « Le congé paternel au Portugal: une diversité d'expériences », *Revue des politiques sociales et familiales*, n° 122, 2016, p. 33–50.

22 Barbara Hobson (dir.), *Making Men into Fathers: Men, Masculinities and the Social Politics of Fatherhood*, Cambridge, Cambridge UP, 2002.

23 Sara Brachet, « Retour sur l'exemple suédois. Les pères et le congé parental: l'égalité en marche ? », *Cadres CFDT*, n° 442, décembre 2010; et John Ekberg *et al.*, « Parental Leave. A Policy Evaluation of the Swedish "Daddy-Month" Reform», *Journal of Public Economics*, vol. 97, janvier 2013, p. 131–143.

24 Maud Guillonneau, Caroline Moreau, *La Résidence des enfants de parents séparés. De la demande des parents à la décision du juge*, ministère de la Justice, 2013.

第 15 章

1 Leonardo Christov-Moore *et al.*, « Empathy: Gender Effects in Brain and Behavior », *Neuroscience and Biobehavioral Reviews*, n° 46, 2014, p. 604- 627.

2 Steven Pinker, *La Part d'ange en nous*..., *op. cit.*, p. 526.

3 Cité par Sharon Sievers, *Flowers in Salt: The Beginnings of Feminist Consciousness in Modern Japan*, Stanford, Stanford UP, 1983, p. 149.

4 Sally Sedgwick, « Can Kant's Ethics Survive the Feminist Critique? », *in* Robin Schott (dir.), *Feminist Interpretations of Immanuel Kant*, University Park, The Pennsylvania State UP, 1997, p. 77–100.

5 Carla Hesse, *The Other Enlightenment...*, *op. cit.*, p. 119 *sq*.

6 Camilla Turner, « Don't Call Students "Genius" Because Word is Associated With Men, Cambridge Lecturers Told », *The Telegraph*, 12 juin 2017.

7 Judith Butler, *Trouble dans le genre. Le féminisme et la subversion de l'identité*, Paris, La Découverte, 2006 (1990), p. 52.

8 Jérôme Meizoz, *Faire le garçon*, Genève, Zoé, 2017, p. 56.

9 Daniel Boyarin, *Unheroic Conduct. The Rise of Heterosexuality and the Invention of the Jewish Man*, Berkeley, University of California Press, 1997, p. 6–11.

10 Sophie Bouillon, « Nigéria, sapés comme jamais », *Gentlemen's Quarterly*, mars 2018, p. 122–129; et Jack Kilbride, Bang Xiao, « China's "Sissy Pants Phenomenon": Beijing Fears Negative Impact of "Sickly Culture" on Teenagers », *ABC*, 14 septembre 2018.

11 Almira Ousmanova, « Pouvoir, sexualité et politique dans les médias biélorusses », *Raisons politiques*, n° 31, 2008, p. 47–63.

12 Matthew Shaer, « The Long, Lonely Road of Chelsea Manning », *The New York Times*, 12 juin 2017.

13 Sally Munt (dir.), *Butch/Femme: Inside Lesbian Gender*, Londres, Cassell, 1998.

14 Employment Appeal Tribunal, *Capita Customer Management Ltd v. Mr Ali*, 11 avril 2018.

15 Observatoire des inégalités, « Une répartition déséquilibrée des professions...», art. cit.

16 Claire Mounier-Vehier, « Santé cardiovasculaire des femmes », *Bulletin épidémiologique hebdomadaire*, n° 7–8, 8 mars 2016.

17 Alexandra David-Néel, *Le Féminisme rationnel*, Paris, Les Nuits rouges, 2000 (1909), p. 61.

18 Stéphanie Godin, « Les Yvettes comme l'expression d'un féminisme fédéraliste au Québec », *Mens*, vol. 5, n° 1, 2004, p. 73–117.

19 Romain Gary, « Je suis victime de ma gueule » (1975), *in* Jacques Chancel, *Radioscopie*, Paris, Sous-sol, 2018, p. 186.

图片来源

p. 16: L’homme et la femme dans les sondes Pioneer (1972), NASA.
Crédit: Courtesy Pioneer Project, ARC, and NASA.

p. 23: La Dame de Willendorf, musée d’Histoire naturelle de Vienne.
Crédit: Leemage.

p. 31: La stèle de la Victoire de Narâm-Sîn, musée du Louvre.
Crédit: Leemage.

p. 72: Vélasquez, *Portrait du comte-duc d’Olivares*, musée du Prado.
Crédit: Josse/Leemage.

p. 72: *Biker* sur sa moto Harley-Davidson Sportster (2013).
Crédit: Andrey Armyagov/Bridgeman Images, 123RF.

p. 99: Le sceau de Jeanne de Bourgogne (vers 1328), Archives nationales, Sceaux D 163.
Crédit: Archives nationales.

p. 127: Clémentine-Hélène Dufau, affiche pour *La Fronde* (1898), Bibliothèque Marguerite Durand.
Crédit: Bibliothèque Marguerite Durand/Bridgeman Images.

p. 133: Silhouette d’Annette Kellermann (1916), Shields Collection.
Crédit: Courtesy of Dr. David S. Shields, University of South Carolina.

p. 214:　Charlot (années 1920).
Crédit:　Bridgeman Images/Leemage.

p. 238:　Une conférence de rédaction au *Monde* (1970).
De gauche à droite: Pierre Viansson-Ponté, rédacteur en chef adjoint, Jean Planchais, chef des informations générales, Claude Julien, chef du service étranger, Gilbert Mathieu, chef du service économique et Pierre Drouin, rédacteur en chef adjoint, participent à la conférence de rédaction du journal Le Monde, le 8 septembre 1970 à Paris.
Crédit:　Stringer/AFP.

p. 244:　Publicité pour Frigidaire, illustration de Jambert de 1954.
Crédit:　DR/Coll. Kharbine Tapabor.

p. 244:　Soli-vaisselle (1966).
Crédit:　Kharbine Tapabor.

p. 257:　Chômeurs devant une soupe populaire à Chicago (1931).
Crédit:　DR/NARA.

p. 267:　Une caricature antiféministe (années 1910): « Origin and Development of a Suffragette », The Suffrage Postcard Project.
Crédit:　DR.

p. 276:　Hugh Hefner entre deux *bunnies* (2003).
Crédit:　Robert Mora/Getty Images/AFP.

p. 295:　Une série télévisée pour les droits des femmes (2015): *C'est la vie*.
Crédit:　ONG RAES.

p. 306:　Fragonard, *Le Verrou*, musée du Louvre.
Crédit:　Josse/Leemage.

p. 360:　La petite fille qui voulait faire du vélo: Born to Ride.
Crédit:　Text copyright © 2019 by Larissa Theule. Illustration copyright © 2019 by Kelsey Garrity-Riley.

新的思考。

因编校水平有限，本书难免有各种疏漏，敬请广大读者指正。

服务热线：133-6631-2326 188-1142-1266

服务信箱：reader@hinabook.com

后浪出版公司

2024 年 5 月

出版后记

两个月前，电影《坠落的审判》在北京大学举办了中国首映礼。这次的映后交流在各大社交媒体上迅速掀起了一股讨论热潮。在现场对谈嘉宾性别比 1：1 配置的情况下，听众们依然感受到了性别不平等，尤其是女性的失语。这立刻让我想到了书中关于“非支配性男性气质”的描述，尤其是下面这句话：“这就意味着男人要清除习惯上对政治女性的傲慢态度（企业界女性、宗教界女性和女作家同理），在媒体、会议或集会上保障女性的发言权，必要时鼓励女性发言，驱逐那些妨碍女性发言之人。”

北大的一些学生们做到了。据说当对谈后半部分，男性主持人从法国电影侃侃谈论到佛学时，听众中有人大声喊：“让导演说！”在那个场景里，他 / 她们就是女性主义者，其中的男性抗议者，也正是“正义的男人”。

这是一本讨论男人和女性主义关系的书，这一方面向来争议颇多，想要把问题解释清楚并不容易。立足于自身经历和相关思考，雅布隆卡率先给出了一位顺性别、异性恋男性的一种比较完整的论述。我们希望，本书的出版能够将当下关于女性主义的讨论拓展到更广阔的范围，为女性主义的经典叙事再添